移动机器人SLAM、目标跟踪及路径规划

陈孟元 著

北京航空航天大学出版社

内容简介

从简单重复的劳动中解放出来一直是人类的梦想，也是人类创造发明机器人的主要目的之一。机器人具有可移动性，可以进一步扩大其使用范围并能更好地提高其使用效率，但移动机器人在复杂环境中如何模仿人类进行自我导航和路径规划一直是难以解决的问题。本书系统地介绍了移动机器人及多移动机器人同步定位与地图构建(SLAM)、目标跟踪及路径规划三方面相对独立又彼此相关的内容，尤其又扩展到移动机器人与无线传感网络、基于无线传感网络的目标跟踪以及基于鼠类混合导航细胞的移动机器人衍生 SLAM 算法等前沿问题。

本书可作为理工科的硕士、博士研究生的参考书，同时也可供相关领域的科研工作者参考。

图书在版编目(CIP)数据

移动机器人 SLAM、目标跟踪及路径规划 / 陈孟元著. -- 北京 : 北京航空航天大学出版社，2017.12

ISBN 978-7-5124-2599-6

Ⅰ. ①移… Ⅱ. ①陈… Ⅲ. ①移动式机器人—目标跟踪—研究 Ⅳ. ①TP242

中国版本图书馆 CIP 数据核字(2017)第 281103 号

移动机器人 SLAM、目标跟踪及路径规划

陈孟元 著

责任编辑 刘晓明

*

北京航空航天大学出版社出版发行

北京市海淀区学院路 37 号(邮编 100191) http://www.buaapress.com.cn

发行部电话:(010)82317024 传真:(010)82328026

读者信箱: goodtextbook@126.com 邮购电话:(010)82316936

北京九州迅驰传媒文化有限公司印装 各地书店经销

*

开本:710×1 000 1/16 印张:13.75 字数:293 千字

2018 年 5 月第 1 版 2025 年 1 月第 8 次印刷 印数:5 201~5 700册

ISBN 978-7-5124-2599-6 定价:49.00 元

前　　言

从简单重复的劳动中解放出来一直是人类的梦想，也是人类创造发明机器人的主要目的之一。机器人具有可移动性，可以进一步扩大其使用范围并能更好地提高其使用效率，但移动机器人在复杂环境中如何模仿人类进行自我导航和路径规划一直是难以解决的问题。

近年来，无论家用还是工业领域，移动机器人的应用数量都在急剧增长。如果想要移动机器人实现完全自主，则需要能够可靠获得自身周围精确的环境模型，即同步定位与地图构建（Simultaneous Localization and Mapping，SLAM）。现有解决 SLAM 问题的方法主要分为两类：

一是基于概率论的方法，这种方法在过去 30 年得到了较好的研究。其中，卡尔曼滤波（Kalman Filter，KF）算法和粒子滤波（Particle Filter，PF）算法等成为了机器人 SLAM 的基本解决方法，这种研究方法的前提是将移动机器人所处的环境做出静止不变的理想假设，且将移动机器人装备足够精确的传感器，这就要求系统必须拥有尽可能高的计算能力。

二是模拟动物的行为进行导航，这种利用生物神经激励系统的方法为 SLAM 问题的解决提供了新的研究思路。近些年来国内外学者利用这一研究思路对一些动物的仿生算法进行了研究。

本书系统介绍了移动机器人及多移动机器人同步定位与地图构建、目标跟踪及路径规划三方面相对独立又彼此相关的内容，尤其又扩展到移动机器人与无线传感网络、基于无线传感网络的目标跟踪以及基于鼠类混合导航细胞的移动机器人衍生 SLAM 算法等前沿问题。

本书是作者在近年来的研究工作成果、团队培养的研究生的学位论文以及一些领域内发表的期刊、会议论文的基础上进一步深化、加工而成的。全书共为 10 章，其中第 1 章由陈孟元撰写，阐述本领域的国内外研究现状和趋势；第 2、6 章由陈孟元撰写，汪贵冬、陶明、邢凯盛、伍永健参与撰写，分别介绍基于卡尔曼滤波和粒子滤波的移动机器人同步定位与地图构建问题；第 3～5 章由陈孟元撰写，李朕阳、陈晓飞参与撰写，分别介绍了单个、多个移动机器人的协同定位与目标跟踪问题以及无线传感器网络与移动机器人协作的定位问题与目标跟踪；第 7～9 章由陈孟元撰写，王伟、张成参与撰写，分别介绍移动机器人全局、局部以及混合路径规划问题；第 10 章由陈孟元撰写，介绍基于鼠类脑细胞导航机理的移动机器人仿生 SLAM 算法。

本书是电气传动与控制安徽普通高校重点实验室（安徽工程大学）团队师生多年来承担相关科研项目的成果，也是作者在中国科学技术大学攻读博士学位期间研究成果的总结。感谢在实验室里一起共度好时光的同事和学生们。本书的研究成果得到安徽省自然科学基金（1808085QF215）、安徽省重点研究与开发计划项目（对外科技合作）“鼠脑多细胞机制下移动机器人 SLAM 关键技术研究及应用”、安徽省高校优秀青年人才支持计划重点项目（gxyqZD2018050）和安徽工程大学教师国（境）外访学研修项目的资助，在此表示衷心感谢。此外，本书在编著过程中参考了国内外的相关研究成果，在此对涉及的专家和研究人员表示衷心感谢。

国内在机器人环境探索和地图创建领域的书籍和资料相对匮乏，作者希望本书能够从一个全新的角度给大家提供一点帮助。本书可供理工科的硕士、博士研究生及相关领域的科研工作者参考。由于作者学术水平有限，书中若有缺点和不足，敬请各位专家、学者和广大读者批评指正。

陈孟元

2018 年 5 月于安徽工程大学

目　　录

第1章 绪 论

1.1 移动机器人同步定位与地图构建研究

同步定位与地图构建(Simultaneous Localization and Mapping,SLAM)是指机器人提取并组合未知环境信息,在移动的同时完成环境地图的构建并不断对自身的位姿进行修正的过程。SLAM 的核心问题是,要求机器人在一个陌生环境中,首先要探索环境从而了解环境构建地图,同步运用地图追踪机器人在该环境中的位置完成定位。

SLAM 问题的解决方法主要可分为两大类。

一类是基于概率论的方法,这种方法在过去 30 年中的研究成果很多。其中卡尔曼滤波算法、粒子滤波算法和极大期望算法等是机器人 SLAM 问题的基本解决方法。基于概率论的方法研究非常广泛,并产生了各种各样的世界地图类型和传感器类型。该领域的研究主要集中在实际环境中或者对机器人最终目标的仿真中,以及对移动机器人的导航功能和地图构建系统中。该领域的研究产生了许多 SLAM 方法,它们能够满足大环境中各种假设条件下的功能需求。典型的假设条件是机器人所处的环境是静止不变的,并且机器人装备了足够精确的传感器。因此,这些方法大多需要配备满足工程实用性的传感器装置,以及高性能的计算能力。近几年来,距离信息主要通过立体图像传感器计算出来,并且已经成功地应用在 SLAM 问题中,但是这种方法需要极其复杂的尺度不变性转换(SIFT)管理。

另一类是利用生物神经激励系统的方法。该研究领域则侧重于模拟动物的地图构建和导航系统。研究最多的动物是啮齿类动物,通过研究啮齿类动物的海马神经来解决三维空间的导航问题。虽然这个领域还存在很多质疑,但是就鼠类导航活动中海马神经活动的特点已经达成一致观点。这个领域现在的研究方向主要是验证和改进大脑功能模型,而不是关注实际机器人的导航系统。目前,只有很少一部分模型应用于实际机器人系统中,并且仅限于小型人工环境中。尽管如此,在不采用昂贵传感器和复杂概率算法的条件下,这种利用生物神经激励系统的方法提供了解决 SLAM 问题的新思路。

1.2 多移动机器人协同定位研究

1.2.1 多机器人系统研究

相对于单机器人,研究多机器人系统最常见的动机是:任务复杂度太高以至于单个机器人难以解决;任务具有内在的分布式属性;建造几个资源受限型机器人比单个功能强大的机器人方便得多;利用平行算法,多机器人能够更迅速地完成任务;引入多机器人系统可以简化冗余度,增强鲁棒性。按多机器人系统协作机制的不同,可将其分为两大类:一类为无意识协作,通常由功能简单、结构单一的同构机器人组成,机器人执行各自的任务,互不干扰,通过个体行为得到全局合作行为;另一类为有意识协作,通常由异构机器人组成,智能化程度较高,机器人个体知道系统中其他个体的存在,通过强大的环境感知和信息交互能力通力完成任务,输出合作行为。

自从 20 世纪 80 年代开始进行有关多机器人系统的研究以来,该领域已经显著成长,涵盖了大量的研究成果。受到自然界中昆虫、鸟类或鱼类群体活动的启发,Kube 开发了一个集中式仿生多机器人系统。仿照昆虫的协作行为,每个机器人都配有应变传感器,通过人工虚拟结构使得系统具有仿生能力,完成了一系列的群体协作实验。Paker 针对系统容错性设计了 ALLIANCE 系统,该系统机器人个体具有感知自己和其他机器人行为的能力,可以随时增加或减少系统机器人的数量。Philippe Caloud 设计了 GOFER 系统,处理了系统成员之间的差异性,确定每个机器人的本地控制规则,对室内环境下多机器人分布式协作的避障、路径规划和任务分配方面的问题进行了研究;针对不同协作任务的特殊要求,通过研究多机器人系统中个体的伸缩性设计了一种分布式任务分配算法,建立了高效的协商机制。机器人足球世界杯的举办,为机器人系统的发展起到了重要的推动作用。国内相关科研院所和高校,如北京理工大学提出的多机器人系统分布式集群控制方法,在保持连通性的条件下,构造分布式人工势场函数,实现了整个编队系统的稳定运行。上海交通大学针对多机器人探索任务分配问题,提出了一种人机协调的任务分配算法,通过栅格采样率的衰减降低多机器人间的通信损耗,保证了系统的实时性。此外,中国科学院自动化研究所、清华大学、南京航空航天大学、哈尔滨工业大学等均对多机器人系统展开了深入的研究。

1.2.2 多移动机器人协同体系结构

多机器人协同系统正常运行的前提是建立适合于自身的控制体系结构,这直接决定了多机器人系统的行为能力,对其鲁棒性和可伸缩性也有重要的影响。系统中机器人个体间需要通过信息交流来保证它们之间的协调同步。数学模型的构造对多机器人系统应用和开发有很重要的作用,正是通过这些模型,机器人才能做出适合当前状态的决定。当机器人探索环境时,模型通过传感器的数据结构进行构建。使用传感器数据建模有三个难点。第一,模型必须简洁从而使得它们可以被其他系统元件有效地利用。第二,模型必须适合于任务和环境的类型,一个适合各种环境的一般性表示方法是不可能的,必须从一系列不同途径中选择一个合适的。第三,表示法必须包容传感器所获信息和机器人状态预测系统内的不确定因素。在一个共同坐标系中,模型通常随着距离的增加而积累传感器数据,机器人位置预测的偏差是难以避免的，而这个因素必须在模型表示和构建中考虑进去。

为了适应实际任务的需求，多机器人协同系统个体间构建体系结构最常见的方式有集中式、分层式、分布式和混合式。

集中式体系结构通过单个控制点来协同系统的运行，其结构示意图如图 1－1 所示。中央控制器采集个体机器人信息进行任务分配，能够很容易地广播群组消息供所有机器人遵循。但是采用单点控制系统，稳定性难以得到保证，若单个控制点失效，则可能会导致整个系统的崩溃，并且随着队伍中个体机器人数目的增多，中央处理单元的计算负担也随之加重，可能会出现通信端的瓶颈，可靠性也随之降低。该结构在实际应用中实现困难。

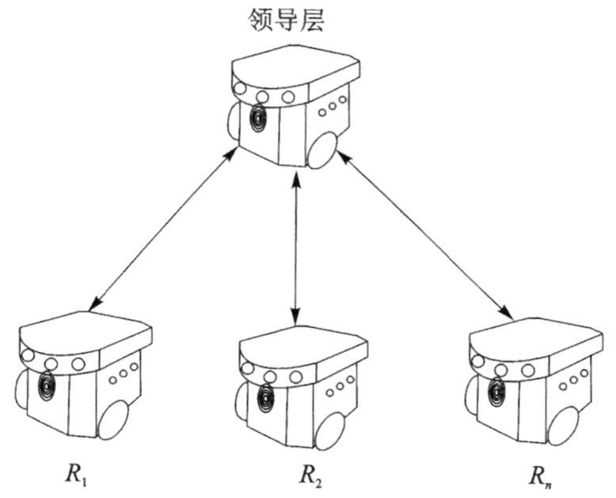

图 1－1　集中式结构示意图

分层式系统结构对某些应用是实用的，其结构示意图如图 1－2 所示。在这种控制方法中，采用自上而下的层次构建方法，上层控制下层机器人的行为输出；将系统

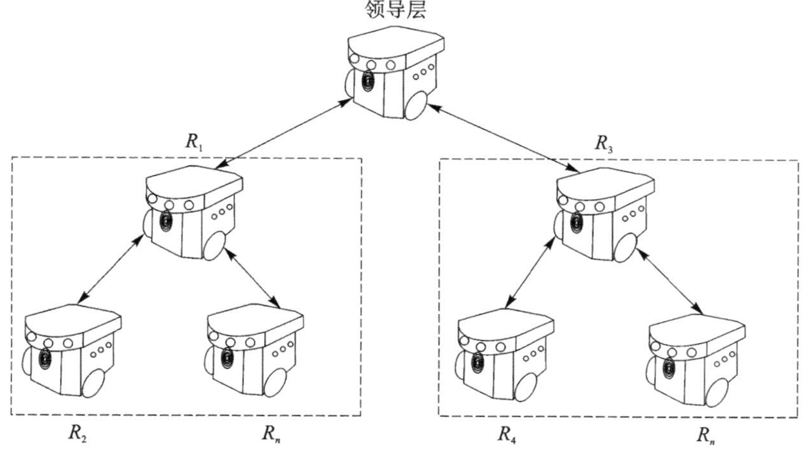

图 1－2　分层式结构示意图

整体行动分为若干小组，每一组由一个机器人监督其他组员的行为，该组中的机器人依次监督其他组的机器人，以此类推，形成了多层次的体系结构，直至最底层机器人。该结构缩放性较好，但若位于高层的机器人失效，则系统很难恢复。

分布式控制体系结构是多机器人系统最常见的方法，其结构示意图如图 1-3 所示。机器人利用传感器获取外部环境信息，基于获取的信息，了解本地状态，独立采取行动，每个机器人只能通过信息交互获得相邻机器人的相对位置信息。由于系统机器人个体不需控制其他机器人，因此该方法应对单个机器人失效的鲁棒性高。每个机器人都可以根据自己的规则决定行为的输出，更加灵活。

混合式控制体系将本地控制与高层次控制方式相结合，既保证了机器人运动行为的自主性，又保留了系统集中调度的优势，具有较高的鲁棒性；但相比于其他控制方法，该控制结构设计运行成本较高。其结构示意图如图 1-4 所示。

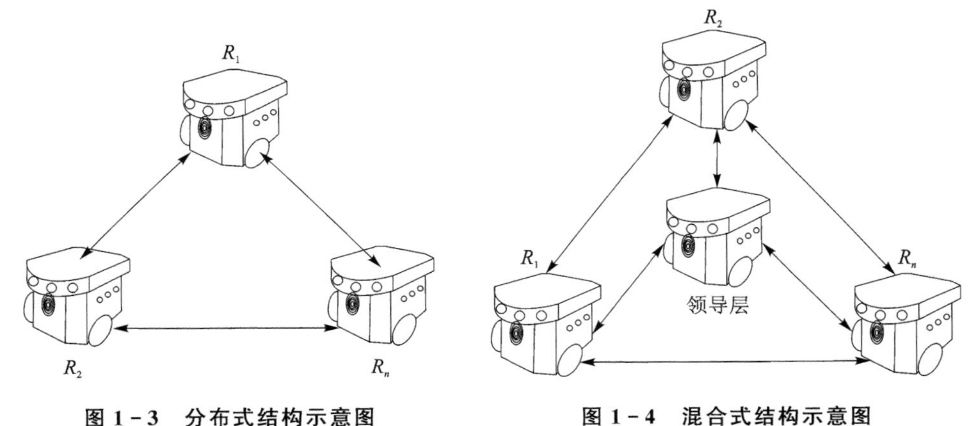

图 1-3　分布式结构示意图　　图 1-4　混合式结构示意图

1.2.3　多移动机器人协同定位研究现状

为了使移动机器人更好地发挥自身的作用，利用多机器人协同系统弥补单机器人能力的不足是一个有效的方式。能够对未知复杂外界环境感知、建模并确定自身的位置，是机器人自主导航的前提和基础。多机器人协同定位是指多机器人之间相互观测，不依赖于外部环境，通过共享环境信息，实现在共同环境下确定各自的位姿信息。

目前，已有多种方法应用于多机器人协同定位，Jennings 和 Murray 利用基于视觉的方法实现了机器人的协同定位。第一个机器人采用一种新的路标识别方法能够自主发现路标，第二个机器人将自己获取的图像帧与第一个机器人的图像帧进行比较，实现自身的相对定位。由于该方法依赖于准确的地图匹配，所以鲁棒性不强。Kondaxakis 将扩展卡尔曼滤波(Extended Kalman Filter)的单移动机器人 SLAM 扩展到多移动机器人 SLAM 领域，分析了集中式扩展卡尔曼滤波定位方法，并给出了具体的矩阵表达式和定位方程，采用集中式定位方法，使得模型更为清晰；但它增加了机器人的数据计算量和整个系统的通信负担。Fox 等人提出蒙特卡罗定位方法，将概率统计方法应用于多机器人协同定位。机器人所处的位置采用概率方式来描述，通过交换、共享其他机器人的相对观测信息，得到新的概率分布。但是在机器人识别等问题上，该算法没有给出解决方案。Jo 和 lee 等通过 GPS 数据差把不同机器人间的距离关联起来，进行机器人队列的相对定位。但是在 GPS 误差较大的情况下，该方法的实时性与精确性较差。王玲和邵金鑫等利用扩展卡尔曼滤波，将机器人内部传感器信息与队列中其他机器人之间的相对观测量相融合，以确定系统中的每个机器人的位置。该算法具有较好的实时性，但是该算法容易产生误差积累，并且其计算量会随地图的增大而急剧增大。戴毅提出了一种基于概率的多机器人分布式定位方法，通过 Markov 过程，融合传感器采集的数据信息与机器人的控制信息，提高了多机器人系统的扩展性和定位的精度；但是由于其内存占用过高，影响了整个系统的执行效率。姚俊武针对多机器人交替定位方法，利用信标完成了多机器人间的交替定位；通过未来信标的位置条件设置目标函数及约束方程，提高了定位的精度。由于系统中的一个机器人需要停止运动作为一个信标，故延长了系统的运行时间。有学者采用平方根无迹卡尔曼滤波(Square Root Unscented Kalman Filter)，利用相对方位作为测量值，实现了队列机器人的分布式定位。该算法同时兼顾系统的鲁棒性和实时性，但是无迹卡尔曼滤波(Unscented Kalman Filter，UKF)在高维系统中会出现精度下降及数值不稳定的问题。

1.3 多移动机器人目标跟踪研究

移动机器人动态目标跟踪是指在未知环境中，机器人在完成自身定位与地图构建的同时，检测动态目标并保持跟踪状态。移动机器人状态估计问题可以分为对机器人自身状态的估计和对目标的状态估计两个相互耦合的问题。前者即传统的 SLAM 问题，后者称为机器人动态目标跟踪问题。现实中的很多任务仅单独凭借传统的 SLAM 问题难以解决，此时就要求将 SLAM 方法与目标跟踪方法结合起来。Wang 等利用基于扫描点匹配的方法首次对机器人目标跟踪问题进行了研究，但是采用扫描点 ICP 匹配算法，会导致存在积累误差，且对于机器人和目标的相对关系问题没有给出具体的解决方案。Rahman 等在静态路标跟踪中将路径的空间坐标从图像序列中抽取出来，通过路径与机器人之间的方向和相对位置控制机器人的前进和转向，降低了计算的复杂度，但此方法只适用于静态环境。Vu 等运用全局邻域法进行动态目标的检测，并在卡尔曼滤波框架下完成对目标的动态跟踪，但是在计算雅可比矩阵的过程中可能会导致系统的稳定性有所下降。赵璇等提出一种基于粒子滤波的动态目标跟踪算法，通过机器人运动和观测模型运用粒子滤波(Particle Filter)对系统状态进行估计。但该算法的计算量较大并且地图的一致性也难以得到保证。

伍明等提出了一种基于扩展式卡尔曼滤波的动态目标跟踪算法，通过系统模型的建立增加了对不同对象耦合关系的估计，提高了机器人和目标定位的准确性；但是该算法容易产生误差积累，并且其计算量会随地图的增大而急剧增大。

以上方法均是针对单个移动机器人的，并未发挥出多机器人系统协作的优势。多机器人系统组成传感器阵列，可以提供更大的任务执行范围和更精确的目标状态估计。目前针对多移动机器人协作目标跟踪问题的研究主要集中在设计相关编队控制算法、数据融合算法和多目标分配等方面。1999 年 Yamaguchi 首次提出多机器人目标跟踪问题，利用质点模型构建跟踪系统的动力学方程，讨论了单个静止目标的围捕问题，并在文献中将质点模型的控制算法线性化，进一步扩展到机器人的非完整约束模型中；但此方法使系统稳定性下降，系统网络拓扑的连接性也难以得到保证。在目标机动模型已知的情形下，很多学者探讨时变移动目标的跟踪问题，并设计了相关编队控制方法，保持多机器人编队在目标周围的固定队形。在此研究的基础上，有学者引入参数的缩放，将此方法应用于运动半径时变的动态目标跟踪问题中。针对机器人编队中跟随机器人难以获取领航机器人速度的问题，有学者提出了一种自适应 PID 算法，提升了多机器人编队的稳定性。以上算法都是假设编队中机器人数量保持不变，故系统容错性较差。在考虑系统容错性的情况下，研究人员又提出了一种基于势能的分布式控制方法，只利用局部信息完成对机器人编队的约束，保证机器人编队的队形。但是这种方法只能保证局部的稳定性，控制参数难以确定，在实际应用中实现较困难。

在移动机器人自主控制中，同步定位与地图构建(SLAM)和目标跟踪(Object Tracking,OT)是关键性的技术。在先前的研究中，人们通常认为这两种方法是相互独立的两个方面。在未知环境下，传统的目标跟踪问题往往假设传感器状态信息已知并在此基础上对目标的状态进行预测和更新。本书所述的研究中，一方面，在目标动态运动的同时，移动机器人需要始终保持对于目标的跟随状态，由于事先并不了解环境信息，因此存在机器人状态估计问题，需要对环境信息进行估计，以完成机器人自身的定位和地图的构建，这即是传统的 SLAM 问题；另一方面，机器人状态估计是目标状态估计的基础。如果将两者分隔开来，就不能很好地表示两者的相关性，进而影响目标状态估计结果的准确性。因此移动机器人动态目标跟踪问题是 SLAM 和 OT 的耦合问题。

1.4 多移动机器人路径规划研究

路径规划是机器人技术的主要研究领域之一。所谓路径规划是指，在起始位置和目标位置之间获得一条最优路径以完成某项任务，在获得路径的过程中需要经过一些必须经过的点，且不能触碰到障碍物。

经过多年的探索和发展，机器人路径规划算法在理论研究和实际应用中已经取得了大量成效显著的成果。国内外学者的多篇论文对机器人路径规划算法进行了阐述。Marefat 在全局路径规划中加入模板库以提高移动机器人路径规划的效率；C. Vasudevan 等针对水下环境简单、障碍物相对稳定的特点，在水下机器人中运用模板库；Ram 等提出了将在线匹配和增强学习相结合的匹配法。以上这些均可以归类为模板匹配法。1986 年，O. Khatib 提出了解决机器人路径规划的人工势场法；Liu 等在此基础上为解决易出现局部极小值问题，提出了加入一种新颖、额外的基于虚拟力的模型；Li 等首先提出了定义潜在函数来计算一个有效的路径，然后提出了一种同时向前搜索方法(SIFORS 方法)，缩短计划路径的距离，这些均属于基于人工势场法的路径规划。S. Aytac Korkmaz 等提出了图像被分割前后，每一段与另一个新兴的基础特征相比，使用统计方法和信息理论，得到一个测量路径，规划使用 Kullback - leibler 距离；Ji 等提出了利用 3D 虚拟危险的势场的叠加构造路径的三角函数和指数函数的障碍，生成所需的轨迹防撞汽车与障碍物相撞，然后为轨迹跟踪控制器制定跟踪任务，作为 multi - constrained 模型，预测控制(MMPC)问题和计算前面的转向角，以防止车辆发生碰撞导致车辆移动受阻；Sreenatha 等提出了将 A^* 和 D^* 相结合的算法，这些可归为地图构建法。近年来随着人工智能技术的发展，许多学者将人工智能技术用于机器人的路径规划中，Cheng 等提出了结合蚁群算法(ACO)和模拟退火算法(SA)以改进信息素更新的路径规划方法；Yue Tusi 等结合人工蜂群算法(ABC)和快速扩展随机树(RRT)而产生了一个新的算法，这些可以归类为人工智能路径规划技术。

在实际应用中，多机器人路径规划技术也取得了巨大的突破。加拿大阿尔伯塔大学研制了能够模拟困处行为，并能成功得到机器人路径规划最优解的机器人系统；美国 E. Lynne 教授建立的机器人系统，能够继承传感系统和运动控制系统的信息，完成动态位置环境下的机器人路径规划。2016 年，国防科学技术大学研制出我国首款集安全保护与智能服务于一体的智能安保服务机器人，实现了低成本的自主导航定位和路径规划技术等一系列关键技术突破；哈尔滨工程大学在水下机器人的避障方面也取得了突破性的成果；另外，北京交通大学、上海交通大学等国内高校也建立了各类机器人研究室，使得路径规划技术在国内取得了突破性的进展。

1.5 本章小结

本章主要对本课题的研究背景与意义做了简要说明，并对现阶段国内外关于本课题研究的现状展开了介绍，最后对部分学者的研究内容进行了介绍。

第 2 章　基于卡尔曼滤波及其衍生的同步定位与地图构建算法

2.1　卡尔曼滤波及 SLAM 问题概述

2.1.1　卡尔曼滤波的概述

滤波理论是一种基于随机状态空间模型和某种估计准则的状态和参数估计理论。它所处理的对象是随机信号，即根据状态方程和量测方程，利用系统噪声和量测噪声的统计特性，在基于某种特定估计准则的条件下，通过处理考虑噪声扰动的实际测量数据值，从而得到系统的状态和参数的估计值。简单来说就是，滤波理论是在对系统可观测信号进行测量的基础上，根据制定的估计准则，对系统的状态进行估计的理论和方法。德国科学家高斯(Karl Gauss) 于 1795 年首次使用数学方式处理实验数据和观测数据，提出了最小二乘法估计，并应用于测定行星的运动轨道。1942 年，维纳(N. Weaner)在研究火力控制系统的精确跟踪问题上，将数理统计与线性系统理论相结合，形成了对随机信号进行平滑、估计或者预测的新最优估计理论，即维纳滤波理论。维纳滤波虽然简单易行，且有一定的工程实用价值，但由于它要求被处理信号必须是平稳的一维信号，所以很难被推广与应用。

1960 年，卡尔曼(R. E. Kalman)提出了一种新的离散随机系统的滤波方法，后人为了纪念他，将其命名为卡尔曼滤波，它是现代滤波理论建立的标志。卡尔曼滤波是一种基于贝叶斯(Bayes)估计理论的递推滤波算法。其基本原理是在随机估计理论中使用状态空间，所有信号过程均被视为白噪声作用下的一个线性系统的输出，而这种输入-输出关系用状态方程表示。在估计过程中，则利用系统的状态方程、观测方程和白噪声激励的统计特性构成滤波算法。这样的变换使所有用到的信息都是时域内的变量，因此就可以将滤波估计范围拓宽到非平稳的、多维随机过程，且算法中使用的是递推计算，因此非常适合用计算机进行处理；同时它还具有存储量较小、实时性较高的优点。因此，卡尔曼滤波一经提出就得到工程界的高度重视，并广泛应用于航空、航天、导航、制导等诸多领域。

2.1.2　SLAM 问题的概率描述

设机器人的状态向量为 $\boldsymbol{X}_k^{\mathrm{v}}=[x_k^{\mathrm{v}}\quad y_k^{\mathrm{v}}\quad \Phi_k^{\mathrm{v}}]^{\mathrm{T}}$；特征地图为 $\boldsymbol{X}_k^{\mathrm{m}}=[m_1\quad m_2\quad \cdots\quad m_n]^{\mathrm{T}}$；观测序列 $\boldsymbol{Z}_{1:k}=[Z_1\quad Z_2\quad \cdots\quad Z_k]^{\mathrm{T}}$；控制命令 $\boldsymbol{u}_{1:k}=$

$[u_1 \quad u_2 \quad \cdots \quad u_k]^{\mathrm{T}}$。机器人的运动模型和观测模型分别为 $\boldsymbol{X}_k^{\mathrm{v}}=f_v(\boldsymbol{X}_{k-1}^{\mathrm{v}},\boldsymbol{u}_k)+w_k$ 和 $\boldsymbol{Z}_k=h(\boldsymbol{X}_k)+\boldsymbol{v}_k$，设 $N(0,Q_K)$ 和 $N(0,R_K)$ 服从高斯分布，则 SLAM 问题的数学描述表示为

$$p=(\boldsymbol{X}_k^{\mathrm{v}},\boldsymbol{X}_k^{\mathrm{m}}\mid\boldsymbol{Z}_{1:k},\boldsymbol{u}_{1:k}) \tag{2-1}$$

式中，$\boldsymbol{Z}_{1:k}$ 和 $\boldsymbol{u}_{1:k}$ 为已知条件。采用贝叶斯滤波原理计算式(2-1)的后验概率分布，获得状态的最优估计。整个过程分为两个步骤，第一步进行预测，由机器人的位姿计算模型 $P(X_k^{\mathrm{v}}\mid X_{k-1}^{\mathrm{v}},u_k)$ 以及 $k-1$ 时刻的后验概率分布得到 k 时刻的先验概率分布：

$$p(\boldsymbol{X}_k^{\mathrm{v}},\boldsymbol{X}_k^{\mathrm{m}}\mid\boldsymbol{Z}_{1:k},\boldsymbol{u}_{1:k})=\int p(\boldsymbol{X}_k^{\mathrm{v}}\mid\boldsymbol{X}_{k-1}^{\mathrm{v}},\boldsymbol{u}_k)p(\boldsymbol{X}_{k-1}^{\mathrm{v}},\boldsymbol{X}_{k-1}^{\mathrm{m}}\mid\boldsymbol{Z}_{1:k-1},\boldsymbol{u}_{1:k-1})\mathrm{d}\boldsymbol{X}_{k-1}^{\mathrm{v}} \tag{2-2}$$

第二步进行观测更新。由系统的观测模型得到 k 时刻的观测值 $\boldsymbol{Z}_k$，实现由先验概率分布求解后验概率分布：

$$p(\boldsymbol{X}_k^{\mathrm{v}},\boldsymbol{X}_k^{\mathrm{m}}\mid\boldsymbol{Z}_{1:k},\boldsymbol{u}_{1:k})=\eta p(\boldsymbol{Z}_k\mid\boldsymbol{X}_k^{\mathrm{v}},\boldsymbol{X}_k^{\mathrm{m}})p(\boldsymbol{X}_k^{\mathrm{v}},\boldsymbol{X}_k^{\mathrm{m}}\mid\boldsymbol{Z}_{1:k-1},\boldsymbol{u}_{1:k}) \tag{2-3}$$

式中，η 为归一化系数。

2.2　基于扩展卡尔曼滤波的 SLAM 研究

2.2.1　EKF-SLAM 算法

综上所述，移动机器人的 SLAM 问题其实就是一个非线性系统滤波问题，用初始状态和 0 至 k 时刻的状态信息及控制输入信息去估计 $k+1$ 时刻的状态向量。自然而然地，人们会考虑到用卡尔曼滤波去解决 SLAM 问题。早期提出的卡尔曼滤波仅适用于线性系统，而在已知的 SLAM 问题中，运动模型和观测模型都是高度非线性的，所以必须先对其进行线性化处理。因此，引入扩展卡尔曼滤波(Extended Kalman Filter，EKF)。扩展卡尔曼滤波是一种最小均方差估计(Minimum Mean-Square Error，MMSE)方法。其基本思想是：用一阶的泰勒级数公式对非线性系统线性化，用得到的线性系统进行线性的卡尔曼滤波。由此可以看出，扩展卡尔曼滤波本质上是一种次优估计算法。

2.2.2　EKF-SLAM 算法过程

在 EKF-SLAM 中，假设状态向量的增广向量 $\boldsymbol{X}_K=[\boldsymbol{X}_K^{\mathrm{v}} \quad \boldsymbol{X}_K^{\mathrm{m}}]^{\mathrm{T}}$ 服从高斯分布，即 $\boldsymbol{X}_K\sim N(\hat{\boldsymbol{X}}_k,\boldsymbol{P}_k)$。均值 $\hat{\boldsymbol{X}}_k$ 及方差 P_k 可以表示为

$$\left.\begin{aligned}\hat{\boldsymbol{X}}_k &\xlongequal{\mathrm{def}} E[\boldsymbol{X}_k\mid\boldsymbol{Z}_{1:k}]\\ P_k &= E[(\boldsymbol{X}_k-\hat{\boldsymbol{X}}_k)(\boldsymbol{X}_k-\hat{\boldsymbol{X}}_k)^{\mathrm{T}}]\end{aligned}\right\} \tag{2-4}$$

已知机器人的初始状态和在 $k-1$ 时刻其状态向量估计 $\hat{\boldsymbol{X}}_{k-1}$ 及协方差 P_{k-1}，利用如图 2-1 所示的卡尔曼滤波算法框图，便可求出机器人在 k 时刻的状态向量估计 $\hat{\boldsymbol{X}}_k$ 及协方差 P_k，从而求出增广状态向量 $\boldsymbol{X}_k$。

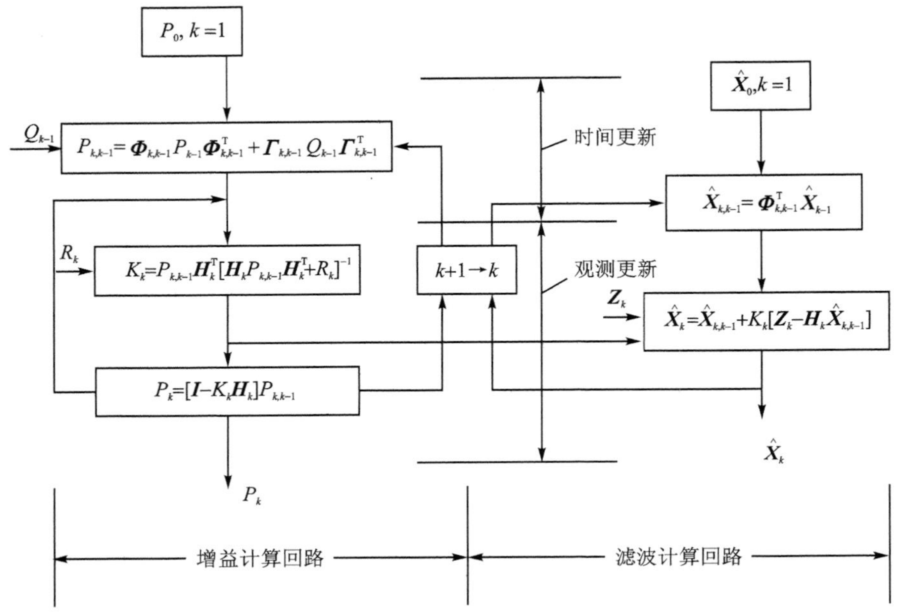

图 2-1 卡尔曼算法框图

2.2.3 仿真实验及分析

为了研究 EKF-SLAM 算法的优劣性，在 MATLAB 仿真平台上，模拟一个 1 000 m 的直线室外路径，机器人从坐标点(0,0)行驶到(1 000,0)，机器人的行进速度为 2 m/s，环境中随机分布了 15 个静止的特征点(*)，仿真结果如图 2-2 所示。灰色线条表示机器人的理想运动轨迹。黑色线条表示机器人的估计路径，“+”为 SLAM 估计的特征点位置，“椭圆”表示为特征点估计的误差范围。由图可以看出，在环境中特征点较少的情况下，EKF-SLAM 算法可以让机器人行驶轨迹逼近理想的运动轨迹，且对特征点的观测误差很小。

改变环境中特征点的个数，使其增加 1 倍。图 2-3 为同等条件下，当环境中放置 30 个特征点时算法的仿真效果。由图可以很明显地看出，机器人估计轨迹与理想估计的偏差加大，且对特征点的估计误差也变得更大。两种情况的机器人位姿估计误差对比(前 100 s)如图 2-4(a)、(b)、(c)所示。

对实验结果进行理论分析，显然可以看出基于扩展卡尔曼滤波的 SLAM 算法具有一定的优越性，且简单易用。诸多国内外学者基于 EKF-SLAM 框架，进行优化

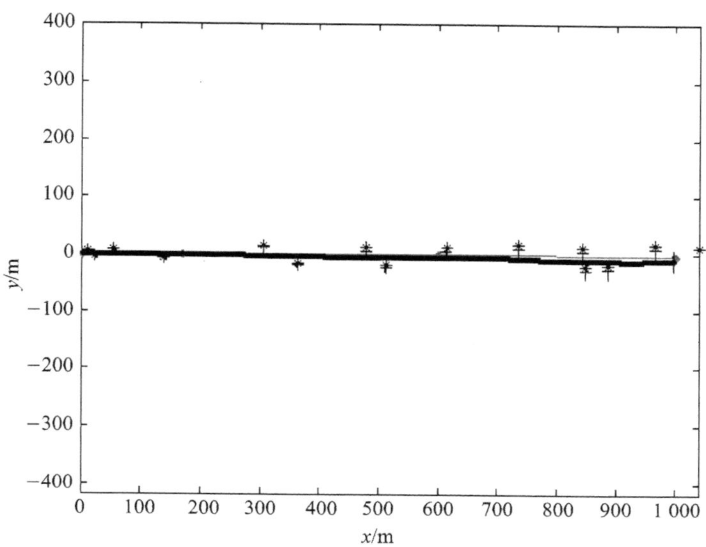

图 2－2　15 个特征点的仿真效果

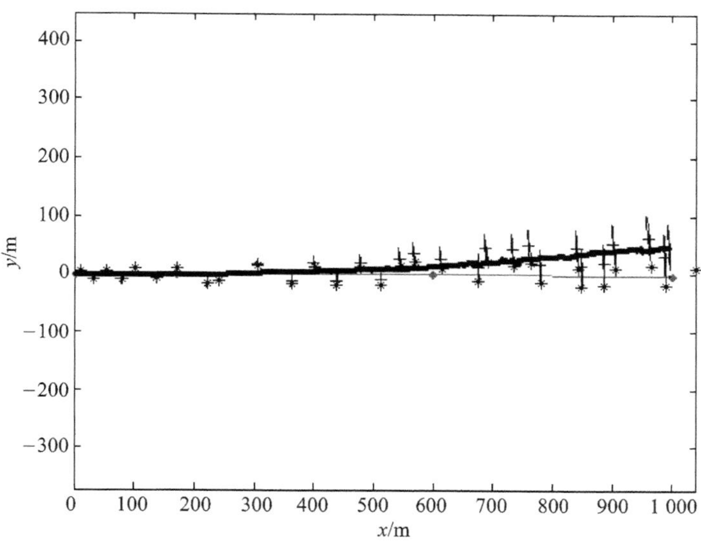

图 2－3　30 个特征点的仿真效果

与改进。例如，吕太之提出采用极坐标对比邻近两次的观测值来检测与减小外部干扰，提高了算法的估计精度与鲁棒性；张海强等提出改进的压缩型 EKF－SLAM 算法来降低计算复杂度；周武等则提出用全局观测地图模型来改进地图的表征方式。但线性化过程中会产生截断误差，且存在雅克比矩阵计算量大等固有缺陷，使得 EKF－SLAM 算法并不适合在大规模的环境地图中使用。

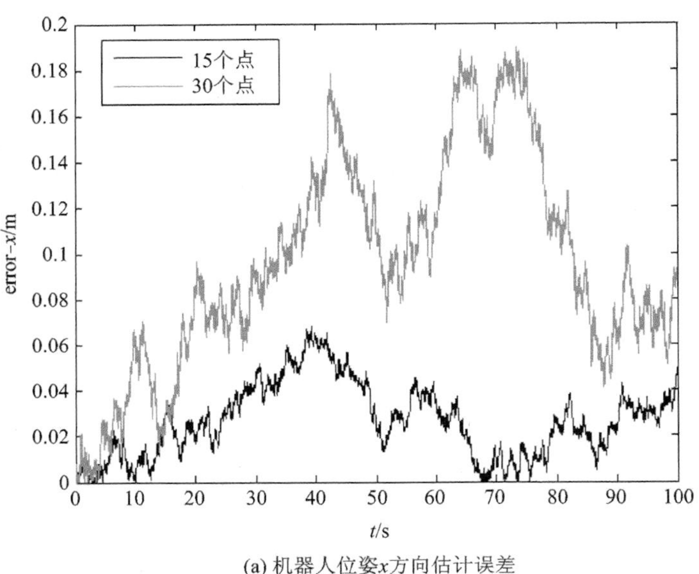

(a) 机器人位姿x方向估计误差

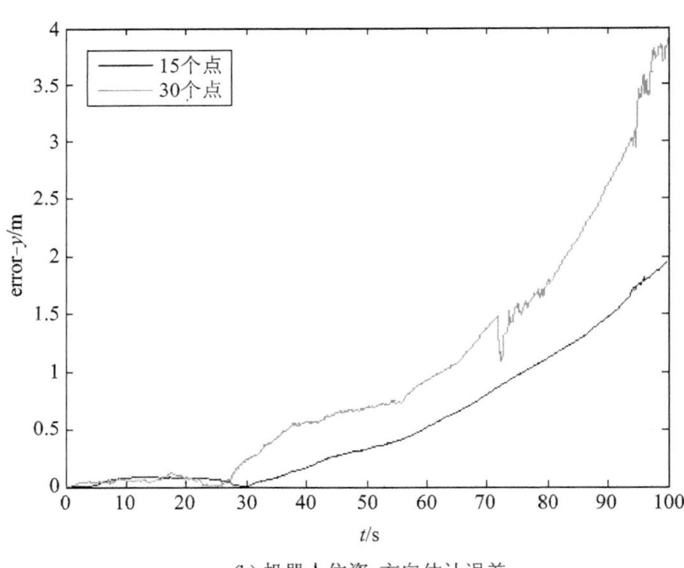

(b) 机器人位姿y方向估计误差

图 2-4　两种情况下机器人位姿估计误差对比

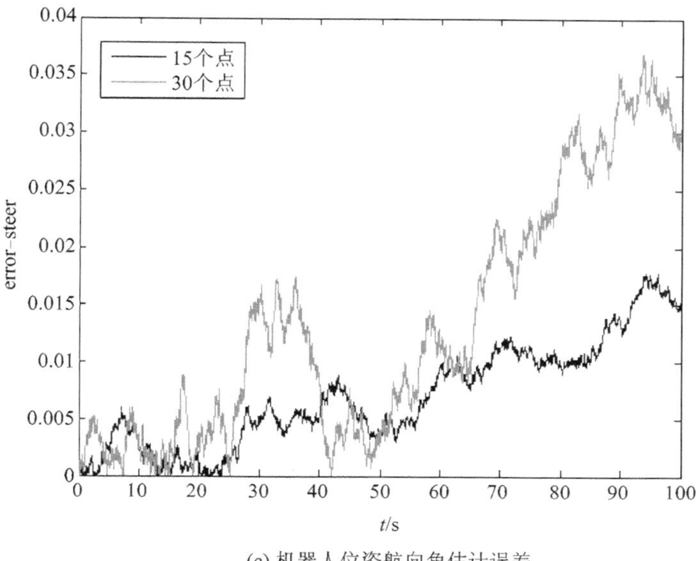

(c) 机器人位姿航向角估计误差

图 2-4　两种情况下机器人位姿估计误差对比(续)

2.3　基于无迹卡尔曼滤波的 SLAM 研究

2.3.1　UKF-SLAM 算法

卡尔曼滤波的核心是高斯变量在系统中动态传播。在 EKF 中,使用高斯变量近似表达系统的状态分布以及相关的噪声密度,其均值和方差解析地通过一个非线性系统的一阶线性化函数去传播。因此,EKF 算法存在自身无法克服的局限性:

① EKF 使用的必要条件是,非线性系统状态方程和观测函数都是连续可微的,这限定了其应用的范围;

② 在对非线性函数的处理上使用一阶线性化近似,导致其精度偏低,尤其当遇到具有强非线性的系统时,EKF 的估计精度更是会严重下降,甚至可能导致发散;

③ EKF 算法需要计算非线性函数的雅克比矩阵,不仅计算复杂度较高,而且容易造成 EKF 数值稳定性差和出现计算性发散问题。

为了克服 EKF 的上述缺陷,使其在处理高斯非线性系统的滤波问题时能够获得较高的精度,并提高处理速度,Julier 和 Uhlman 提出用 UT(Unscented Transformation)变换代替 EKF 中的非线性方程的近似过程,即为无迹卡尔曼滤波(Unscented Kalman Filter,UKF)。

与 EKF 类似,UKF 同样用高斯随机变量来近似状态分布,区别是 UKF 使用一些确定性采样得到的加权采样点(Sigma 点)来逼近。利用这些采样点,可以较好地描述高斯随机变量真实的均值及方差，其精度逼近泰勒二阶，而同等条件下的 EKF 只能达到一阶精度。在计算复杂度上，UKF 与 EKF 属于同阶次的，且无须进行雅克比矩阵的计算，所以比 EKF 更易于实现。

2.3.2　UT 变换

UT 变换常被应用在非线性系统中，用来计算统计量。其核心思想是：在状态向量附近选择合适的样本点，将这些样本点代入非线性系统方程进行变换，用变换后得到的点去计算均值和协方差。这样避免了直接对系统的状态方程和观测方程进行线性化处理。

设 n 维随机状态向量 $\boldsymbol{X} \sim N(\bar{\boldsymbol{X}}, \boldsymbol{P}_x)$，通过非线性函数 $f(\cdot)$ 得到 $\boldsymbol{Z}$ 的统计特性 $(\bar{\boldsymbol{Z}}, \boldsymbol{P}_z)$。UT 变换就是根据 $(\bar{\boldsymbol{X}}, \boldsymbol{P}_x)$ 选取一系列的点 $\boldsymbol{\varepsilon}_i (i=1,2,\cdots,L)$，称作 Sigma 点。将 Sigma 点代入非线性方程 $f(\cdot)$ 进行计算得到 $\chi_i (i=1,2,\cdots,L)$；然后使用 $\aleph_i$ 计算 $(\bar{\boldsymbol{Z}}, \boldsymbol{P}_z)$。通常 Sigma 点的数量取 $2n+1$ 个。根据以下方程得到 $2n+1$ 个 Sigma 点及其权系数：

$$\left.\begin{aligned} &\boldsymbol{\varepsilon}_0 = \bar{\boldsymbol{X}} \\ &\boldsymbol{\varepsilon}_i = \bar{\boldsymbol{X}} - (\sqrt{(n+\lambda)\boldsymbol{P}_x})_i, \quad i=1,2,\cdots,n \\ &\boldsymbol{\varepsilon}_i = \bar{\boldsymbol{X}} - (\sqrt{(n+\lambda)\boldsymbol{P}_x})_i, \quad i=n+1,n+2,\cdots,2n \end{aligned}\right\} \tag{2-5}$$

$$\left.\begin{aligned} &\omega_0^{(\mathrm{m})} = \frac{\lambda}{\lambda+1} \\ &\omega_0^{(\mathrm{c})} = \frac{\lambda}{\lambda+1} + (1-\alpha^2+\beta) \end{aligned}\right\} \tag{2-6}$$

$$\omega_i^{(\mathrm{m})} = \omega_i^{(\mathrm{c})} = \frac{1}{2(n+\lambda)}, \quad i=1,2,\cdots,2n \tag{2-7}$$

$$\lambda = \alpha^2(n+k) - n \tag{2-8}$$

式中，Sigma 点的散步程度由系数 α 决定，通常为一个小的正值；k 通常取为 0；$\boldsymbol{X}$ 的分布信息通过 β 来描述(存在高斯噪声的情况下，β 取 2 为最优值)；$(\sqrt{(n+\lambda)\boldsymbol{P}_x})_i$ 为矩阵平方根的第 i 列；$\omega_i^{(\mathrm{m})} (i=0,1,2,\cdots,2n)$ 为一阶统计特性的权系数；相应的 $\omega_i^{(\mathrm{c})}$ 为二阶统计特性的权系数。

Sigma 点经过非线性函数传播后的结果 $\boldsymbol{\chi}_i = f(\boldsymbol{\varepsilon}_i)(i=0,1,2,\cdots,2n)$，从而得到

$$\bar{\boldsymbol{Z}} = \sum_{i=0}^{2n} \omega_i^{(\mathrm{m})} \boldsymbol{\chi}_i \tag{2-9}$$

$$\boldsymbol{P}_z = \sum_{i=0}^{2n} \omega_i^{(\mathrm{c})} (\boldsymbol{\chi}_i - \bar{\boldsymbol{Z}})^{\mathrm{T}} \tag{2-10}$$

$$\boldsymbol{P}_{xz} = \sum_{i=0}^{2n} \omega_i^{(\mathrm{c})} (\boldsymbol{\chi}_i - \bar{\boldsymbol{Z}})^{\mathrm{T}} \tag{2-11}$$

需要注意的是，区别于 Monte－Carlo 方法，UT 变换并不是随机地选择采样点，而只是取少量的确定的点。也正因为如此，它与通常意义上的加权方法的定义不同，不能直接被当做采样统计。

2.3.3　UKF－SLAM 算法过程

在 UKF－SLAM 中，机器人的运动模型和观测模型依旧为

$$\boldsymbol{X}_k^{\mathrm{v}} = f_v(\boldsymbol{X}_{k-1}^{\mathrm{v}}, \boldsymbol{u}_k) + \boldsymbol{w}_k \tag{2-12}$$

$$\boldsymbol{Z}_k = h(\boldsymbol{X}_k) + \boldsymbol{v}_k \tag{2-13}$$

式中，$\boldsymbol{w}_k$ 和 $\boldsymbol{v}_k$ 为服从 $N(0,Q_K)$ 和 $N(0,R_K)$ 的高斯分布。

进行滤波之前，将原来的状态向量增广为高斯噪声变量：

$$\boldsymbol{X}_k^{\mathrm{a}} = [\boldsymbol{X}_k^{\mathrm{aT}}, \boldsymbol{w}_k^{\mathrm{T}}, \boldsymbol{v}_k^{\mathrm{T}}] \tag{2-14}$$

其均值与协方差矩阵表示为

$$\hat{\boldsymbol{X}}_k^{\mathrm{a}} = [\hat{\boldsymbol{X}}_k, 0, 0]^{\mathrm{T}} \tag{2-15}$$

$$\boldsymbol{P}_k^{\mathrm{a}} = \begin{bmatrix} \boldsymbol{P}_k & 0 & 0 \\ 0 & \boldsymbol{Q}_k & 0 \\ 0 & 0 & \boldsymbol{R}_k \end{bmatrix} \tag{2-16}$$

UKF－SLAM 算法的具体过程如下：

(1) Sigma 点计算

$k-1$ 时刻的均值为 $\hat{\boldsymbol{X}}_{k-1}^{\mathrm{a}}$ 和方差为 $\boldsymbol{P}_{k-1}^{\mathrm{a}}$，取 $2n+1$ 个 Sigma 点 ξ_i，$i=0,1,\cdots,2n$（n 为 $\boldsymbol{X}_k^{\mathrm{a}}$ 的系统状态维数），Sigma 点及其权系数表示为

$$\boldsymbol{\xi}_{i,k-1} = \left\{\begin{array}{ll} \hat{\boldsymbol{X}}_{k-1}^{\mathrm{a}}, & i=0 \\ \hat{\boldsymbol{X}}_{k-1}^{\mathrm{a}} + \left(\sqrt{(n+k)\boldsymbol{P}_{k-1}^{\mathrm{a}}}\right), & i=0,1,\cdots,n \\ \hat{\boldsymbol{X}}_{k-1}^{\mathrm{a}} - \left(\sqrt{(n+k)\boldsymbol{P}_{k-1}^{\mathrm{a}}}\right), & i=n+1,n+2,\cdots,2n \end{array}\right\} \tag{2-17}$$

对应的权值表示为

$$\boldsymbol{W}_i^{\mathrm{m}} = \boldsymbol{W}_i^{\mathrm{c}} = \begin{cases} \dfrac{k}{(n+k)}, & i=0 \\ \dfrac{k}{2(n+k)}, & i \neq 0 \end{cases} \tag{2-18}$$

式中：k 为比例系数，用于调节 Sigma 点与 $\boldsymbol{X}_k^{\mathrm{a}}$ 之间的距离，对于高斯分布，$n+k$ 一般取 3；$\left(\sqrt{(n+k)\boldsymbol{P}_{k-1}^{\mathrm{a}}}\right)_i$ 为 $(n+k)\boldsymbol{P}_{k-1}^{\mathrm{a}}$ 平方根矩阵的第 i 行或列。

(2) 预测阶段

状态预测：

$$\boldsymbol{\xi}_{i,k|k-1} = f(\boldsymbol{\xi}_{i,k-1}, \boldsymbol{u}_k), \quad i=0,1,\cdots,2n \tag{2-19}$$

$$\hat{\boldsymbol{X}}_{k|k-1} = \sum_{0}^{2n} W_i^{\mathrm{m}} \boldsymbol{\xi}_{i,k|k-1} \tag{2-20}$$

$$\boldsymbol{P}_{k|k-1}=\sum_{0}^{2n}W_i^{c}[\boldsymbol{\xi}_{i,k|k-1}-\hat{\boldsymbol{X}}_{k|k-1}][\boldsymbol{\xi}_{i,k|k-1}-\hat{\boldsymbol{X}}_{k|k-1}]^{\mathrm{T}} \tag{2-21}$$

观测预测：

$$\boldsymbol{Z}_{k|k-1}^{i}=h(\boldsymbol{\xi}_{i,k|k-1}) \tag{2-22}$$

$$\hat{\boldsymbol{Z}}_{k|k-1}=\sum_{0}^{2n}W_i^{m}\boldsymbol{Z}_{k|k-1}^{i} \tag{2-23}$$

(3) 更新阶段

$$\boldsymbol{P}_{k|k-1}^{zz}=\sum_{0}^{2n}W_i^{c}[\boldsymbol{Z}_{k|k-1}^{i}-\hat{\boldsymbol{Z}}_{k|k-1}][\boldsymbol{Z}_{k|k-1}^{i}-\hat{\boldsymbol{Z}}_{k|k-1}]^{\mathrm{T}} \tag{2-24}$$

$$\boldsymbol{P}_{k|k-1}^{xz}=\sum_{0}^{2n}W_i^{c}[\boldsymbol{\xi}_{i,k|k-1}-\hat{\boldsymbol{X}}_{k|k-1}][\boldsymbol{Z}_{k|k-1}^{i}-\hat{\boldsymbol{Z}}_{k|k-1}]^{\mathrm{T}} \tag{2-25}$$

$$\boldsymbol{K}_k=\boldsymbol{P}_{k|k-1}^{xz}(\boldsymbol{P}_{k|k-1}^{zz})^{-1} \tag{2-26}$$

$$\hat{\boldsymbol{X}}_k=\hat{\boldsymbol{X}}_{k|k-1}+\boldsymbol{K}_k(\boldsymbol{Z}_k-\hat{\boldsymbol{Z}}_{k|k-1}) \tag{2-27}$$

$$\boldsymbol{P}_k=\boldsymbol{P}_{k|k-1}-\boldsymbol{K}_k\boldsymbol{P}_{k|k-1}^{zz}\boldsymbol{K}_k^{\mathrm{T}} \tag{2-28}$$

UKF-SLAM算法中，利用采样点来代替本身的随机变量去进行非线性变换，使用变换后的采样点进行观测预测、更新，再运用卡尔曼滤波更新和替换系统的均值和方差，最终得到后验的状态估计。

2.3.4 仿真实验及分析

为了对比研究EKF-SLAM与UKF-SLAM算法，在MATLAB仿真平台上，模拟250 m×200 m的室外环境，机器人从坐标点(0,0)沿17个路径点(·)巡游一圈，机器人的行进速度为2 m/s，环境中随机分布了35个静止的特征点(*)，两种算法的仿真结果如图2-5、图2-6所示。其中灰色细线则表示机器人的理想运动轨

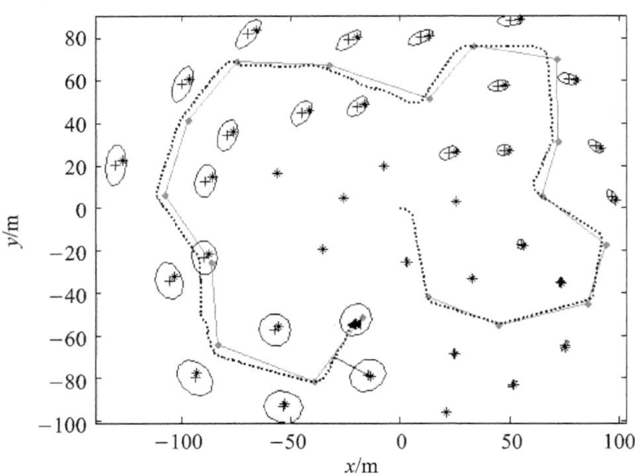

图2-5　EKF-SLAM仿真结果

迹，黑色虚线表示机器人的估计路径，“+”为 SLAM 估计的特征点位置，“椭圆”表示特征点估计的误差范围。

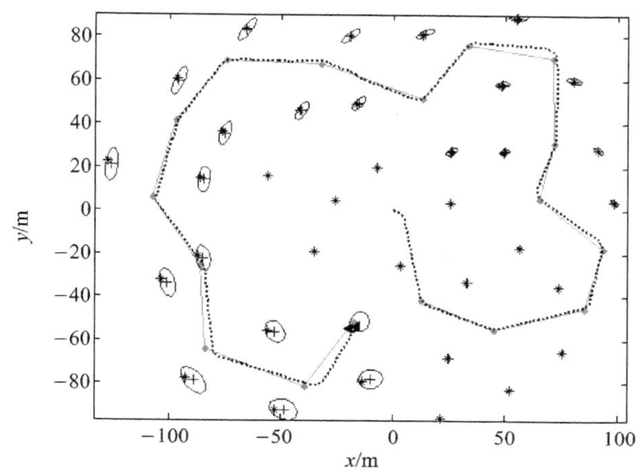

图 2-6　UKF-SLAM 算法仿真结果

通过仿真结果可以发现，在机器人行进之初，EKF-SLAM 与 UKF-SLAM 算法仿真中机器人的估计轨迹与理想轨迹估计偏差都不是很大，随着机器人继续往前探测，收到的特征点不断增多，两种算法的估计轨迹与理想轨迹估计之间的偏差也越来越大，误差椭圆的范围也随之增加。但对比两种算法的仿真结果，UKF-SLAM 算法对理想路径的估计偏差以及特征点的探测误差远小于 EKF-SLAM 算法。图 2-7 中两种算法对机器人估计误差的对比更能直观地说明问题。

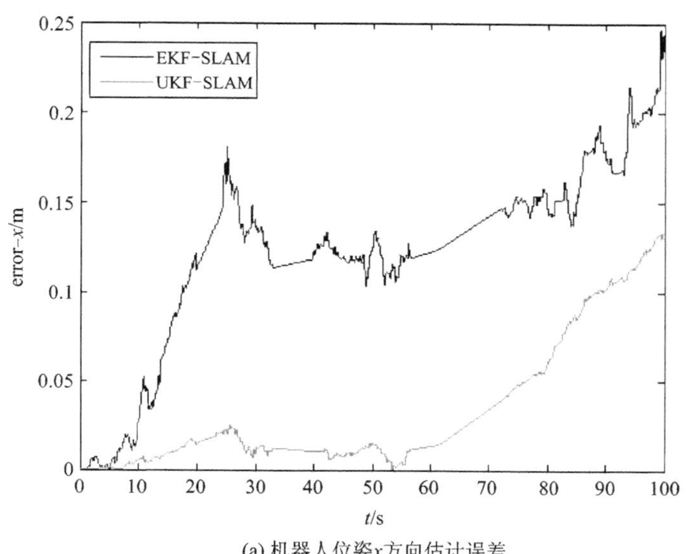

(a) 机器人位姿x方向估计误差

图 2-7　EKF-SLAM 与 UKF-SLAM 算法的机器人位姿估计误差对比

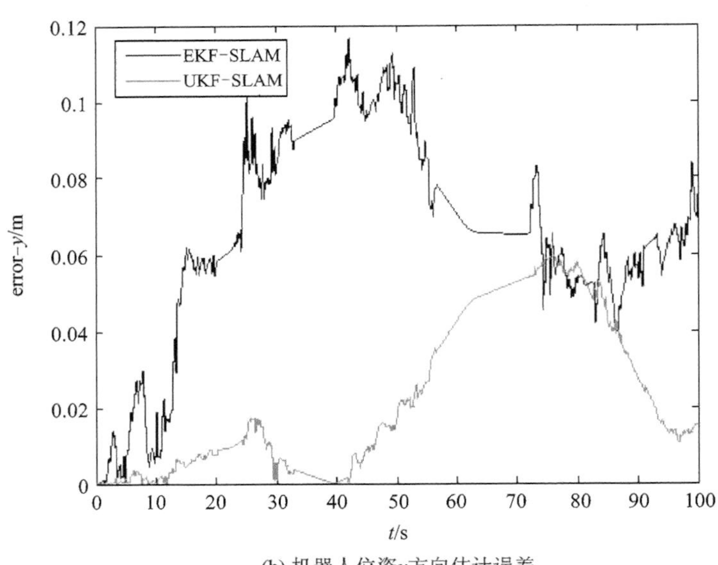

(b) 机器人位姿y方向估计误差

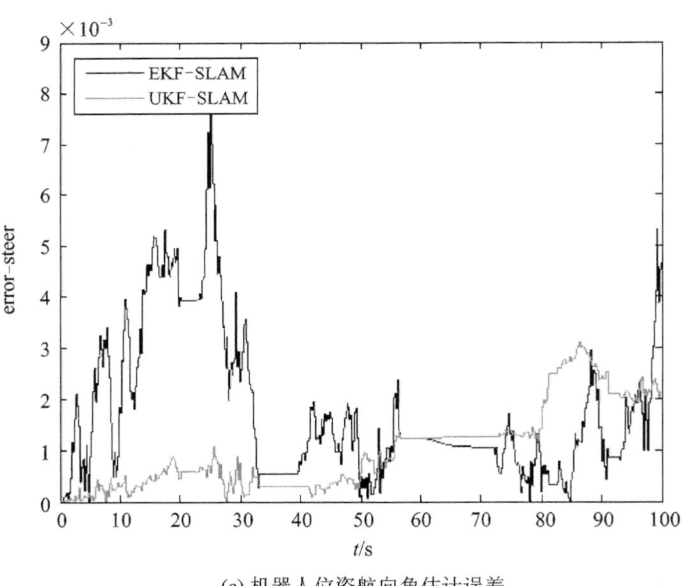

(c) 机器人位姿航向角估计误差

图 2-7　EKF-SLAM 与 UKF-SLAM 算法的机器人位姿估计误差对比(续)

2.4　基于 UKF－SLAM 改进算法的研究

2.4.1　SR－UKF－SLAM 算法

在上述的滤波模型中,计算机的舍入误差会造成滤波误差协方差矩阵 $\boldsymbol{P}_k$ 和预测误差协方差矩阵 $\boldsymbol{P}_{k|k-1}$ 失去非负定性和对称性,使得滤波增益 $\boldsymbol{K}_k$ 计算失真,造成滤波器发散。平方根滤波指出,传递协方差的平方根代替传递协方差本身很好地解决了这一问题,并成功应用于 GPS/DR 组合定位与室内定位中。因此,在 UKF－SLAM 算法模型的基础上,用协方差平方根 $\boldsymbol{S}_k$ 更新代替协方差 $\boldsymbol{P}_k$ 更新($\boldsymbol{P}_k=\boldsymbol{S}_k\boldsymbol{S}_k^{\mathrm{T}}$),提出基于平方根的 UKF－SLAM 算法(Square Root Unscented Kalman Filter, SR－UKF)。具体算法过程中,需要用到 QR 分解以及 Cholesky 因子更新两种运算方式来降低计算复杂度。

1. 算法说明

任何非负定对称矩阵都可以写成三角形分解形式 $\boldsymbol{P}=\boldsymbol{S}\boldsymbol{S}^{\mathrm{T}}$,即 $\boldsymbol{S}\in\boldsymbol{R}^{n\times n}$ 为三角形矩阵;而且对于正定矩阵,这种三角形分解具有唯一性。用于 SR－UKF 滤波时,平方根矩阵 $\boldsymbol{S}_k$ 和 $\boldsymbol{S}_{k|k-1}$ 取三角形矩阵。因此,我们首先对矩阵三角形分解的算法进行介绍。

(1) QR 分解

QR 分解的概念是对如矩阵 $\boldsymbol{A}^{\mathrm{T}}\in\boldsymbol{R}^{n\times n}$,可以有唯一等式 $\boldsymbol{A}^{\mathrm{T}}=\boldsymbol{Q}\boldsymbol{R}$,其中 $\boldsymbol{Q}$ 为 $m\times n$ 维次酉阵,即 $\boldsymbol{Q}^{\mathrm{T}}\boldsymbol{Q}=\boldsymbol{I}_{n\times n}$,$\boldsymbol{R}\in\boldsymbol{R}^{n\times n}$ 为正线上三角矩阵。

而对于非负定对称矩阵 $\boldsymbol{P}$,可以变换为

$$\boldsymbol{P}=\boldsymbol{A}\boldsymbol{A}^{\mathrm{T}} \tag{2-29}$$

如此,便可对 $\boldsymbol{P}$ 进行平方根分解:

$$\boldsymbol{P}=\boldsymbol{A}\boldsymbol{A}^{\mathrm{T}}=(\boldsymbol{Q}\boldsymbol{R})^{\mathrm{T}}\boldsymbol{Q}\boldsymbol{R}=\boldsymbol{R}^{\mathrm{T}}\boldsymbol{Q}^{\mathrm{T}}\boldsymbol{Q}\boldsymbol{R}=\boldsymbol{R}^{\mathrm{T}}\boldsymbol{R} \tag{2-30}$$

令 $\widetilde{\boldsymbol{R}}=\boldsymbol{R}^{\mathrm{T}}$,则有 $\boldsymbol{P}=\boldsymbol{A}\boldsymbol{A}^{\mathrm{T}}=\widetilde{\boldsymbol{R}}\widetilde{\boldsymbol{R}}^{\mathrm{T}}$,则 $\widetilde{\boldsymbol{R}}\in\boldsymbol{R}^{n\times n}$ 为矩阵 $\boldsymbol{P}$ 的平方根。在下面的算法中采用记号 $QR\{\cdot\}$表示 $\widetilde{\boldsymbol{R}}$ 是矩阵 $\boldsymbol{P}$ 的 QR 分解,即有 $\widetilde{\boldsymbol{R}}=[QR\{\boldsymbol{A}^{\mathrm{T}}\}]^{\mathrm{T}}$。

(2) Cholesky 因子更新

Cholesky 因子更新的概念是,假设 $\boldsymbol{S}$ 是 $\boldsymbol{P}=\boldsymbol{A}\boldsymbol{A}^{\mathrm{T}}$ 的原始 Cholesky 因子,$\boldsymbol{u}$ 为一个向量,那么矩阵 $\boldsymbol{P}\pm\boldsymbol{v}\boldsymbol{u}\boldsymbol{u}^{\mathrm{T}}$ 的 Cholesky 因子可以被表示成 cholupdate$\{\boldsymbol{S},\boldsymbol{u},\pm\boldsymbol{v}\}$。而当 $\boldsymbol{u}$ 是一个矩阵而非单个向量时,则结果使用 $\boldsymbol{u}$ 的 m 个列连续进行 m 次 Cholesky 因子去更新。

2. SR－UKF－SLAM

区别于 UKF－SLAM 算法,SR－UKF－SLAM 算法优化过程如下:

预测阶段:

$$\boldsymbol{S}_{k|k-1}=QR\{[\sqrt{W^{c}_{1:2n}}(\boldsymbol{\xi}^{a}_{1:2n,k|k-1}-\hat{\boldsymbol{X}}_{k|k-1})\ \sqrt{\boldsymbol{Q}_{k-1}}]\} \tag{2-31}$$

$$\boldsymbol{S}^{z}_{k|k-1}=QR\{[\sqrt{W^{c}_{1:2n}}(\boldsymbol{Z}^{i}_{1:2n,k|k-1}-\hat{\boldsymbol{Z}}_{k|k-1})\ \sqrt{\boldsymbol{R}_{k-1}}]\} \tag{2-32}$$

更新阶段：

$$\boldsymbol{S}_{k|k-1}=\text{cholupdate}\{\boldsymbol{S}_{k|k-1},\boldsymbol{\xi}^{a}_{0,k|k-1}-\hat{\boldsymbol{X}}_{k|k-1},W^{c}_{0}\} \tag{2-33}$$

$$\boldsymbol{S}^{z}_{k|k-1}=\text{cholupdate}\{\boldsymbol{S}^{z}_{k|k-1},\boldsymbol{Z}^{i}_{0,k|k-1}-\hat{\boldsymbol{Z}}_{k|k-1},W^{c}_{0}\} \tag{2-34}$$

为了避免矩阵逆运算，在对滤波增益 $\boldsymbol{K}_K$ 的处理上，考虑采用回代法求解，如式(2-35)所示。最终用式(2-37)、式(2-38)对状态向量进行迭代更新。

$$\boldsymbol{K}_{k}=\boldsymbol{P}^{xz}_{k|k-1}/(\boldsymbol{S}^{z}_{k|k-1})^{\mathrm{T}}/\boldsymbol{S}^{z}_{k|k-1} \tag{2-35}$$

$$\hat{\boldsymbol{X}}_{k|k}=\hat{\boldsymbol{X}}_{k|k-1}+\boldsymbol{K}_{k}(\boldsymbol{Z}_{k}-\hat{\boldsymbol{Z}}_{k|k-1}) \tag{2-36}$$

$$\boldsymbol{U}=\boldsymbol{K}_{k}\boldsymbol{S}^{z}_{k|k-1} \tag{2-37}$$

$$\boldsymbol{S}_{k}=\text{cholupdate}\{\boldsymbol{S}^{z}_{k|k-1},\boldsymbol{U},-1\} \tag{2-38}$$

2.4.2 SPSR - UKF - SLAM 算法

虽然 SR - UKF - SLAM 算法在一定程度上提高了机器人位姿和特征地图的估计精度，但对于 SLAM 这种对实时性要求较高的系统，我们希望通过减少 Sigma 点的数目来进一步降低计算的复杂度；且在对称采样中，Sigma 点到中心 $\hat{\boldsymbol{X}}^{a}_{k}$ 的距离随 $\boldsymbol{X}^{a}_{k}$ 状态维数的增加而增大，这样易产生非局部效应，影响滤波的精度与稳定性。

最小偏度单行采样是一种采样点数最少的采样方式，由于采样点个数对 UKF 的计算量有着直接影响，因此，该策略更适合用于实时性较高的系统中。根据 Julier 等人的分析，对于 n 维状态分布向量，至少需要 $n+1$ 个采样点来确定系统的后验分布。研究发现，比例修正可以很好地解决非局部效应的问题。因此，笔者结合上述采样策略的优点，应用到 SLAM 过程中，提出一种基于比例最小偏度的平方根 UKF - SLAM 算法，即 SPSR - UKF - SLAM 算法。算法修正了 SR - UKF - SLAM 算法的采样策略，其具体采样过程如下：

(1) 初始化权系数

$$0\leqslant W^{m}_{0}=W^{c}_{0}<1$$

(2) 计算 Sigma 采样点的一阶与二阶权系数

$$W^{m}_{i}=\begin{cases}\dfrac{W^{m}_{0}}{a^{2}}+\left(1-\dfrac{1}{a^{2}}\right), & i=0\\[2ex] \dfrac{1-W^{m}_{0}}{2^{na^{2}}}, & i=1,2\\[2ex] \dfrac{2^{i-2}W^{m}_{1}}{a^{2}}, & i=3,4,\cdots,n+2\end{cases} \tag{2-39}$$

$$W^{c}_{i}=\begin{cases}W^{m}_{0}+(1+\beta-\alpha^{2}), & i=0\\ W^{m}_{i}, & i\neq 0\end{cases} \tag{2-40}$$

式中，α 为较小的正数，用来控制 Sigma 点到中心点 $\hat{\boldsymbol{X}}_k^a$ 的距离，取值范围为[10^{-4}，1]；β 用来描述随机变量分布的先验信息，在高斯分布的情况下，取 $\beta=2$ 为最佳。

(3) 初始化向量($L=1$)

$$\boldsymbol{\xi}_0^1=[0],\quad \boldsymbol{\xi}_1^1=\left[-\frac{1}{\sqrt{2W_1^{\mathrm{m}}}}\right],\quad \boldsymbol{\xi}_2^1=\left[\frac{1}{\sqrt{2W_1^{\mathrm{m}}}}\right] \tag{2-41}$$

当输入的状态维数 $L=2,3,\cdots,n$ 时，向量的迭代公式为

$$\boldsymbol{\xi}_i^L=\begin{cases}\begin{bmatrix}\boldsymbol{\xi}_0^{L-1}\\ 0\end{bmatrix}, & i=0\\ \begin{bmatrix}\boldsymbol{\xi}_0^{L-1}\\ -\dfrac{1}{\sqrt{2W_{L+1}^{\mathrm{m}}}}\end{bmatrix}, & i=1,2,\cdots,L\\ \begin{bmatrix}\boldsymbol{\xi}_0^{L-1}\\ -\dfrac{1}{\sqrt{2W_{L+1}^{\mathrm{m}}}}\end{bmatrix}, & i=L+1\end{cases} \tag{2-42}$$

(4) 求得 Sigma 点

$$\boldsymbol{\xi}_{i,k-1}^a=\hat{\boldsymbol{X}}_{k-1}^a+a\boldsymbol{S}_{k-1}\boldsymbol{\xi}_i^L,\quad i=0,1,2,\cdots,L+1 \tag{2-43}$$

2.4.3　仿真实验及分析

为了研究改进后的算法对估计精度的影响，与前述一样，均在 MATLAB 仿真环境下，利用 Tim Bailey 开发的开源仿真平台，分别对 SR - UKF - SLAM 以及 SPSR - UKF - SLAM 进行仿真实验。计算机采用 Inter Core - i5 的双核处理器，2.6 GHz 的主频，4 GB 的内存。在实验中，模拟 250 m×200 m 的室外环境，机器人从坐标点(0,0)沿 17 个路径点(·)巡游一圈，机器人的行进速度为 2 m/s，环境中随机分布了 35 个静止的特征点(*)，两种算法的仿真结果如图 2 - 8、图 2 - 9 所示。其中细线表示机器人的理想运动轨迹；黑色虚线表示机器人的估计路径；“+”为 SLAM 估计的特征点位置，“椭圆”表示特征点估计的误差范围。图 2 - 8、图 2 - 9 以及图 2 - 6 表明，在初始阶段，UKF - SLAM 与 SR - UKF - SLAM 计算误差相近，但随着时间的推移，由于新的特征不断加入，UKF - SLAM 的机器人估计轨迹偏离理想运动轨迹的程度越来越大，且特征地图的误差椭圆也明显大于 SR - UKF - SLAM 算法。与 SR - UKF - SLAM 算法相比，在 SPSR - UKF - SLAM 算法过程中，机器人估计轨迹进一步逼近理想的运动轨迹，且误差椭圆进一步缩小。

机器人探索一圈历时 330 s 左右，进行多次实验取均值。本书取其前 300 s 的仿真结果进行数据分析。图 2 - 10 的(a)、(b)、(c)分别为 UKF - SLAM 算法、SR - UKF - SLAM 算法以及 SPSR - UKF - SLAM 算法在机器人位姿的 x 方向、y 方向以及航向角的误差对比图。从图中可以看出，三种算法对机器人位姿估计的误差均

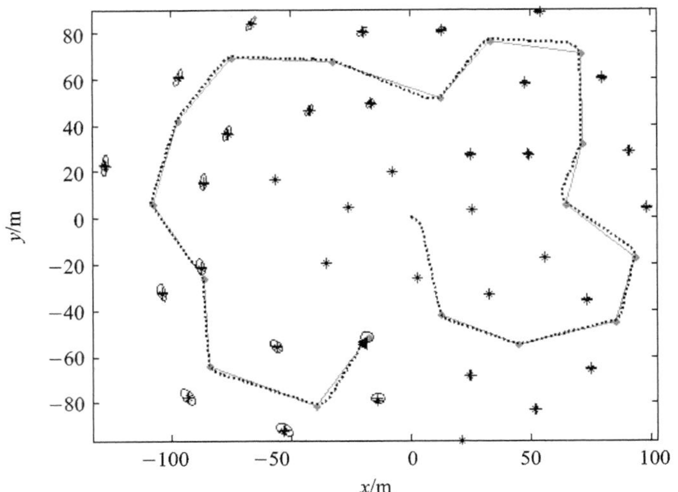

图 2－8　SR－UKF－SLAM 仿真结果

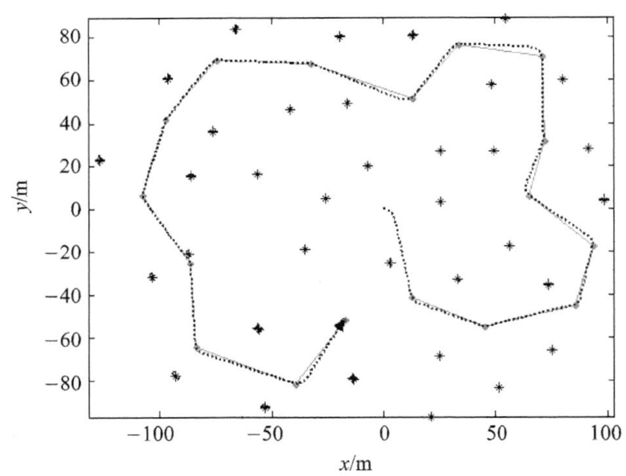

图 2－9　SPSR－UKF－SLAM 仿真结果

呈上升趋势，但相较于前两种算法，SR－UKF－SLAM 算法的估计误差相对平稳，并保持较低的水平。以上的实验结果均表明，SPSR－UKF－SLAM 算法在降低计算复杂度的同时，也提高了机器人位姿的估计精度。

为了更直观地对比三种 SLAM 算法的性能，分别计算三种算法的平均误差，如表 2－1 所列。从表 2－1 中的数据得知，三种算法中，SPSR－UKF－SLAM 算法的机器人位姿估计精度最高。与 SR－UKF－SLAM 算法相比，SPSR－UKF－SLAM 算法在机器人位姿的 x 方向、y 方向以及航向角的误差分别降低了 19.08 %、29.31 %、50.47 %。

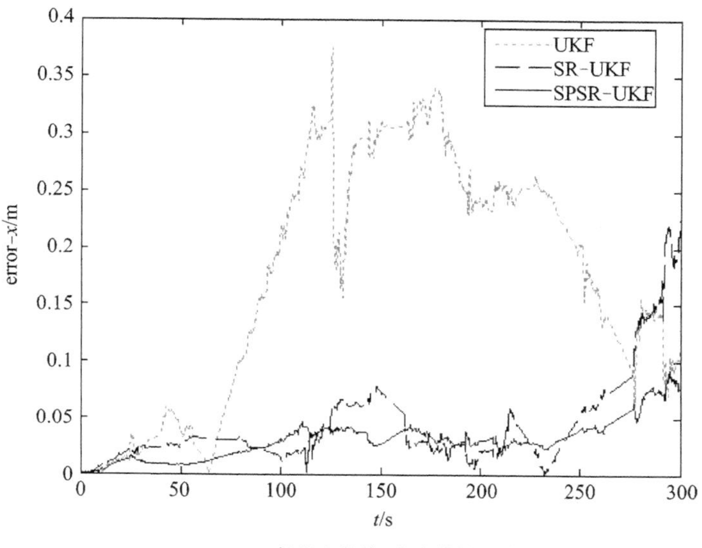

(a) 机器人位姿x方向估计误差

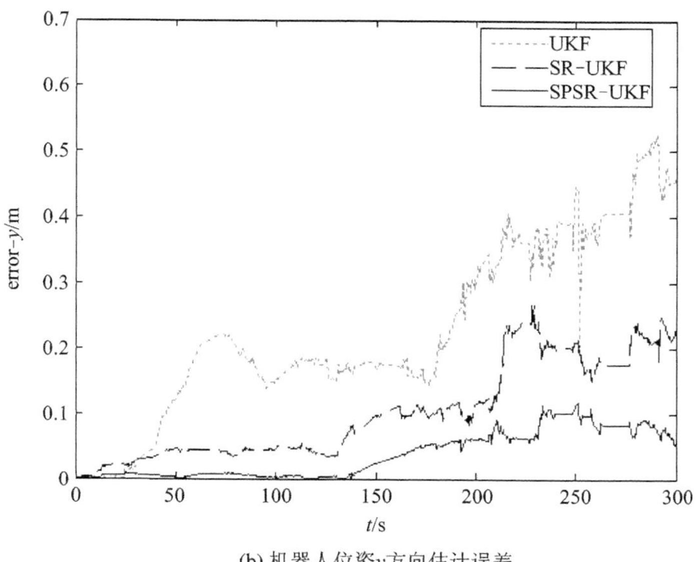

(b) 机器人位姿y方向估计误差

图 2-10　三种算法的估计误差对比

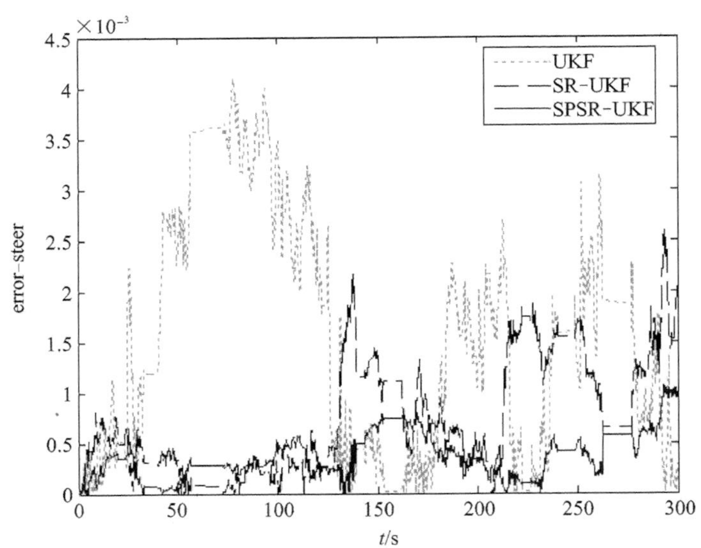

(c) 机器人位姿航向角估计误差

图 2-10　三种算法的估计误差对比(续)

表 2-1　算法误差统计比较

算　法	error		
	x 方向/m	y 方向/m	航向角/rad
UKF-SLAM	0.174 2	0.228 4	0.154 3
SR-UKF-SLAM	0.043 5	0.102 0	0.074 1
SPSR-UKF-SLAM	0.035 2	0.072 1	0.036 7

2.5　基于容积卡尔曼滤波及改进算法的研究

2.5.1　CKF 算法概述

2009 年阿拉萨拉特纳姆和哈金提出了 CKF 滤波算法，它是一种基于卡尔曼滤波框架的非线性滤波算法。容积变换规则是 CKF 滤波算法实现的关键环节，通过三阶球面-容积变换规则近似系统非线性方程模型的后验状态估计平均值和方差。CKF 算法具有坚实的数学理论基础，以微积分的思路入手近似高斯积分数值。CKF 算法的思路与 UKF 算法的思路相近，在三阶球面-容积变换规则下，CKF 算法根据系统先验状态估计平均值和方差，按照容积规则提取容积样本点集，这些容积样本点由系统非线性方程模型变换，表征了系统后验状态变量的统计特征。由这些统计分布，经权重比加权后可以获得近似的系统后验状态估计的平均值和方差值。

CKF 算法与 UKF 算法思路一致，通过事先设定的一系列提取规则选取样本点集，经系统非线性方程模型传播，通过相应的权重比加权处理，近似得到非线性滤波的高斯积分，规避了 EKF 算法直接线性化系统非线性方程模型造成的误差。UKF 算法和 CKF 算法在实现滤波器功能时，仅仅是依据统计学理论对系统模型特性进行标定，不依赖具体的非线性方程模型的形式。而 EKF 算法因为需要计算出雅可比矩阵，必须确定系统方程模型的具体形式。由此可知，UKF 算法与 CKF 算法独立性较强。

CKF 算法在近似系统非线性方程模型求取高斯积分时，利用三阶球面-容积规则周密地推演出数学理论，保证了 CKF 算法在理论上的严谨性。与 CKF 算法相比，UKF 算法没有扎实的数学基础做后盾，仅仅是通过多次实验验证该滤波算法的先进性。CKF 算法提取的样本点集与 UKF 算法提取的样本点集相比较少，且 CKF 算法样本点集的权重比值必须保持为一致的正值，而 UKF 算法样本点集的权重比值可能出现负值。这就导致 UKF 算法在滤波过程中可能出现协方差负半定，产生 UKF 算法滤波性能不稳定的情况。CKF 算法的容积样本点集的权重比为正值，保证了在高斯积分求取的过程中持续保持数值稳定和滤波性能稳定。通常，理想的高斯积分方程必须保证具有两个数学特性。其一，根据提取策略提取的样本点集最好分布在高斯积分区间内，权重比值为正值，具备这种特性的高斯积分方程产生的误差要远远小于不具备这种数学特性的积分方程。UKF 算法的理念和实现方法保证了它具有上述性质。其二，样本点集的权重比的绝对值的和被称为稳定因子，是一项考量高斯积分方程稳定性能的指标。CKF 算法的稳定因子值已经被设定为 1，而 UKF 算法的稳定性因子会因为系统状态维度的增大而大幅度增长。

2.5.2　容积变换

对于一般的高斯积分方程，均可以通过数学方法处理，得到下面形式的方程：

$$I = C\int f(x)\exp(\boldsymbol{x}^{\mathrm{T}}\boldsymbol{x})\mathrm{d}x \tag{2-44}$$

式中，C 为定常参数，函数 f 是相关参数方程。式(2－44)的积分方程形态，通过 CKF 算法可以经由三阶球面-容积规则进行积分处理，达到近似系统非线性方程模型的目的。

类似于 UT 变换，容积变换也是通过设定的一系列规则提取样本点集，该点集被称作容积点。容积点通过系统非线性方程模型传播，经过算法设定的权重比加权求和，达到近似积分的目的。这里假定该点集为 $\boldsymbol{\xi}_i$，在容积点集 $\boldsymbol{\xi}_i$ 中，容积点存在如下性质：

① $\boldsymbol{\xi}_i$ 表示为互相正交的完全对称容积点集。

② 当其中 $\boldsymbol{\xi}_i$ 存在 $2(n_s+n_u)$列时，有

$$\boldsymbol{\xi}_i = \sqrt{n_s + n_u}\left\{\begin{bmatrix}1\\0\\\vdots\\0\end{bmatrix},\begin{bmatrix}0\\1\\\vdots\\0\end{bmatrix},\cdots,\begin{bmatrix}0\\\vdots\\1\\0\end{bmatrix},\begin{bmatrix}0\\\vdots\\0\\1\end{bmatrix},\cdots,\begin{bmatrix}-1\\0\\\vdots\\0\end{bmatrix},\begin{bmatrix}0\\-1\\\vdots\\0\end{bmatrix},\cdots,\begin{bmatrix}0\\\vdots\\-1\\0\end{bmatrix},\begin{bmatrix}0\\\vdots\\0\\-1\end{bmatrix}\right\} \tag{2-45}$$

通过容积规则，经高斯积分，忽略常数参数，可将式(2-44)转换为

$$I = \int f(x)\exp(\boldsymbol{x}^{\mathrm{T}}\boldsymbol{x})\mathrm{d}x = \int_0^{\infty}\int_{U_n} f(ry)r^{n-1}\mathrm{e}^{-r^2}\mathrm{d}\sigma(y)\mathrm{d}r \tag{2-46}$$

这里 U_n 表征维度为 n 的球面，$\sigma(\cdot)$表征 U_n 球面上的单位因子，因此就可分解式(2-46)的积分方程，将其分解为一个球面积分和一个相径积分。

球面积分：

$$S(r) = \int_{U_n} f(ry)\mathrm{d}\sigma(y) \tag{2-47}$$

对于该球面积分，由于容积点集性质为正交对称，根据容积规则，当积分次数为奇数次时，$S(r)$积分值为零。当积分次数为偶数次时，在近似最高为三阶的情况下，即可穷举出积分次数为 0 或者积分次数为 2 的两种情况。当积分次数为 0 时 $f(y)=1$，当积分次数为 2 时 $f(y)=y^2$，根据确定的提取容积点策略和精确的权重比，即可精准求得近似积分。

当积分次数为 0 时：

$$2nw = w\sum_{i=1}^{2n}1 = \int_{U_n}\mathrm{d}\sigma(y) = A_n \tag{2-48}$$

当积分次数为 2 时：

$$2wu^2 = w\sum_{i=1}^{2n}f(u) = \int_{U_n}y^2\mathrm{d}\sigma(y) = \frac{A_n}{n} \tag{2-49}$$

式中，A_n 表示维度为 n 的单位球面面积，根据容积点集性质，有

$$S(r) \approx \sum_{i=1}^{2n} wf(\boldsymbol{\xi}_i) \tag{2-50}$$

相径积分：

$$R = \int_0^{\infty} S(r)r^{n-1}\mathrm{e}^{-r^2}\mathrm{d}r \tag{2-51}$$

通过积分变换，令$\sqrt{x}=r$，可将式(2-51)转换为

$$R = \frac{1}{2}\int_0^{\infty} S(\sqrt{x})x^{\frac{n}{2}-1}\mathrm{e}^{-x}\mathrm{d}x \tag{2-52}$$

通过高斯-拉盖尔积分方程，可以近似求解出：

$$I \approx \sum_{j=1}^{1}\sum_{i=1}^{1} w\omega_j f(r) = \sum_{i=1}^{2n} w\omega_i f(r) = \sum_{i=1}^{2n}\omega f(r) \tag{2-53}$$

式中，$\omega = \frac{\sqrt{\pi^n}}{2n}$，$r = \sqrt{\frac{n}{2}}$。

对于高斯积分的通式：

$$\boldsymbol{I}=\int f(\boldsymbol{x})N(\boldsymbol{x};\bar{\boldsymbol{x}}\boldsymbol{P})\mathrm{d}\boldsymbol{x}=\frac{1}{(2\pi)^{\frac{n}{2}}|\boldsymbol{P}|^{\frac{1}{2}}}\int f(\boldsymbol{x})\exp\left[-\frac{1}{2}(\boldsymbol{x}-\bar{\boldsymbol{x}})^{\mathrm{T}}\boldsymbol{P}^{-1}(\boldsymbol{x}-\bar{\boldsymbol{x}})\right]\mathrm{d}\boldsymbol{x} \tag{2-54}$$

此时令 $\boldsymbol{\xi}=(\sqrt{\boldsymbol{P}})^{-1}(\boldsymbol{x}-\bar{\boldsymbol{x}})$，则式(2-54)的新形式为

$$\boldsymbol{I}=\frac{1}{(2\pi)^{\frac{n}{2}}}\int f(\sqrt{\boldsymbol{P}}\boldsymbol{\xi}+\bar{\boldsymbol{x}})\exp\left(-\frac{1}{2}\boldsymbol{\xi}^{\mathrm{T}}\boldsymbol{\xi}\right)\mathrm{d}\boldsymbol{\xi} \tag{2-55}$$

$$\boldsymbol{I}=\frac{1}{2n}\sum_{i=1}^{2n}f(\sqrt{\boldsymbol{P}}\boldsymbol{\xi}+\bar{\boldsymbol{x}}) \tag{2-56}$$

式(2-55)中，$\xi_i=\sqrt{\dfrac{2n}{2}}$，$m=2n$，则有 $\xi_i=\sqrt{\dfrac{m}{2}}$，可得

$$\boldsymbol{I}=\frac{1}{m}\sum_{i=1}^{2n}f(\sqrt{\boldsymbol{P}}\boldsymbol{\xi}+\bar{\boldsymbol{x}}) \tag{2-57}$$

式(2-57)所求得的 $\boldsymbol{I}$ 即是系统非线性方程模型经 CKF 算法近似求得的积分。

2.5.3 CKF 算法步骤

在 CKF-SLAM 算法中依旧将系统过程噪声 w_k 和系统观测噪声 v_k 期望均视为零值，方差分别为 $\boldsymbol{Q}_k$ 和 $\boldsymbol{R}_k$，呈高斯分布。

CKF 算法具体步骤如下：

(1) 系统状态更新过程

$$\boldsymbol{S}_{i,k-1|k-1}=\sqrt{\boldsymbol{P}_{k-1|k-1}}\boldsymbol{\xi}_i+\bar{\boldsymbol{S}}_{k-1|k-1} \tag{2-58}$$

$$\boldsymbol{S}_{i,k|k-1}=f(\boldsymbol{S}_{i,k-1|k-1}) \tag{2-59}$$

$$\bar{\boldsymbol{S}}_{k|k-1}=\frac{1}{m}\sum_{i=1}^{m}\boldsymbol{S}_{i,k|k-1} \tag{2-60}$$

$$\boldsymbol{P}_{k|k-1}=\frac{1}{m}\sum_{i=1}^{m}\boldsymbol{S}_{i,k|k-1}(\boldsymbol{S}_{i,k|k-1})^{\mathrm{T}}-\bar{\boldsymbol{S}}_{k|k-1}(\bar{\boldsymbol{S}}_{k|k-1})^{\mathrm{T}}+\boldsymbol{Q}_{k-1} \tag{2-61}$$

(2) 观测状态更新过程

$$\boldsymbol{S}_{i,k|k-1}=\sqrt{\boldsymbol{P}_{k|k-1}}\boldsymbol{\xi}_i+\bar{\boldsymbol{S}}_{k|k-1} \tag{2-62}$$

$$\bar{\boldsymbol{z}}_{i,k|k-1}=\frac{1}{m}\sum_{i=1}^{m}\boldsymbol{z}_{i,k|k-1} \tag{2-63}$$

$$\boldsymbol{z}_{i,k|k-1}=h(\boldsymbol{S}_{i,k|k-1}) \tag{2-64}$$

$$\boldsymbol{P}_{zz,k|k-1}=\frac{1}{m}\sum_{i=1}^{m}\boldsymbol{z}_{i,k|k-1}(\boldsymbol{z}_{i,k|k-1})^{\mathrm{T}}-\bar{\boldsymbol{z}}_{k|k-1}(\bar{\boldsymbol{z}}_{k|k-1})^{\mathrm{T}}+\boldsymbol{R}_k \tag{2-65}$$

$$\boldsymbol{P}_{xz,k|k-1}=\frac{1}{m}\sum_{i=1}^{m}\boldsymbol{S}_{i,k|k-1}(\boldsymbol{z}_{i,k|k-1})^{\mathrm{T}}-\bar{\boldsymbol{S}}_{k|k-1}(\bar{\boldsymbol{z}}_{k|k-1})^{\mathrm{T}} \tag{2-66}$$

$$\boldsymbol{K}_k = \boldsymbol{P}_{xz,k|k-1} \cdot \boldsymbol{P}_{zz,k|k-1}^{-1} \tag{2-67}$$

$$\bar{\boldsymbol{S}}_{k|k} = \bar{\boldsymbol{S}}_{k|k-1} + \boldsymbol{K}_k(\boldsymbol{z}_k - \bar{\boldsymbol{z}}_{k|k-1}) \tag{2-68}$$

$$\boldsymbol{P}_{k|k} = \boldsymbol{P}_{k|k-1} - \boldsymbol{K}_k \boldsymbol{P}_{zz,k|k-1} \boldsymbol{K}_k^{\mathrm{T}} \tag{2-69}$$

2.5.4 SR-CKF-SLAM算法

SR-CKF-SLAM算法是在卡尔曼滤波框架下，利用三阶球面-相径容积规则，通过确定的容积点集传递后加权得到非线性函数的均值和协方差平方根因子。在传递过程中，采用协方差矩阵平方根(基于QR分解)代替协方差矩阵信息更新，来解决由于计算机舍入误差可能导致的滤波器发散问题。具体的算法描述如下：

(1) 预测阶段

计算容积点：

$$\boldsymbol{x}_{k-1}^j = \boldsymbol{L}_{k-1}^A \boldsymbol{\xi}_j + \boldsymbol{S}_{k-1}^A \tag{2-70}$$

式中，j 为容积点序号，取值为 $1,2,3,\cdots,2(n_u+n_s)$。$\boldsymbol{x}_{k-1}^j$ 包含了 $k-1$ 时刻的位姿信息、特征点信息和运动控制信息。由机器人状态信息 $\boldsymbol{S}_{k-1}$ 和运动信息 $\boldsymbol{u}_k$ 增广为高斯噪声变量，经式(2-71)处理可得 $\boldsymbol{S}_{k-1}^A$ 和 $\boldsymbol{L}_{k-1}^A$。

$$\boldsymbol{S}_{k-1}^A = \begin{bmatrix} \boldsymbol{S}_{k-1} \\ \boldsymbol{u}_k \end{bmatrix}, \quad \boldsymbol{L}_{k-1}^A = \begin{bmatrix} \boldsymbol{L}_{k-1} & 0 \\ 0 & \sqrt{\boldsymbol{Q}_k} \end{bmatrix} \tag{2-71}$$

$\boldsymbol{\xi}_i$ 表示互相正交的完全对称容积点集，其中 $\boldsymbol{\xi}_i$ 存在 $2(n_s+n_u)$列。

$$\boldsymbol{\xi}_i = \sqrt{n_s+n_u}\left\{\begin{bmatrix}1\\0\\\vdots\\0\end{bmatrix},\begin{bmatrix}0\\1\\\vdots\\0\end{bmatrix},\cdots,\begin{bmatrix}0\\\vdots\\1\\0\end{bmatrix},\begin{bmatrix}0\\\vdots\\0\\1\end{bmatrix},\cdots,\begin{bmatrix}-1\\0\\\vdots\\0\end{bmatrix},\begin{bmatrix}0\\-1\\\vdots\\0\end{bmatrix},\cdots,\begin{bmatrix}0\\\vdots\\-1\\0\end{bmatrix},\begin{bmatrix}0\\\vdots\\0\\-1\end{bmatrix}\right\} \tag{2-72}$$

计算各容积点的先验估计，以容积点 j 为例：

$$\boldsymbol{x}_{k|k-1}^j = f(\boldsymbol{x}_{k-1}^j) \tag{2-73}$$

每个容积点经非线性运动方程传播后都可以得到机器人 $k-1$ 时刻的位姿信息，以及机器人 k 时刻的运动信息，可预测 k 时刻机器人的位姿信息。

机器人位姿状态预估计和平方根因子预测：

根据容积变换式

$$\boldsymbol{I} = \int f(y)N(y;\boldsymbol{\mu},\Sigma)\,\mathrm{d}y \approx \frac{1}{2n_y}\Sigma f(\sqrt{\Sigma}\boldsymbol{\xi}_i + \boldsymbol{\mu}) \tag{2-74}$$

可得

$$\boldsymbol{S}_{k|k-1} = \frac{1}{2(n_s+n_u)}\sum_{j=1}^{2(n_s+n_u)} \boldsymbol{x}_{k|k-1}^j \tag{2-75}$$

经过QR分解误差向量 $\boldsymbol{A}_{k|k-1}$，可以得到平方根因子 $\boldsymbol{C}_{k|k-1}$，用于下一步更新

阶段：

$$\boldsymbol{A}_{k|k-1}=\frac{1}{\sqrt{2(n_s+n_u)}}\left[\boldsymbol{x}_{k|k-1}^{1}-\boldsymbol{S}_{k|k-1}\quad \boldsymbol{x}_{k|k-1}^{2}-\boldsymbol{S}_{k|k-1}\quad \cdots \quad \boldsymbol{x}_{k|k-1}^{2(n_s+n_u)}-\boldsymbol{S}_{k|k-1}\right] \tag{2-76}$$

$$[\boldsymbol{Q}\quad \boldsymbol{R}]=QR\{\boldsymbol{A}_{k|k-1}^{\mathrm{T}}\},\quad \boldsymbol{C}_{k|k-1}=\boldsymbol{R}^{\mathrm{T}} \tag{2-77}$$

(2) 更新阶段

以特征点 i 为例，其 k 时刻的观测值为 $\boldsymbol{z}_k^i$，其观测模型为

$$\boldsymbol{z}_{k|k-1}^{i}=h(\boldsymbol{S}_k^r)+\boldsymbol{V}_k \tag{2-78}$$

计算容积点：

$$\boldsymbol{D}_{k-1}^{j}=\boldsymbol{C}_{k|k-1}\boldsymbol{\xi}_j+\boldsymbol{S}_{k|k-1} \tag{2-79}$$

$\boldsymbol{D}_{k-1}^{j}$ 包含 $k-1$ 时刻机器人的位姿信息、运动控制信息和各特征点估计信息。

计算各特征点的观测估计，以第 i 个特征点为例：

$$\boldsymbol{z}_{k|k-1}^{i,j}=h(\boldsymbol{D}_{k-1}^{i,j}) \tag{2-80}$$

式中，$\boldsymbol{D}_{k-1}^{i,j}$ 表示 $\boldsymbol{D}_{k-1}^{j}$ 所包含的关于特征点 i 的信息，经非线性观测方程传播可以得到每个容积点对应的观测值。

机器人观测预估计和平方根因子预测。

根据容积变换式(2-74)可得

$$\bar{\boldsymbol{z}}_{k|k-1}^{i}=\frac{1}{2n_s}\sum_{j=1}^{2n_s}\boldsymbol{z}_{k|k-1}^{i,j} \tag{2-81}$$

$$\boldsymbol{B}_{k|k-1}^{i}=\frac{1}{\sqrt{2n_s}}\left[\boldsymbol{z}_{k|k-1}^{1}-\bar{\boldsymbol{z}}_{k|k-1}^{i}\quad \boldsymbol{z}_{k|k-1}^{2}-\bar{\boldsymbol{z}}_{k|k-1}^{i}\quad \cdots \quad \boldsymbol{z}_{k|k-1}^{2(n_s+n_u)}-\bar{\boldsymbol{z}}_{k|k-1}^{i}\right] \tag{2-82}$$

由 $[\boldsymbol{Q}\quad \boldsymbol{R}]=QR\left\{\left[\boldsymbol{B}_{k|k-1}^{i}\quad \sqrt{\boldsymbol{R}_k}\right]^{\mathrm{T}}\right\}$ 求得平方根因子：

$$\boldsymbol{P}_{k|k-1}^{zz}=\boldsymbol{R}^{\mathrm{T}} \tag{2-83}$$

计算卡尔曼增益，更新位姿信息和估计平方根因子。

$$\boldsymbol{P}_{k|k-1}^{xz}=\boldsymbol{A}_{k|k-1}\boldsymbol{B}_{k|k-1}^{\mathrm{T}} \tag{2-84}$$

卡尔曼增益：

$$\boldsymbol{W}_k=\boldsymbol{P}_{k|k-1}^{xz}\cdot(\boldsymbol{P}_{k|k-1}^{zz\ \mathrm{T}}\cdot \boldsymbol{P}_{k|k-1}^{zz})^{-1} \tag{2-85}$$

位姿更新：

$$\boldsymbol{S}_k=\boldsymbol{S}_{k|k-1}+\boldsymbol{W}_k(\boldsymbol{z}_k^i-\bar{\boldsymbol{z}}_{k|k-1}^{i}) \tag{2-86}$$

更新平方根因子：

$$[\boldsymbol{Q}\quad \boldsymbol{R}]=QR\{[\boldsymbol{C}_{k|k-1}-\boldsymbol{W}_k\cdot \boldsymbol{z}_{k|k-1}]^{\mathrm{T}}\},\quad \boldsymbol{C}_k=\boldsymbol{R}^{\mathrm{T}} \tag{2-87}$$

当观测到多个特征点时，需要重复式(2-81)～式(2-87)的步骤。

2.5.5 ISR-CKF-SLAM 算法

虽然 SR-CKF-SLAM 算法能够很好地提高移动机器人位姿定位精度和系统

控制的稳定性，但是随着地图特征点的增多，系统观测的维度会逐渐增加，导致容积点偏离理想轨迹，从而在状态估计中产生很大的误差。

我们采用迭代方法，在更新阶段利用估计值和平方根因子重新确定采样的容积点，通过容积变换得到系统的统计特性，再结合预测阶段估计的新观测值改善系统状态估计，从而提高算法精度。具体的算法描述如下：

(1) 预测阶段

k 时刻，如式(2－60)～式(2－67)步骤，预测机器人位姿 $\boldsymbol{S}_{k|k-1}$ 和平方根因子 $\boldsymbol{C}_{k|k-1}$。

(2) 更新阶段

以第 i 个特征点为例，假设迭代初始值分别为 $\boldsymbol{S}_{k|k-1}$ 和 $\boldsymbol{C}_{k|k-1}$，第 l 次迭代机器人位姿信息和平方根因子分别为 $\boldsymbol{S}_{k|k-1}^{(l)}$、$\boldsymbol{C}_{k|k-1}^{(l)}$。

计算迭代容积点：

$$\boldsymbol{D}_{k-1}^{j,(l)}=\boldsymbol{C}_{k|k-1}^{(l)}\boldsymbol{\xi}_j+\boldsymbol{S}_{k|k-1}^{(l)} \tag{2-88}$$

计算第 l 次迭代卡尔曼增益：

$$\boldsymbol{z}_{k|k-1}^{i,j,(l)}=h(\boldsymbol{D}_{k-1}^{i,j,(l)}) \tag{2-89}$$

$$\bar{\boldsymbol{z}}_{k|k-1}^{i,(l)}=\frac{1}{2n_s}\sum_{j=1}^{2n_s}\boldsymbol{z}_{k|k-1}^{i,j,(l)} \tag{2-90}$$

$$\boldsymbol{B}_{k|k-1}^{i,(l)}=\frac{1}{\sqrt{2n_s}}\left[\boldsymbol{z}_{k|k-1}^{1}-\bar{\boldsymbol{z}}_{k|k-1}^{i,(l)}\quad \boldsymbol{z}_{k|k-1}^{2}-\bar{\boldsymbol{z}}_{k|k-1}^{i,(l)}\quad \cdots\quad \boldsymbol{z}_{k|k-1}^{2(n_s+n_u)}-\bar{\boldsymbol{z}}_{k|k-1}^{i,(l)}\right] \tag{2-91}$$

$$[Q\quad \boldsymbol{R}]=QR\left\{\left[\boldsymbol{B}_{k|k-1}^{i,(l)}\quad \sqrt{\boldsymbol{R}_k}\right]^{\mathrm{T}}\right\}\boldsymbol{P}_{k|k-1}^{zz,(l)}=\boldsymbol{R}^{\mathrm{T}} \tag{2-92}$$

$$\boldsymbol{P}_{k|k-1}^{xz,(l)}=\boldsymbol{A}_{k|k-1}^{(l)}\boldsymbol{B}_{k|k-1}^{(l)\mathrm{T}} \tag{2-93}$$

卡尔曼增益：

$$\boldsymbol{W}_k^{(l)}=\boldsymbol{P}_{k|k-1}^{xz,(l)}\cdot(\boldsymbol{P}_{k|k-1}^{zz,(l)\mathrm{T}}\cdot\boldsymbol{P}_{k|k-1}^{zz,(l)})^{-1} \tag{2-94}$$

计算迭代 $l+1$ 次时机器人位姿信息 $\boldsymbol{S}_{k|k-1}^{(l+1)}$ 和平方根因子 $\boldsymbol{C}_{k|k-1}^{(l+1)}$：

$$\boldsymbol{S}_{k|k-1}^{(l+1)}=\boldsymbol{S}_{k|k-1}+\boldsymbol{W}_k^{(l)}\left[\boldsymbol{z}^k-h(\boldsymbol{S}_{k|k-1}^{(l)})-\boldsymbol{P}_{k|k-1}^{xz,(l)\mathrm{T}}\cdot\boldsymbol{B}_{k|k-1}^{i,(l)\ -1}(\boldsymbol{S}_{k|k-1}-\boldsymbol{S}_{k|k-1}^{(l)})\right] \tag{2-95}$$

$$\boldsymbol{C}_{k|k-1}^{(l+1)}=\boldsymbol{C}_{k|k-1}-\boldsymbol{W}_k^{(l)}\cdot\boldsymbol{P}_{k|k-1}^{zz,(l)}\cdot(\boldsymbol{W}_k^{(l)})^{\mathrm{T}} \tag{2-96}$$

设置迭代终止条件

$$l=L_{\max} \tag{2-97}$$

式中，$L_{\max}$ 为迭代最大次数，是预先设置的固定常量。

迭代终止，各数据更新：

$$\boldsymbol{S}_{k|k-1}=\boldsymbol{S}_{k|k-1}^{(L_{\max})} \tag{2-98}$$

$$\boldsymbol{C}_{k|k-1}=\boldsymbol{C}_{k|k-1}^{(L_{\max})} \tag{2-99}$$

位姿更新：

$$\boldsymbol{S}_k = \boldsymbol{S}_{k|k-1} + \boldsymbol{W}_k (\boldsymbol{z}_k^i - \bar{\boldsymbol{z}}_{k|k-1}^i) \tag{2-100}$$

2.5.6 仿真实验及分析

SLAM 算法精度研究在 MATLAB 7.0 软件环境下，使用主频 3.4 GHz、Core-i3 双核处理器、4 GB 内存的计算机进行仿真实验。在澳大利亚学者 Tim Bailey 提供的开源仿真实验平台上，我们分别对 UKF-SLAM、SR-CKF-SLAM、ISR-CKF-SLAM 三种算法进行仿真实验，分析各个算法之间的精度差异。

实验假设的地图环境为 250 m×200 m 的室外环境，17 个确定的路径点，35 个地图特征点。实验参数设置如下：机器人行进速度为 3 m/s，轮距为 4 m，探测传感器探测范围为 30 m，最大探测视角为前向 180°，系统内部采样间隔为 25 ms，速度误差为 0.4 m/s，转角误差为 2°，距离观测误差为 0.15 m，角度观测误差为 1°，ISR-CKF-SLAM 算法设定迭代次数为 5 次。

机器人的行进轨迹仿真结果如图 2-11、图 2-12 和图 2-13 所示。

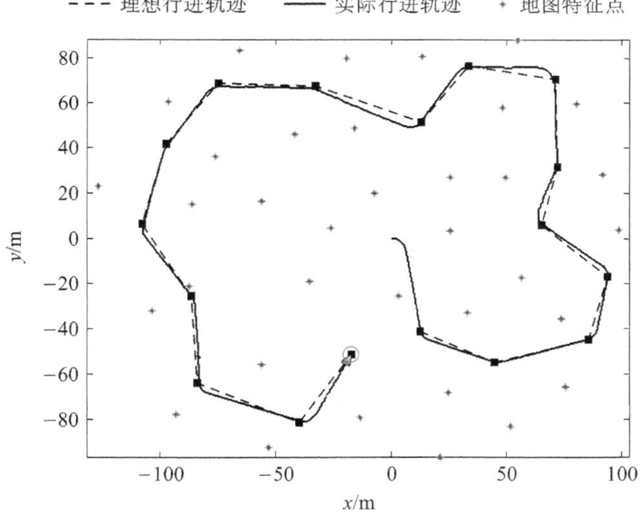

图 2-11　UKF-SLAM 算法机器人的行进轨迹

机器人行进完全部轨迹大概需要 240 s，经过多次实验选取平均值。本书取仿真结果的前 180 s 进行分析。

在行进的初始阶段，三种算法的运行轨迹与理想轨迹偏差基本不大；随着地图特征点的不断增多，三种算法的运行轨迹相较于理想轨迹都有不同程度的偏移，但是 ISR-CKF-SLAM 算法与 UKF-SLAM 算法、SR-CKF-SLAM 算法相比更契合理想轨迹的运行路线，即意味着位姿估计更加精确。由图 2-14、图 2-15 和图 2-16 可以得出，ISR-CKF-SLAM 无论是在 x 方向、y 方向，还是位姿角上的估计误差，一直都保持在一个稳定的范围之内，且与 UKF-SLAM、SR-CKF-SLAM 相比，保

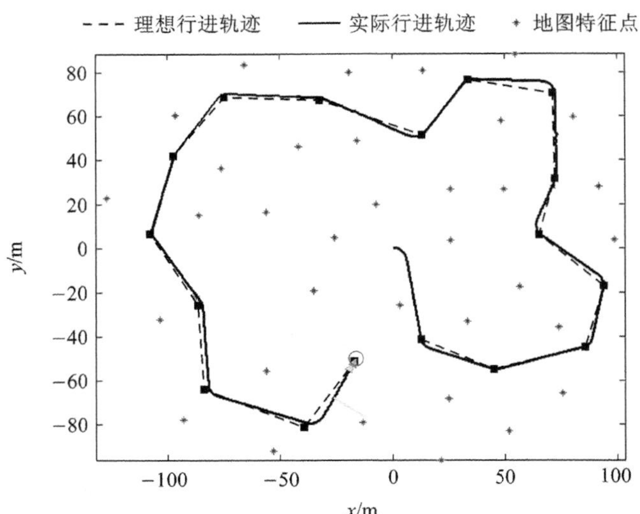

图 2-12　SR-CKF-SLAM 算法机器人行进轨迹

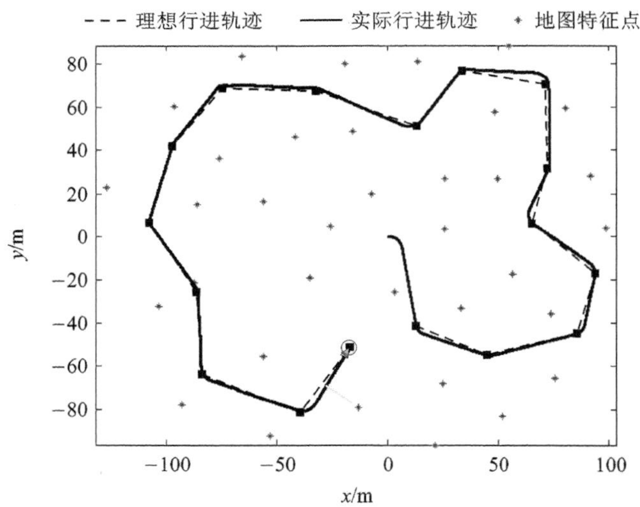

图 2-13　ISR-CKF-SLAM 算法机器人行进轨迹

持着更高的精度。这是因为通过迭代方法的测量更新,重新采样的容积点会减小对系统模型的线性化误差,提高了地图特征点位置估计的精度,进而提高了移动机器人的定位精度。

为了更加直观地表达三种算法的性能差异,采用统计数据列表的方式分析。由表 2-2 可知,相比 SR-CKF-SLAM,ISR-CKF-SLAM 在位姿 x 方向误差降低了 44 %,在位姿 y 方向误差降低了 10.8 %,位姿角误差降低了 37.8 %。

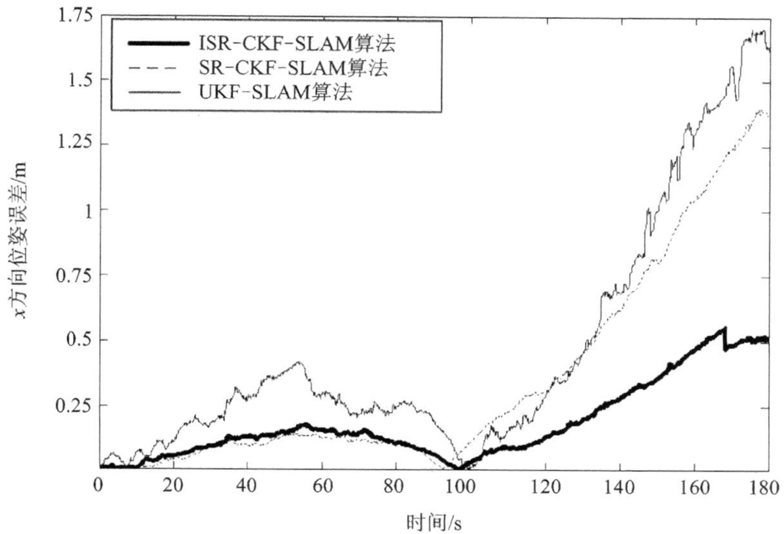

图 2-14　*x* 方向误差对比

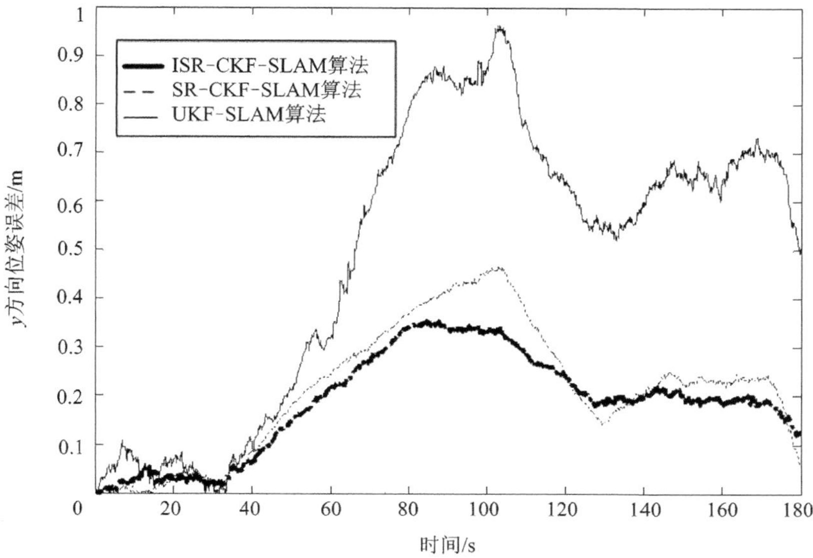

图 2-15　*y* 方向误差对比

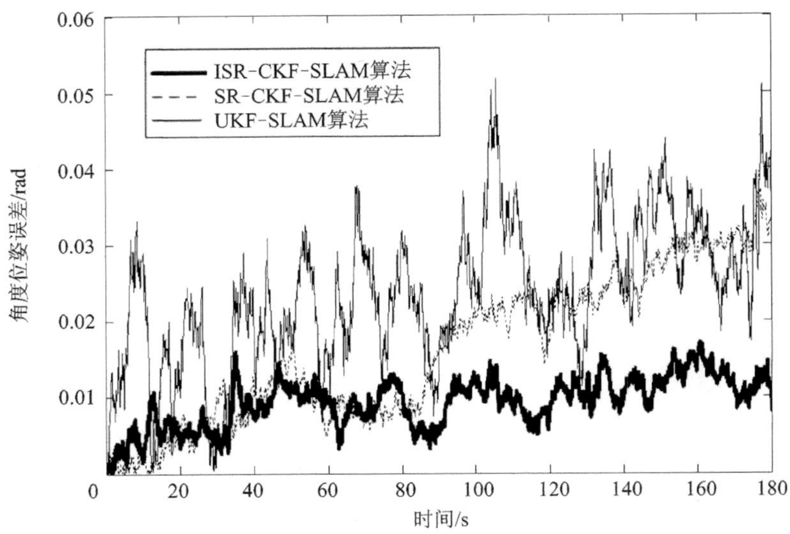

图 2-16 角度误差对比

表 2-2 三种算法的误差比较

算 法	x 方向/m	y 方向/m	位姿角/rad
UKF-SLAM 算法	0.587 7	0.572 2	0.031 2
SR-CKF-SLAM 算法	0.493 2	0.254 6	0.021 7
ISR-CKF-SLAM 算法	0.276 3	0.227 1	0.013 5

2.6 本章小结

本章首先介绍进行卡尔曼滤波的理论基础，并站在统计学的角度去分析 SLAM 问题；阐述了基于扩展卡尔曼滤波的 SLAM 以及基于无迹卡尔曼滤波的 SLAM 两种常用算法。在 MATLAB 环境下，对两种算法进行仿真对比实验，并分析实验结果。

其次主要是对应用于 UKF-SLAM 算法的改进的研究。针对 UKF-SLAM 算法存在的计算机的舍入误差带来的滤波器发散现象，使用协方差平方根更新替代协方差更新；并针对对称采样的采样点较多、实时性差且易产生非局部效应等问题，变换采样策略为比例最小偏度单行采样，从而提出了更为优化的比例最小偏度采样的平方根 UKF-SLAM 算法。经过 MATLAB 仿真实验表明，基于比例最小偏度单行采样的平方根 UKF-SLAM 算法相较于 UKF-SLAM 算法和平方根 UKF-SLAM 算法，可以有效地提高机器人位姿的估计精度，以及特征地图的估计准确度，且计算复杂度相对较低，并具有更好的稳定性。

最后研究了容积卡尔曼滤波的数学原理，针对平方根容积卡尔曼滤波算法在移动机器人地图创建与同步定位问题中存在随着地图特征点增多，容积点偏离理想轨迹、状态估计产生较大误差的缺陷，提出一种改进的平方根容积卡尔曼滤波算法。该算法引入迭代测量更新的方法，在更新阶段利用估计值和平方根因子重新确定采样的容积点，使得采样点在高度非线性环境下保持较小失真，进一步提高了精度。仿真结果表明，与平方根容积卡尔曼滤波算法相比，该算法能提高机器人的位姿精度。

第 3 章　基于 SR - CKF 的多移动机器人协同定位及目标跟踪算法

3.1　基于 SR - CKF 的多机器人协同定位算法

3.1.1　卡尔曼滤波器

卡尔曼滤波器是一种线性递归估算器。首先应对系统状态进行周期性的观测，在此基础上计算出一个随时间进化的连续状态估计值。卡尔曼滤波器采用的是兴趣状态参数 $\boldsymbol{x}(t)$如何随时间进化的显式随机模型，以及与此参数相关的观测 $\boldsymbol{z}(t)$是如何得到的显式随机模型。卡尔曼滤波器所使用的权数，是为了确保在观测模型和处理模型使用的某些假设条件下，求得的估算 $\hat{\boldsymbol{x}}(t)$的均方差最小化，而且条件均值 $\hat{\boldsymbol{x}}(t)=E[\boldsymbol{x}(t)|\boldsymbol{Z}^t]$是一个平均值而不是一个最可能的值。

卡尔曼滤波器算法的起点是为状态定义一个可以使用标准的状态空间形式进行预测的模型：

$$\dot{\boldsymbol{x}}(t)=\boldsymbol{F}(t)\boldsymbol{x}(t)+\boldsymbol{B}(t)\boldsymbol{u}(t)+\boldsymbol{G}(t)\boldsymbol{v}(t) \tag{3-1}$$

式中，$\boldsymbol{x}(t)$是感兴趣的状态向量；$\boldsymbol{u}(t)$是已知的控制输入；$\boldsymbol{v}(t)$是一个描述在状态进化中不确定因素的随机变量；$\boldsymbol{F}(t)$、$\boldsymbol{B}(t)$和 $\boldsymbol{G}(t)$分别表示状态、控制和噪声对状态转变贡献的矩阵。观测模型也采用标准的状态空间形式定义：

$$\boldsymbol{z}(t)=\boldsymbol{H}(t)\boldsymbol{x}(t)+\boldsymbol{D}(t)\boldsymbol{w}(t) \tag{3-2}$$

式中，$\boldsymbol{z}(t)$是观测向量；$\boldsymbol{w}(t)$是描述观测中不确定性的随机变量；$\boldsymbol{H}(t)$和 $\boldsymbol{D}(t)$表示状态和噪声对观测贡献的矩阵。

上述方程定义了连续系统的进化以及针对状态做出的连续观测。但是，卡尔曼滤波器总是以离散的时间 $t=k$ 实现的。可以从式(3 - 1)和式(3 - 2)直接得到离散形式：

$$\boldsymbol{x}(k)=\boldsymbol{F}(k)\boldsymbol{x}(k-1)+\boldsymbol{B}(k)\boldsymbol{u}(k)+\boldsymbol{G}(k)\boldsymbol{v}(k) \tag{3-3}$$

$$\boldsymbol{z}(k)=\boldsymbol{H}(k)\boldsymbol{x}(k)+\boldsymbol{D}(k)\boldsymbol{w}(k) \tag{3-4}$$

卡尔曼滤波器的循环框图如图 3 - 1 所示，可以分为两步递归运行。

3.1.2　平方根容积卡尔曼滤波算法在移动机器人定位中的应用

1. 容积卡尔曼滤波 SLAM 算法

容积卡尔曼滤波算法(CKF)，基于卡尔曼滤波框架。通过三阶球面-容积变换规

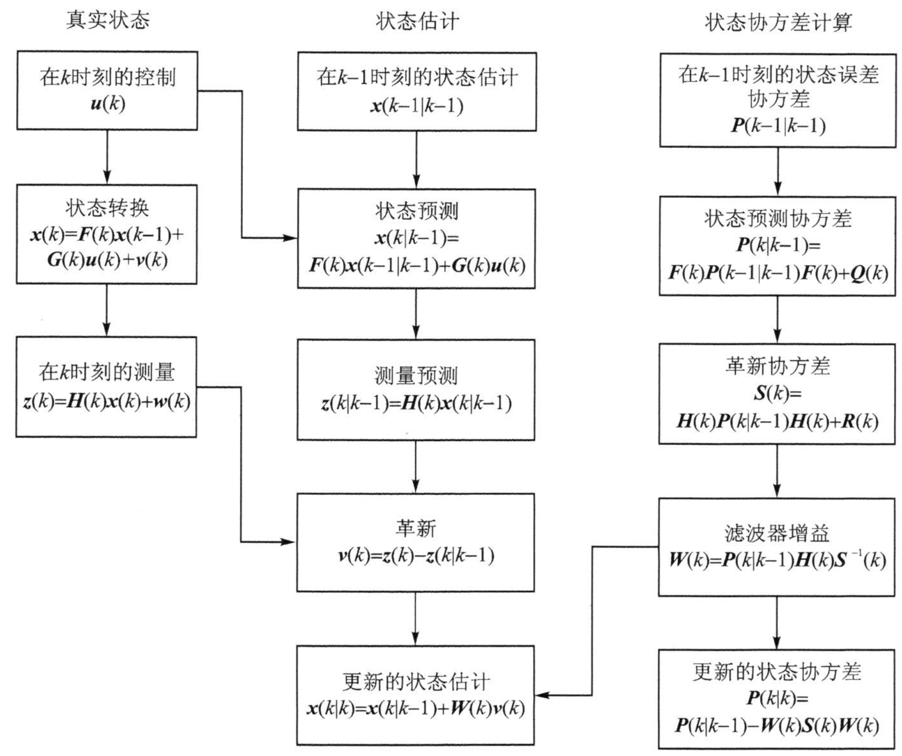

图 3-1　卡尔曼滤波器的循环框图

则近似系统非线性方程模型的后验状态估计平均值和方差。其主要分为预测和更新两个步骤，具体流程如下：

（1）预测阶段

Step1　计算 $\boldsymbol{P}_k^k$ 的 Cholesky 分解因子：

$$\boldsymbol{P}_{k|k}=\boldsymbol{x}_{k|k}\boldsymbol{x}_{k|k}^{\mathrm{T}} \tag{3-5}$$

Step2　计算 Cubature：

$$\boldsymbol{S}_{i,k|k}=\boldsymbol{x}_{k|k}\boldsymbol{\xi}_i+\hat{\boldsymbol{s}}_{k|k} \tag{3-6}$$

Step3　将式(3-6)的结果更新到非线性状态模型，可得

$$\boldsymbol{S}_{i,k+1|k}^{*}=f(\boldsymbol{S}_{i,k|k},\boldsymbol{u}_k)+\boldsymbol{q}_k \tag{3-7}$$

Step4　进行状态预测：

$$\hat{\boldsymbol{x}}_{k+1|k}=\frac{1}{m}\sum_{i=1}^{m}\boldsymbol{X}_{i,k+1|k}^{*}+\boldsymbol{q}_k \tag{3-8}$$

Step5　状态预测误差的协方差：

$$\boldsymbol{P}_{k+1|k}=\frac{\sum_{i=1}^{m}\boldsymbol{X}_{i,k+1|k}^{*}(\boldsymbol{X}_{i,k+1|k}^{*})^{\mathrm{T}}}{m}-\hat{\boldsymbol{x}}_{k+1|k}\hat{\boldsymbol{x}}_{k+1|k}^{\mathrm{T}}+\boldsymbol{Q}_k \tag{3-9}$$

(2) 更新阶段

Step1 计算 $\boldsymbol{P}_k^k$ 的 Cholesky 分解因子：

$$\boldsymbol{P}_{k+1\mid k}=\boldsymbol{x}_{k+1\mid k}\boldsymbol{x}_{k+1\mid k}^{\mathrm{T}} \tag{3-10}$$

Step2 计算 Cubature：

$$\boldsymbol{S}_{i,k+1\mid k}=\boldsymbol{x}_{k+1\mid k}\boldsymbol{\xi}_i+\hat{\boldsymbol{s}}_{k+1\mid k} \tag{3-11}$$

Step3 结合式(3-11)更新非线性状态模型可得

$$\boldsymbol{Z}_{i,k+1\mid k}^{*}=h_{k+1}(\boldsymbol{S}_{i,k+1\mid k+1},\boldsymbol{u}_k)+\boldsymbol{r}_k \tag{3-12}$$

Step4 进行量测预测：

$$\hat{\boldsymbol{z}}_{k+1\mid k}=\frac{1}{m}\sum_{i=1}^{m}\boldsymbol{Z}_{i,k+1\mid k}^{*}+\boldsymbol{r}_k \tag{3-13}$$

Step5 计算量测预估的新息协方差：

$$\boldsymbol{P}_{zz,k+1\mid k}=\frac{\sum_{i=1}^{m}\boldsymbol{Z}_{i,k+1\mid k}^{*}(\boldsymbol{Z}_{i,k+1\mid k}^{*})^{\mathrm{T}}}{m}-\hat{\boldsymbol{z}}_{k+1\mid k}\hat{\boldsymbol{z}}_{k+1\mid k}^{\mathrm{T}}+\boldsymbol{R}_k \tag{3-14}$$

Step6 推算量测预估过程的互协方差：

$$\boldsymbol{P}_{xz,k+1\mid k}=\frac{\sum_{i=1}^{m}\boldsymbol{X}_{i,k+1\mid k}^{*}(\boldsymbol{Z}_{i,k+1\mid k}^{*})^{\mathrm{T}}}{m}-\hat{\boldsymbol{x}}_{k+1\mid k}\hat{\boldsymbol{x}}_{k+1\mid k}^{\mathrm{T}} \tag{3-15}$$

Step7 计算滤波增益

$$\boldsymbol{K}_{k+1}=\boldsymbol{P}_{xz,k+1\mid k}\boldsymbol{P}_{zz,k+1\mid k}^{-1} \tag{3-16}$$

Step8 计算系统状态

$$\hat{\boldsymbol{x}}_{k+1\mid k+1}=\hat{\boldsymbol{x}}_{k+1\mid k}+\boldsymbol{K}_{k+1}(z_{k+1}-\hat{z}_{k+1\mid k}) \tag{3-17}$$

Step9 估计误差协方差

$$\boldsymbol{P}_{k+1\mid k+1}=\boldsymbol{P}_{k+1\mid k}-\boldsymbol{K}_{k+1}\boldsymbol{P}_{zz,k+1\mid k}\boldsymbol{K}_{k+1}^{\mathrm{T}} \tag{3-18}$$

2. 平方根容积卡尔曼滤波 SLAM 算法

平方根容积卡尔曼滤波算法(SRCKF)基于卡尔曼滤波框架，将复杂的计算通过一组等权值的容积点来代替，使用容积准则下的数值积分法直接计算非线性随机函数的方差和均值，在更新过程中直接传递协方差矩阵的平方根因子，降低了计算的复杂度，提高了数值的精度。

SRCKF 算法，运用三阶容积准则选取 $2n$ 个具有相同权值的容积点进行近似积分计算，其容积点集($\boldsymbol{\xi}_i,w_i$)可表示为

$$\left.\begin{aligned}\boldsymbol{\xi}_i&=\sqrt{n}\,[1]_i,\quad i=1,2,\cdots,2n\\ w_i&=\frac{1}{2n}\end{aligned}\right\} \tag{3-19}$$

式中，n 为系统状态向量的维数。

当同一时刻观测到多个特征点时，需要计算式(3-17)、式(3-18)后再重复

图 3-2 的步骤。

$$\boldsymbol{s}_{k|k-1}=\boldsymbol{s}_k \tag{3-20}$$

$$\boldsymbol{C}_{k|k-1}=\boldsymbol{C}_k \tag{3-21}$$

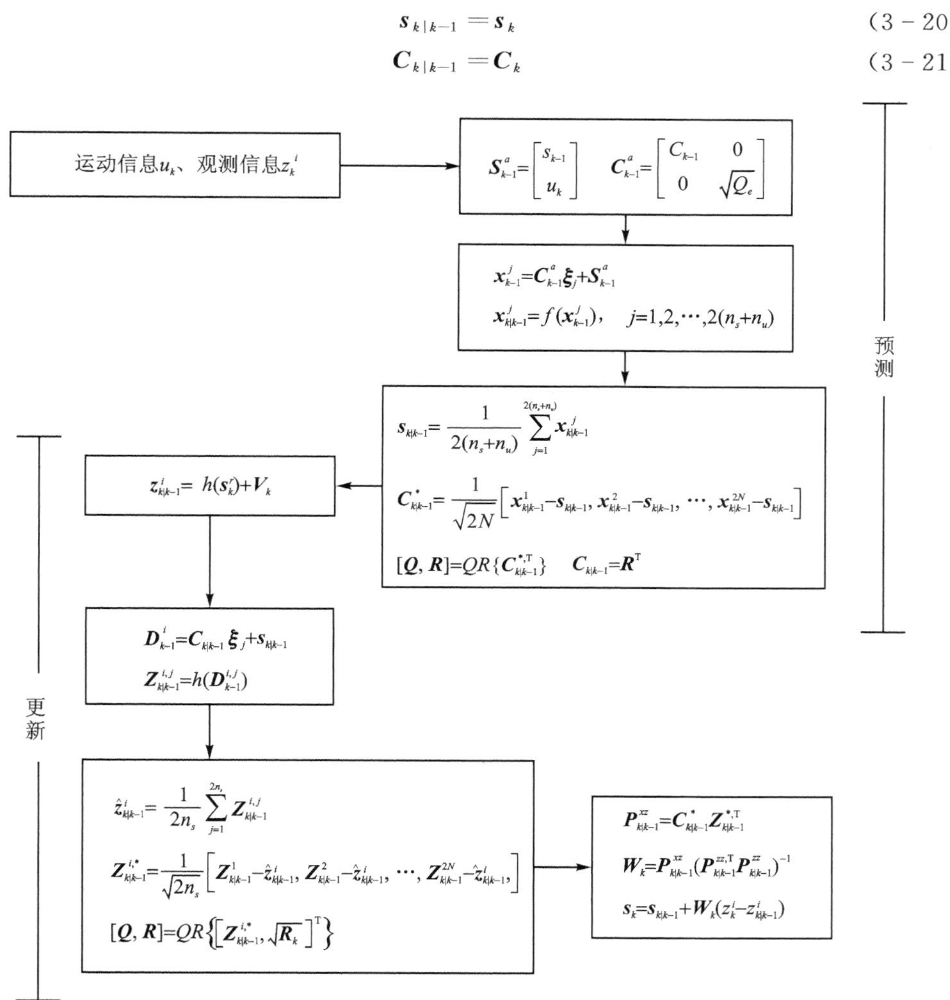

图 3-2　SR-CKF-SLAM 算法框图

3.1.3　基于 SR-CKF 的相对方位多机器人协同定位算法

针对单移动机器人在探索未知复杂环境时存在鲁棒性较差、效率较低等问题，以及现有多机器人协同定位算法实时性较差、数值不稳定和定位精度较低等缺陷，本章提出基于 SRCKF 的相对方位多机器人协同定位算法。

1. 系统描述

当 N 个机器人组成队列在某一环境中沿不同方向运动时，为了确保多机器人协同定位的条件以及描述机器人之间的相对观测信息，对队列中机器人所需要的条件进行如下假设：

① 每个机器人都配有可感知自身位姿信息的内部传感器和感知外部环境的外部传感器，通过携带的外部传感器可有效地探测到附近机器人对其的观测信息；

② 通过通信协议，每个机器人感知的外部环境都可与其他机器人感知的数据进行交流融合；

③ 队列中每个机器人的外部传感器都是相同的，因而可以用同一数学模型描述它们之间的观测信息。

(1) 运动模型

多个机器人组成队列在二维环境下移动，$\boldsymbol{S}_k^r=[s_{x,k},s_{y,k},s_{\theta,k}]^{\mathrm{T}}$ 为机器人在 k 时刻的位姿，其中 $s_{x,k}$、$s_{y,k}$ 和 $s_{\theta,k}$ 分别表示机器人 R_a 在 k 时刻的横坐标、纵坐标和运动方向，则 k 时刻机器人队列的位姿信息可以表示为

$$\boldsymbol{S}_k^{r,\mathrm{all}}=[\boldsymbol{S}_k^1,\boldsymbol{S}_k^2,\cdots,\boldsymbol{S}_k^n]^{\mathrm{T}} \tag{3-22}$$

在队列的行进过程中，机器人的运动方程均相同，故以机器人 R_a 为例，其运动模型可以表示为

$$\boldsymbol{S}_k^r=f(\boldsymbol{S}_{k-1}^r,\boldsymbol{u}_k)+\boldsymbol{W}_k \tag{3-23}$$

式中，向量 $\boldsymbol{S}_k=[\boldsymbol{S}_k^r,M_k^i]^{\mathrm{T}}$ 为系统 k 时刻的状态向量，$\boldsymbol{S}_k\in\boldsymbol{R}^{n_s}$ 为 n_s 维的向量；向量 $\boldsymbol{M}_k^i=[m_k^1,m_k^2,\cdots,m_k^i]^{\mathrm{T}}$ 表示地图特征路标集合矩阵；$\boldsymbol{u}_k\in\boldsymbol{R}^{n_u}$ 表示控制输入，为 n_u 维的向量；$\boldsymbol{W}_k$ 为运动噪声，其方差为 $\boldsymbol{Q}_k$，服从于 $N(0,\boldsymbol{Q}_k)$的高斯分布。

(2) 观测模型

在机器人运动的过程中，机器人 R_a 在 k 时刻观测到机器人 R_b，由外部传感器得到它们之间的相对方位信息。如图 3－3 所示，$s_{\theta,k}^a$、$s_{\theta,k}^b$ 分别为它们各自的运动方向，

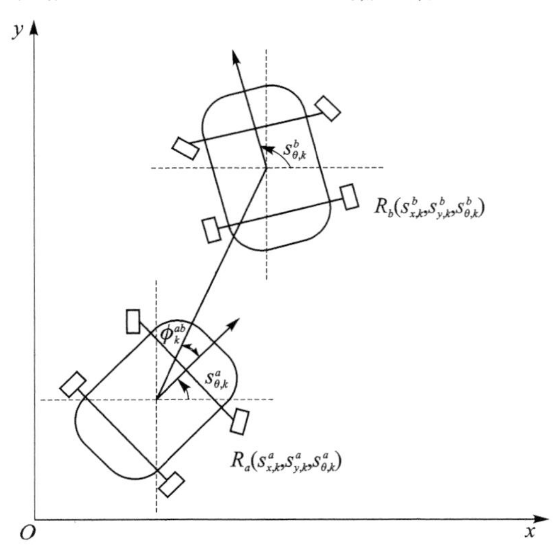

图 3－3　R_a、R_b 之间的相对观测量

ϕ_k^{ab} 为 k 时刻机器人 R_a 观测到机器人 R_b 的相对方位角，则

$$\phi_k^{ab} = \arctan\left(\frac{s_{y,k}^b - s_{y,k}^a}{s_{x,k}^b - s_{x,k}^a}\right) - s_{\theta,k}^a \tag{3-24}$$

可以得到一般形式的观测模型：

$$\boldsymbol{z}_k^{ab} = h(\boldsymbol{S}_k^a, \boldsymbol{S}_k^b) + \boldsymbol{V}_k \tag{3-25}$$

式中，$\boldsymbol{z}_k \in \boldsymbol{R}^{n_z}$ 表示 k 时刻系统的观测向量矩阵，为 $\boldsymbol{n}_z$ 维的向量；$\boldsymbol{V}_k$ 表示观测噪声矩阵，其方差为 $\boldsymbol{R}_k$，服从于 $N(0, \boldsymbol{R}_k)$ 的高斯分布。

2. 基于 SRCKF 的多机器人协同定位算法

环境地图用特征点的集合来表示，当机器人获得运动数据时，通过运动模型结合传感器所获得的相对观测信息，完成对整个队列中机器人的位姿和平方根因子的更新。在 k 时刻，由于每个机器人状态信息更新的流程是相同的，故以机器人 R_a 为例详细说明多机器人协同定位算法。

(1) 预测阶段

Step1 计算容积点集 x_{k-1}^j。

$k-1$ 时刻的地图特征点信息、运动控制信息和机器人的位姿信息都包含于矩阵 $\boldsymbol{x}_{k-1}^j$ 中，以 $k-1$ 到 k 时刻为例，将误差协方差阵 $\boldsymbol{P}_{k-1}$ 通过 Cholesky 分解可得 $\boldsymbol{P}_{k-1} = \boldsymbol{L}_{k-1}\boldsymbol{L}_{k-1}^{\mathrm{T}}$，利用机器人控制输入 $\boldsymbol{u}_k$ 对状态信息矩阵 $\boldsymbol{S}_k$ 状态增广，可以得到

$$\boldsymbol{S}_{k-1}^A = \begin{bmatrix} \boldsymbol{S}_{k-1} \\ \boldsymbol{u}_k \end{bmatrix}, \quad \boldsymbol{L}_{k-1}^A = \begin{bmatrix} \boldsymbol{L}_{k-1} & 0 \\ 0 & \sqrt{\boldsymbol{Q}_k} \end{bmatrix} \tag{3-26}$$

$$\boldsymbol{x}_{k-1}^j = \boldsymbol{L}_{k-1}^A \boldsymbol{\xi}_j + \boldsymbol{S}_{k-1}^A \tag{3-27}$$

Step2 通过状态方程传播容积点：

$$\boldsymbol{x}_{k|k-1}^j = f(\boldsymbol{x}_{k-1}^j) \tag{3-28}$$

Step3 k 时刻机器人的状态估计。

由容积变换，可得

$$\boldsymbol{S}_{k|k-1} = \frac{1}{2(n_s + n_u)} \sum_{j=1}^{2(n_s+n_u)} \boldsymbol{x}_{k|k-1}^j \tag{3-29}$$

Step4 平方根因子预测。

使用容积变换进行，将特征误差向量 $\boldsymbol{A}_{k|k-1}$ 进行分解，即可获得平方根因子矩阵 $\boldsymbol{C}_{k|k-1}$：

$$\boldsymbol{A}_{k|k-1} = \frac{1}{\sqrt{2(n_s + n_u)}} \left[\boldsymbol{x}_{k|k-1}^1 - \boldsymbol{S}_{k|k-1} \quad \boldsymbol{x}_{k|k-1}^2 - \boldsymbol{S}_{k|k-1} \quad \cdots \quad \boldsymbol{x}_{k|k-1}^{2(n_s+n_u)} - \boldsymbol{S}_{k|k-1}\right] \tag{3-30}$$

$$[\boldsymbol{Q} \quad \boldsymbol{R}] = QR\{\boldsymbol{A}_{k|k-1}{}^{\mathrm{T}}\}, \quad \boldsymbol{C}_{k|k-1} = \boldsymbol{R}^{\mathrm{T}} \tag{3-31}$$

(2) 更新阶段

k 时刻机器人观测到特征点与其他机器人的相对方位信息，此时要根据观测值

计算观测向量 $\boldsymbol{z}_k^{ab}$ 的后验概率分布，其观测模型为式(3-25)。

Step1 计算容积点集：

$$\boldsymbol{D}_{k-1}^{j}=\boldsymbol{C}_{k|k-1}\boldsymbol{\xi}_j+\boldsymbol{S}_{k|k-1} \tag{3-32}$$

$$\boldsymbol{D}_{k-1}^{l}=\boldsymbol{C}_{k|k-1}\boldsymbol{\xi}_l+\boldsymbol{S}_{k|k-1} \tag{3-33}$$

Step2 计算卡尔曼增益矩阵 $\boldsymbol{W}_k$：

$$\boldsymbol{Z}_{k|k-1}^{i,l}=h(\boldsymbol{D}_{k-1}^{ij},\boldsymbol{D}_{k-1}^{il}) \tag{3-34}$$

机器人 R_a 结合自身新的容积点 D_{k-1}^{j} 和机器人 R_b 自身新的容积点 D_{k-1}^{l}，利用观测方程式(3-25)对其进行更新，可以得到每个容积点的观测值。再根据容积变换，可以得到

$$\hat{\boldsymbol{z}}_{k|k-1}^{i}=\frac{1}{2n_s}\sum_{j=1}^{2n_s}\boldsymbol{Z}_{k|k-1}^{i,l} \tag{3-35}$$

$$\boldsymbol{B}_{k|k-1}^{i}=\frac{1}{\sqrt{2n_s}}\left[\boldsymbol{Z}_{k|k-1}^{1}-\hat{\boldsymbol{z}}_{k|k-1}^{i}\quad \boldsymbol{Z}_{k|k-1}^{2}-\hat{\boldsymbol{z}}_{k|k-1}^{i}\quad \cdots\quad \boldsymbol{Z}_{k|k-1}^{2N}-\hat{\boldsymbol{z}}_{k|k-1}^{i}\right] \tag{3-36}$$

$$[Q\quad \boldsymbol{R}]=QR\{[\boldsymbol{B}_{k|k-1}^{i}\quad \sqrt{\boldsymbol{R}_k}]^{\mathrm{T}}\} \tag{3-37}$$

$$\boldsymbol{p}_{k|k-1}^{zz}=\boldsymbol{R}^{\mathrm{T}} \tag{3-38}$$

$$\boldsymbol{P}_{k|k-1}^{xz}=\boldsymbol{A}_{k|k-1}\boldsymbol{B}_{k|k-1}^{\mathrm{T}} \tag{3-39}$$

式中，$\boldsymbol{B}_{k|k-1}^{i}$ 为观测误差向量，$\boldsymbol{p}_{k|k-1}^{zz}$ 为观测信息自相关协方差矩阵，$\boldsymbol{P}_{k|k-1}^{xz}$ 为观测误差向量和地图特征误差向量的互相关协方差矩阵。

可得，卡尔曼滤波增益矩阵 $\boldsymbol{W}_k$：

$$\boldsymbol{W}_k=\boldsymbol{P}_{k|k-1}^{xz}\cdot(\boldsymbol{p}_{k|k-1}^{zz,\mathrm{T}}\cdot\boldsymbol{p}_{k|k-1}^{zz})^{-1} \tag{3-40}$$

Step3 计算机器人的位姿信息矩阵 $\boldsymbol{S}_k^{r}$：

$$\boldsymbol{S}_k^{r}=\boldsymbol{S}_{k|k-1}+\boldsymbol{W}_k(\boldsymbol{z}_k^{\mathrm{measure},i}-\hat{\boldsymbol{z}}_{k|k-1}^{i}) \tag{3-41}$$

式中，$\boldsymbol{z}_k^{\mathrm{measure},i}$ 是机器人在 k 时刻通过外部传感器观测到队列中其他 $N-1$ 个机器人相对方位角的实际观测值。

Step4 更新平方根因子矩阵 $\boldsymbol{C}_k$：

$$\boldsymbol{C}_k=\boldsymbol{S}_{k|k-1}+\boldsymbol{W}_k\cdot\boldsymbol{p}_{k|k-1}^{zz}\cdot\boldsymbol{W}_k^{\mathrm{T}} \tag{3-42}$$

当同一时刻多个特征点同时被观测到时，需要对式(3-43)、式(3-44)进行计算，然后再重复计算式(3-32)～式(3-42)的步骤：

$$\boldsymbol{S}_{k|k-1}=\boldsymbol{S}_k \tag{3-43}$$

$$\boldsymbol{C}_{k|k-1}=\boldsymbol{C}_k \tag{3-44}$$

3.1.4 仿真实验及分析

1. 仿真环境及参数

在 MATLAB 仿真环境下，使用内存为 4 GB 的操作系统、Intel(R)Corei5-3210M

处理器、2.5 GHz 主频的计算机，建立多机器人协同定位仿真实验平台。实验区域为 200 m×200 m 的室外环境，"+"为估计特征点的位置，"*"为地图特征点。机器人按照给定目标的运动路径，通过仿真平台对所述分布式协同定位算法进行仿真验证。实验仿真定位方案如图 3-4 所示，具体仿真参数设置见表 3-1。

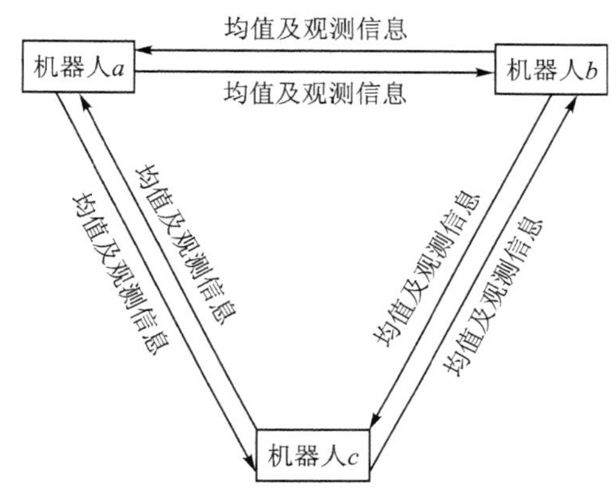

图 3-4　实验仿真定位方案

表 3-1　仿真参数

类别 / 数值 / 参数	机器人 a	机器人 b	机器人 c
机器人速度/($m \cdot s^{-1}$)	3	3	3
轮间距/m	4	4	4
传感器探测范围/m	30	30	30
控制速度噪声/dB	0.3	0.3	0.3
观测噪声/dB	0.1	0.1	0.1
转角误差/(°)	2	2	2

2. 仿真结果及性能分析

仿真实验中，在上述相同实验环境下，对文中提出的基于 SRCKF 多机器人协同定位算法与单机器人 SRCKF-SLAM 算法、基于相对方位的 EKF 和 UKF 的多机器人协同定位算法进行实验仿真验证，比对分析 30 次实验结果的平均值。单机器人行进轨迹如图 3-5 所示，三个机器人队列协同定位行进轨迹如图 3-6 所示。

由图 3-5、图 3-6 可见，虚线为机器人真实路径，实线为机器人理想路径。采用本章所提出的基于 SRCKF 协同定位算法后，与单机器人 SRCKF-SLAM 算法行进轨迹相比，机器人真实行进轨迹更契合机器人理想行进轨迹，即表明采用多机器人协同算法后，机器人轨迹估计准确度更高。

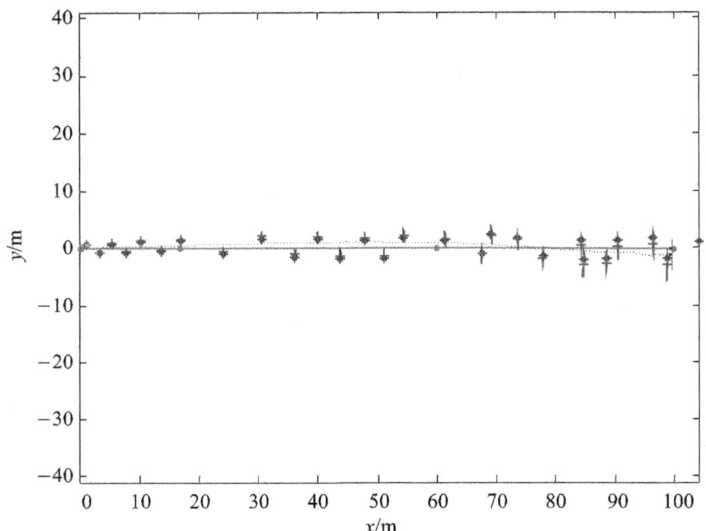

图 3－5　单机器人 SRCKF 算法行进轨迹

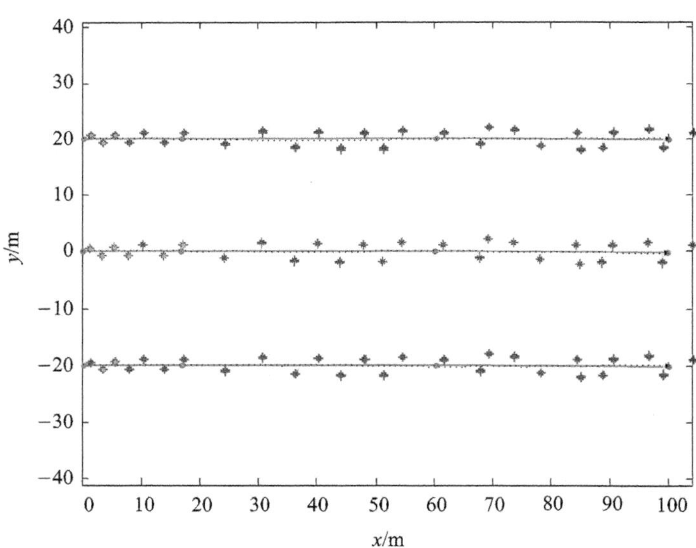

图 3－6　SRCKF 协同算法行进轨迹

(1) 定位误差分析

图 3－7、图 3－8 和图 3－9 为机器人 a 分别采用基于相对方位的 EKF、UKF、SRCKF 的多机器人协同定位算法在同一仿真实验环境行进时 x 方向、y 方向和角度估计误差曲线图。其中 t 代表仿真实验时间。

由图 3－7～图 3－9 可见，在 x、y 方向上由于 EKF 算法在线性化运算过程中使

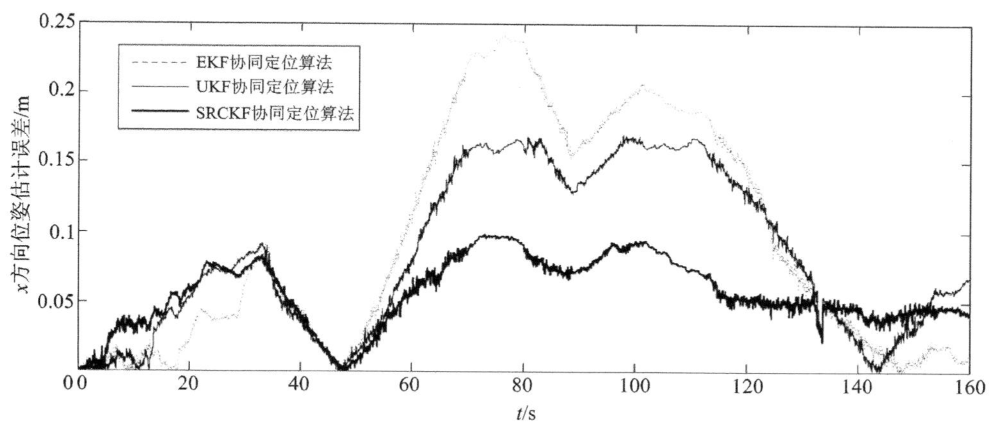

图 3－7　机器人 a 在 x 方向误差比对

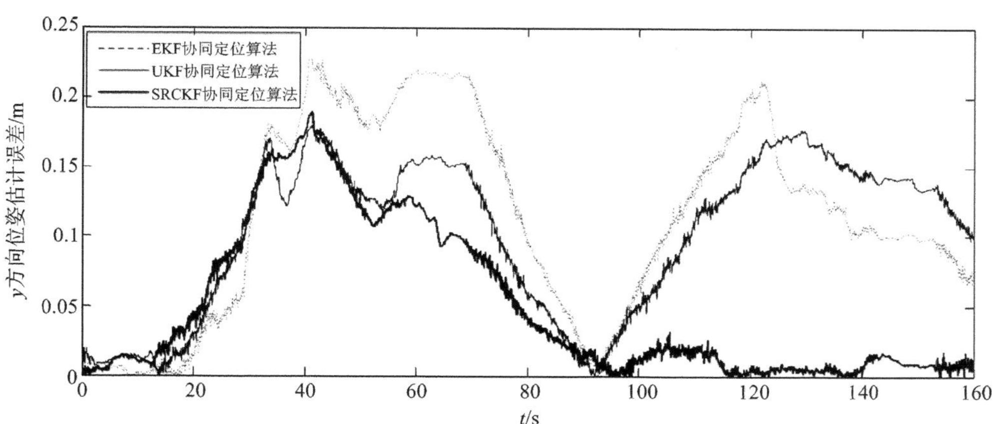

图 3－8　机器人 a 在 y 方向误差比对

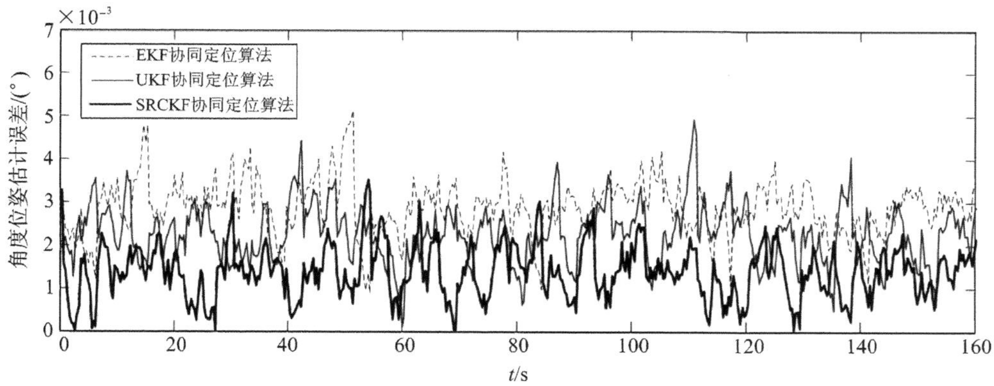

图 3－9　机器人 a 角度误差比对

用了雅可比矩阵产生了较大的误差，而 UKF、SRCKF 使用数值积分运算，精度可以达到三阶，所以 EKF 协同定位算法的定位误差相比 UKF、SRCKF 协同定位算法要大。SRCKF 协同定位算法利用平方根因子更新系统状态，减少了截断误差，所以定位误差是最小的，稳定性最高。

表 3-2 给出了在 x 方向、y 方向和角度误差变化的统计数据，可以更直观地表明三种协同定位算法的性能差异。

表 3-2　算法误差统计表

算　法	x 方向最大误差/m	y 方向最大误差/m	角度最大误差/(°)
EKF 协同定位算法	0.243 2	0.232 7	0.005 2
UKF 协同定位算法	0.176 2	0.193 6	0.004 8
SRCKF 协同定位算法	0.123 4	0.183 6	0.003 9

(2) 运行时间和均方根误差(Root Mean Square Error)分析

N 个机器人 M 次仿真均方根误差的计算公式为

$$\text{RMES}=\sqrt{\frac{1}{M}\sum_{m=1}^{M}\frac{1}{K}\sum_{l=1}^{K}\frac{1}{N}\sum_{i=1}^{N}\left[(x_k-\hat{x}_k)+(y_k-\hat{y}_k)\right]} \tag{3-45}$$

式中，K 为滤波步数，(x_k, y_k)为机器人 R_a 在 k 时刻的真实位姿，$(\hat{x}_k, \hat{y}_k)$为机器人 R_a 在 k 时刻的估计位姿。

三种机器人协同定位算法的运行时间和均方根误差如表 3-3 所列，EKF 协同定位算法的运行时间最短，但它的均方根误差值最大，估计精度最低。SRCKF 协同定位算法运行时间比基于相对方位的 UKF 定位算法运行时间要短且误差值最小，估计准确度最高。

表 3-3　三种协同定位算法的均方根误差统计表

算　法	均方根误差/m				运行时间/s
	$N=2$	$N=3$	$N=4$	$N=5$	
EKF 协同定位算法	1.818 2	1.534 3	1.362 8	1.274 6	121.356 7
UKF 协同定位算法	0.454 6	0.397 3	0.386 2	0.374 2	130.327 8
SRCKF 协同定位算法	0.234 7	0.193 5	0.184 5	0.162 8	128.432 6

3.2　移动机器人动态目标跟踪算法

3.2.1　移动机器人同时定位与动态目标跟踪

机器人在未知复杂环境下检测动态目标并进行跟踪，在跟踪的过程中目标物与机器人始终保持运动状态。由于外界环境信息未知，机器人通过运动信息和携带的传感器动态感知环境信息创建地图，并且利用创建的地图进行自身位姿信息的计算，即传统的 SLAM 问题，因此机器人目标跟踪需要解决机器人位姿的估计、特征地图的估计和目标位姿的估计(OT)这三个相互耦合的问题。k 时刻定义如下变量：$\boldsymbol{X}_k^r$ 表示 k 时刻机器人的状态向量；$\boldsymbol{M}_k=[\boldsymbol{X}_k^{m_1} \quad \cdots \quad \boldsymbol{X}_k^{m_n}]^{\mathrm{T}}$ 表示 k 时刻地图特征向量，其中 $\boldsymbol{X}_k^{m_i}$ 为已发现的第 i 个地图特征点的位置信息；$\boldsymbol{X}_k^t$ 表示 k 时刻目标物的状态向量；$\boldsymbol{Z}^k=\boldsymbol{Z}^{m,k}\cup\boldsymbol{Z}^{t,k}$ 表示 k 时刻系统的观测信息(地图不同环境特征的多个观测值存在于 $\boldsymbol{Z}^{m,k}$ 中，$\boldsymbol{Z}^{t,k}$ 中也可能包含对于目标物的伪观测值)；$\boldsymbol{u}^k=[u_1 \quad \cdots \quad u_k]$ 由 k 时刻机器人的所有控制信息构成，$\boldsymbol{u}_k$ 表示 k 时刻机器人的控制向量，则该 SLAMOT (Simultaneous Localization Mapping and Object Tracking)问题的数学描述可表示为以下概率估计问题：

$$p(\boldsymbol{X}_k^r,\boldsymbol{X}_k^t,\boldsymbol{M}_k \mid \boldsymbol{Z}^k,\boldsymbol{u}^k) \tag{3-46}$$

即在已知观测信息矩阵 $\boldsymbol{Z}^k$ 和控制信息矩阵 $\boldsymbol{u}^k$ 的前提下估计当前时刻机器人的状态向量 $\boldsymbol{X}_k^r$、目标状态向量 $\boldsymbol{X}_k^t$ 和环境地图特征向量 $\boldsymbol{M}_k$ 的联合条件概率。由式(3－46)可得解决 SLAMOT 问题的解决方案为：建立机器人和目标的状态方程和观测方程，通过状态模型对系统的状态进行预测，通过传感器获得对于环境特征和目标的观测值后，运用观测模型和数据融合算法完成对系统状态的更新。

3.2.2　基于 SR－CKF 的移动机器人动态目标跟踪算法

1. 系统描述

在 SRCKF－SLAM－OT 算法中，系统状态信息包括三部分：环境特征信息、目标信息和机器人信息，定义为

$$\boldsymbol{X}_k=\begin{bmatrix}\boldsymbol{X}_k^r\\ \boldsymbol{X}_k^t\\ \boldsymbol{M}_k\end{bmatrix} \tag{3-47}$$

式中，$\boldsymbol{X}_k^r=[x_k^r \quad y_k^r \quad \theta_k^r]^{\mathrm{T}}$ 表示 k 时刻机器人的位姿信息，$\boldsymbol{X}_k^t=[x_k^t \quad y_k^t \quad \dot{x}_k^t \quad \dot{y}_k^t]$ 表示 k 时刻目标的速度位置信息，$\boldsymbol{M}_k$ 表示 k 时刻获得的地图特征点位置信息。

系统模型由机器人运动模型、目标运动模型和它们各自的观测模型组成。运动模型用于系统状态的预测，观测模型主要用于系统状态的更新。在理想状况下，机器人的运动模型可以表示为

$$\boldsymbol{X}_k^r=f^r(\boldsymbol{X}_{k-1}^r,\boldsymbol{u}_k)+\boldsymbol{W}_k^r \tag{3-48}$$

目标运动符合定速度模型 CMV：

$$\boldsymbol{X}_k^t=f^t(\boldsymbol{X}_{k-1}^t,\boldsymbol{A}_{k|k-1}^t,\boldsymbol{q}_{k|k-1}^t) \tag{3-49}$$

式中，$\boldsymbol{W}_k^r$ 为运动噪声，其方差为 $\boldsymbol{Q}^r$，服从于 $N(0,\boldsymbol{Q}^r)$ 的高斯分布；$\boldsymbol{A}_{k|k-1}^t$ 为定速模

型目标状态转移信息矩阵；$\boldsymbol{q}_{k|k-1}^{t}$ 为模型噪声，其方差为 $\boldsymbol{Q}^{t}$，服从于 $N(0,\boldsymbol{Q}^{t})$ 的高斯分布。

机器人在未知环境中存在两种观测值：地图环境特征点的观测值 $\boldsymbol{z}^{m,k}$ 和运动目标物的观测值 $\boldsymbol{z}^{t,k}$，$\boldsymbol{z}^{k}=\boldsymbol{z}^{m,k}\cup\boldsymbol{z}^{t,k}$。其中：

$$\boldsymbol{z}_{k}^{m_i}=h^{m}(\boldsymbol{X}_{k}^{r},\boldsymbol{X}_{k}^{m_i})+\boldsymbol{V}_{k}^{r} \tag{3-50}$$

$$\boldsymbol{z}_{k}^{t}=h^{t}(\boldsymbol{X}_{k}^{r},\boldsymbol{X}_{k}^{t})+\boldsymbol{V}_{k}^{t} \tag{3-51}$$

将其写作状态空间模型为

$$\boldsymbol{z}_{k}=h(\boldsymbol{X}_{k})+\boldsymbol{V}_{k} \tag{3-52}$$

式中，$\boldsymbol{V}_{k}$ 表示观测噪声矩阵，其方差为 $\boldsymbol{R}_{k}$，服从 $N(0,\boldsymbol{R}_{k})$ 的高斯分布。

2. 算法实现流程

SRCKF - SLAMOT 算法的流程图如图 3 - 10 所示，处理过程主要分为预测、数据关联和更新三个阶段。预测是根据系统运动模型、观测模型和从传感器获得的信息对机器人和目标的位姿信息进行推算；数据关联有两方面的作用：一是根据系统状态计算出不同对象观测值的可能分布并与实际观测值进行比对，二是检验并剔除目标观测过程中可能出现的伪观测值；更新是在观测信息通过数据关联环节后计算移动机器人和目标状态向量的后验概率分布。

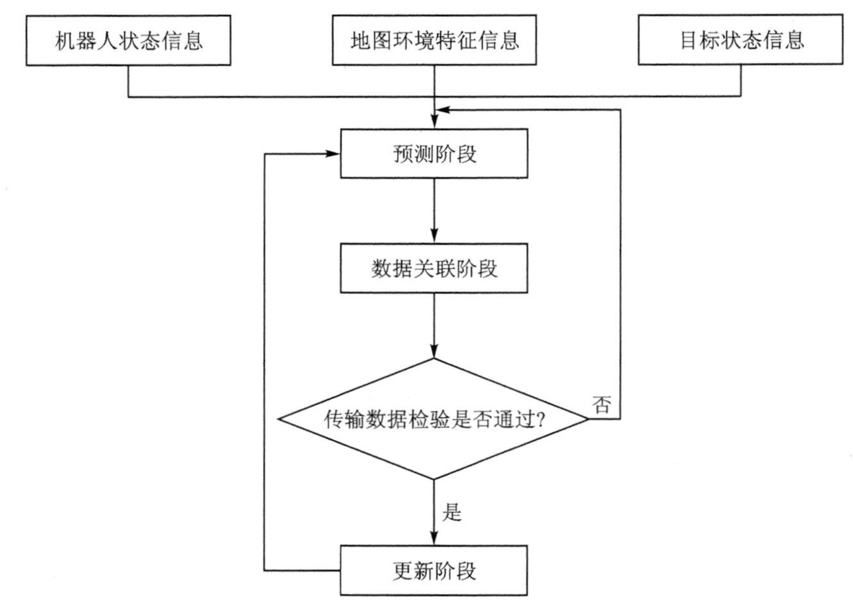

图 3 - 10 SRCKF - SLAMOT 方法流程图

3. 基于 SRCKF 的移动机器人动态目标跟踪算法

(1) 预测阶段

$k-1$ 时刻的地图特征点信息、机器人位姿信息和目标速度位置信息都包含于容

积点矩阵 $\boldsymbol{x}_{k-1}^{i}$ 中。

Step1 以 $k-1$ 到 k 时刻为例，将误差协方差阵 $\boldsymbol{P}_{k-1|k-1}$ 通过 Cholesky 分解可得

$$\boldsymbol{P}_{k-1|k-1}=\boldsymbol{S}_{k-1|k-1}\boldsymbol{S}_{k-1|k-1}^{\mathrm{T}} \tag{3-53}$$

Step2 计算容积点信息矩阵：

$$\boldsymbol{x}_{k-1|k-1}^{i}=\boldsymbol{S}_{k-1|k-1}\boldsymbol{\xi}_{i}+\boldsymbol{X}_{k-1|k-1} \tag{3-54}$$

式中，i 为容积点序号，$i=1,2,\cdots,m$，$m=2n$。

Step3 计算容积点的先验概率估计：

$$\boldsymbol{x}_{k|k-1}^{i}=f(\boldsymbol{x}_{k-1|k-1}^{i}) \tag{3-55}$$

Step4 k 时刻系统状态预测

$$\boldsymbol{X}_{k|k-1}=\frac{1}{m}\sum_{i=1}^{m}\boldsymbol{x}_{k|k-1}^{i} \tag{3-56}$$

Step5 k 时刻误差协方差矩阵的平方根因子预测

$$\boldsymbol{Q}_{k-1}=\boldsymbol{S}_{Q,k-1}\boldsymbol{S}_{Q,k-1}^{\mathrm{T}} \tag{3-57}$$

$$\boldsymbol{\xi}_{k|k-1}^{*}=\frac{1}{\sqrt{m}}\left[\boldsymbol{x}_{k|k-1}^{1}-\boldsymbol{X}_{k|k-1}\quad \boldsymbol{x}_{k|k-1}^{2}-\boldsymbol{X}_{k|k-1}\quad \cdots\quad \boldsymbol{x}_{k|k-1}^{m}-\boldsymbol{X}_{k|k-1}\right] \tag{3-58}$$

$$\boldsymbol{S}_{k|k-1}=T(\left[\boldsymbol{\xi}_{k|k-1}^{*}\quad \boldsymbol{S}_{Q,k-1}\right]) \tag{3-59}$$

(2) 数据关联阶段

不同时间、地点传感器得到的观测数据之间，机器人传感器获得的观测数据与地图特征观测值之间，或地图特征观测数据之间的对应关系，称为数据关联。在 SRCKF - SLAMOT 算法中通过数据关联，当前传感器获得的特征观测数据与已经存在的已知的环境特征之间的对应关系得以确定，且通过数据关联系统确认对于目标的观测数据是否为可靠数据，剔除可能存在的伪观测值。

假设 k 时刻机器人通过传感器观测到的环境特征数据为 o_k 个，则 k 时刻地图特征观测数据的集合可以表示为 $\boldsymbol{z}_k^m=[z_k^{m,1},\cdots,z_k^{m,o_k}]$，我们采用 χ^2 检验法来完成数据关联。

当前特征观测数据用 $\boldsymbol{z}_k^{m,j}$ 表示，已存在的环境特征用 m_i 表示。如果 $\boldsymbol{z}_k^{m,j}$ 满足以下条件：

$$\begin{aligned}&(\boldsymbol{z}_k^{m,j}-\boldsymbol{z}^{m_i}(k\mid k-1))\cdot(\boldsymbol{R}^m+\boldsymbol{C}(\boldsymbol{z}^{m_i}(k\mid k-1),\\&\boldsymbol{z}^{m_i}(k\mid k-1)))^{-1}\cdot(\boldsymbol{z}_k^{m,j}-\boldsymbol{z}^{m_i}(k\mid k-1))^{\mathrm{T}}\leqslant\gamma\end{aligned} \tag{3-60}$$

式中，$\boldsymbol{R}^m$ 为特征观测数据误差信息矩阵；$\boldsymbol{z}^{m_i}(k|k-1)$ 为通过式(3 - 50)得到的已存在的环境特征 m_i 的估计观测数据，其对应的误差信息矩阵表示为 $\boldsymbol{C}(\boldsymbol{z}^{m_i}(k|k-1),\boldsymbol{z}^{m_i}(k|k-1))$，$\gamma$ 通过查 χ^2 表可知。满足条件的观测数据将会用于下一阶段的系统更新。

与之相似的 k 时刻目标观测数据的集合可以表示为 $\boldsymbol{z}_k^t=[z_k^{t,1},\cdots,z_k^{t,l_k}]$，如果目标观测数据 $\boldsymbol{z}_k^t$ 满足以下条件：

$$
\begin{aligned}
&(\boldsymbol{z}_k^{t,i}-\boldsymbol{z}^t(k\mid k-1))\cdot(\boldsymbol{R}^t+\boldsymbol{C}(\boldsymbol{z}^t(k\mid k-1),\\
&\boldsymbol{z}^t(k\mid k-1)))^{-1}\cdot(\boldsymbol{z}_k^{t,i}-\boldsymbol{z}^t(k\mid k-1))^{\mathrm{T}}\leqslant\gamma
\end{aligned}
\tag{3-61}
$$

则认定为目标观测真值。其中，$\boldsymbol{R}^t$ 表示目标观测数据误差信息矩阵，$(\boldsymbol{z}^t(k\mid k-1))$ 为通过式(3-51)得到的目标观测数据值，$\boldsymbol{C}(\boldsymbol{z}^t(k\mid k-1),\boldsymbol{z}^t(k\mid k-1))$ 为其对应的误差信息矩阵，γ 通过查 χ^2 表可知。取式(3-61)最小的目标观测数据作为真值。

(3) 更新阶段

系统数据关联阶段完成之后，得到了实际观测数据与环境特征、目标之间的相互对应关系。根据实际观测数据计算观测向量 $\boldsymbol{z}_k$ 的后验概率分布，对系统的状态信息以及协方差平方根因子进行更新。

Step1　通过 Cholesky 分解 $\boldsymbol{P}_{k|k-1}$：

$$\boldsymbol{P}_{k|k-1}=\boldsymbol{S}_{k|k-1}\boldsymbol{S}_{k|k-1}^{\mathrm{T}} \tag{3-62}$$

Step2　计算容积点信息矩阵：

$$\boldsymbol{x}_{k|k-1}^{i}=\boldsymbol{S}_{k|k-1}\boldsymbol{\xi}_i+\boldsymbol{X}_{k|k-1} \tag{3-63}$$

式中，i 为容积点序号，$i=1,2,\cdots,m$；$m=2n$。

Step3　通过观测模型传播容积点：

$$\boldsymbol{z}_{k|k-1}^{i}=h(\boldsymbol{x}_{k|k-1}^{i}) \tag{3-64}$$

Step4　k 时刻观测数据预测：

$$\hat{\boldsymbol{z}}_{k|k-1}=\frac{1}{m}\sum_{i=1}^{m}\boldsymbol{z}_{k|k-1}^{i} \tag{3-65}$$

Step5　计算卡尔曼增益矩阵 $\boldsymbol{W}_k$

$$\boldsymbol{S}_{k|k-1}^{zz}=T([\boldsymbol{\xi}_{k-1}\quad \boldsymbol{S}_{R,k}]) \tag{3-66}$$

$$\boldsymbol{R}_k=\boldsymbol{S}_{R,k}\boldsymbol{S}_{R,k}^{\mathrm{T}} \tag{3-67}$$

$$\boldsymbol{\xi}_{k|k-1}=\frac{1}{\sqrt{m}}[\boldsymbol{z}_{k|k-1}^{1}-\hat{\boldsymbol{z}}_{k|k-1}\quad \boldsymbol{z}_{k|k-1}^{2}-\hat{\boldsymbol{z}}_{k|k-1}\quad \cdots\quad \boldsymbol{z}_{k|k-1}^{m}-\hat{\boldsymbol{z}}_{k|k-1}] \tag{3-68}$$

$$\boldsymbol{P}_{k|k-1}^{xz}=\boldsymbol{\eta}_{k|k-1}\boldsymbol{\xi}_{k|k-1}^{\mathrm{T}} \tag{3-69}$$

式中，$\boldsymbol{P}_{k|k-1}^{xz}$ 为互相关协方差信息矩阵。

$$\boldsymbol{\eta}_{k|k-1}=\frac{1}{\sqrt{m}}[\boldsymbol{x}_{k|k-1}^{1}-\boldsymbol{X}_{k|k-1}\quad \boldsymbol{x}_{k|k-1}^{2}-\boldsymbol{X}_{k|k-1}\quad \cdots\quad \boldsymbol{x}_{k|k-1}^{m}-\boldsymbol{X}_{k|k-1}] \tag{3-70}$$

$$\boldsymbol{W}_k=(\boldsymbol{P}_{k|k-1}^{xz}/\boldsymbol{S}_{k|k-1}^{\mathrm{T},zz})/\boldsymbol{S}_{k|k-1}^{zz} \tag{3-71}$$

Step6　k 时刻更新系统状态信息矩阵、相关协方差平方根因子：

$$\boldsymbol{X}_{k|k}=\boldsymbol{X}_{k|k-1}+\boldsymbol{W}_k(\boldsymbol{z}_k-\hat{\boldsymbol{z}}_{k|k-1}) \tag{3-72}$$

$$S_{k|k}=T([\boldsymbol{\eta}_{k|k-1}-\boldsymbol{W}_k\xi_{k|k-1}\boldsymbol{W}_k\boldsymbol{S}_k^R])\tag{3-73}$$

3.2.3　仿真实验及分析

1. 仿真环境及参数

在 MATLAB 仿真环境下，建立了机器人目标追踪仿真实验平台。实验区域为 200 m×200 m 的室外环境，“＋”为估计特征点的位置，“＊”为地图特征点。目标从坐标(0,0)开始，沿确定的轨迹运行，在整个仿真实验过程中机器人在完成同步定位与地图构建的同时对目标保持跟踪状态。通过仿真实验平台对所提出的算法进行仿真验证。机器人具体运动模型参数如表 3－4 所列。

表 3－4　仿真参数

仿真参数	数　值	仿真参数	数　值
机器人速度/(m · s^{-1})	3	控制速度/(m · s^{-1})	0.3
轮间距/m	4	观测距离/m	0.1
传感器探测范围/m	30	转角误差/(°)	2

2. 仿真结果及性能分析

仿真实验中，在上述相同实验环境下，将文中提出的基于平方根容积卡尔曼滤波的移动机器人动态目标跟踪算法与基于扩展卡尔曼滤波的移动机器人动态目标跟踪算法进行仿真验证，比对分析 30 次实验的平均值。两种目标跟踪算法的机器人和目标行进轨迹仿真实验结果如图 3－11 所示。

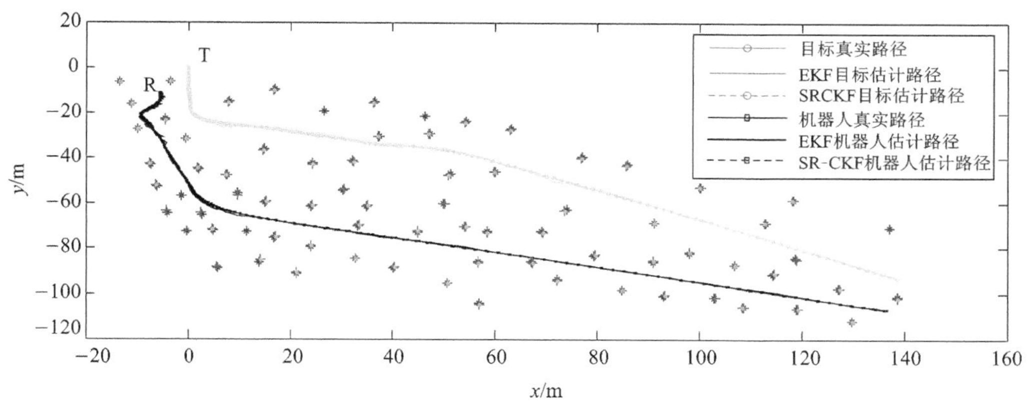

图 3－11　两种算法跟踪结果

图中灰色路径为目标行进轨迹，黑色路径为机器人行进轨迹。其中灰色圆圈轨迹表示目标真实路径，黑色方块轨迹表示机器人真实路径。目标真实路径附近的灰色实线和虚线圆圈轨迹分别表示采用 EKF 目标跟踪算法和采用 SRCKF 目标跟踪算法对于目标的估计路径，机器人真实路径附近的黑色实线和虚线方块轨迹分别表示采用EKF目标跟踪算法和采用SRCKF目标跟踪算法对机器人的估计路径。为了更清晰地将两种算法的实验仿真结果进行对比，将图3-11局部放大得到图3-12。

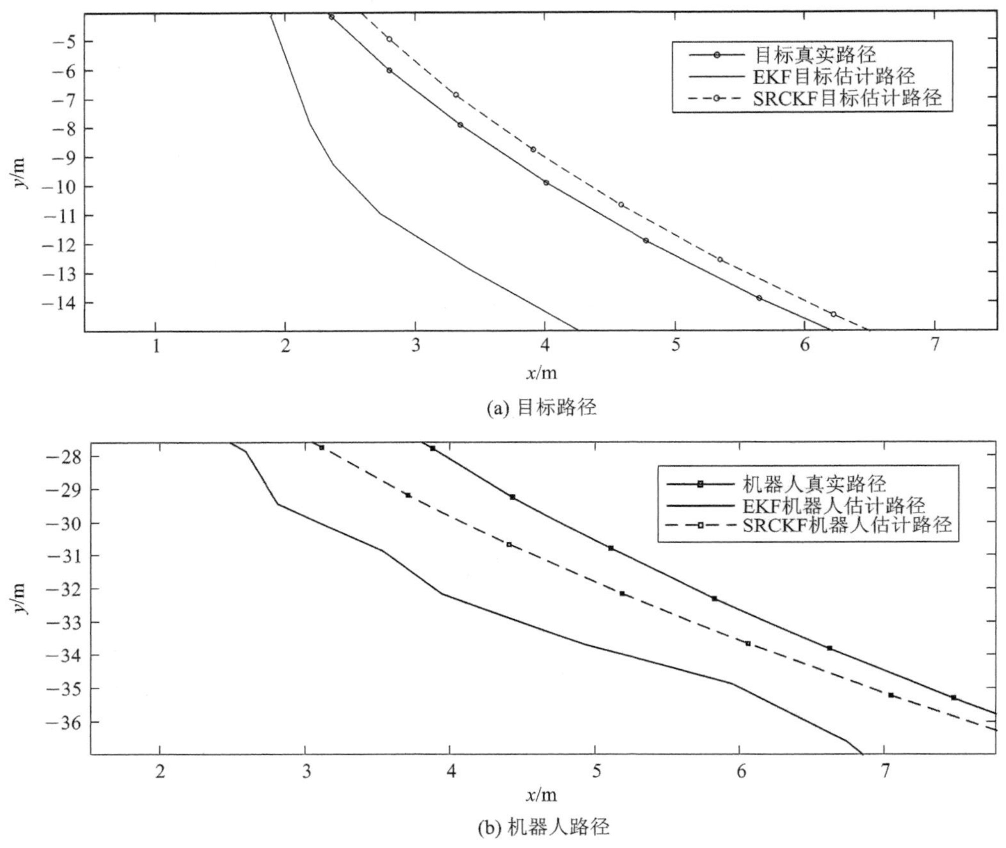

(a) 目标路径

(b) 机器人路径

图3-12　局部放大图

从图3-11和图3-12中可以看出，在整个仿真实验过程中，机器人在完成同步定位与地图构建的同时始终对目标保持跟踪状态。本书中提出的基于SRCKF的动态目标追踪算法路径轨迹与基于EKF的动态目标跟踪算法行进轨迹相比较，对目标和机器人估计路径与真实路径的偏差都较小，更契合真实路径，即表明采用基于SRCKF的动态目标追踪算法后，目标和机器人轨迹估计精确度更高。

(1) 定位与追踪误差分析

图3-13、图3-14为分别采用基于SRCKF和EKF的动态目标跟踪算法，目标和机器人在同一仿真实验环境行进时x方向和y方向的状态估计误差。其中t表示仿真实验时间。

从图3-13、图3-14所示实验结果可得，由于机器人定位的精确度是目标准确定位的基础，所以在x、y轴方向上目标状态估计误差总体上要高于机器人状态估计

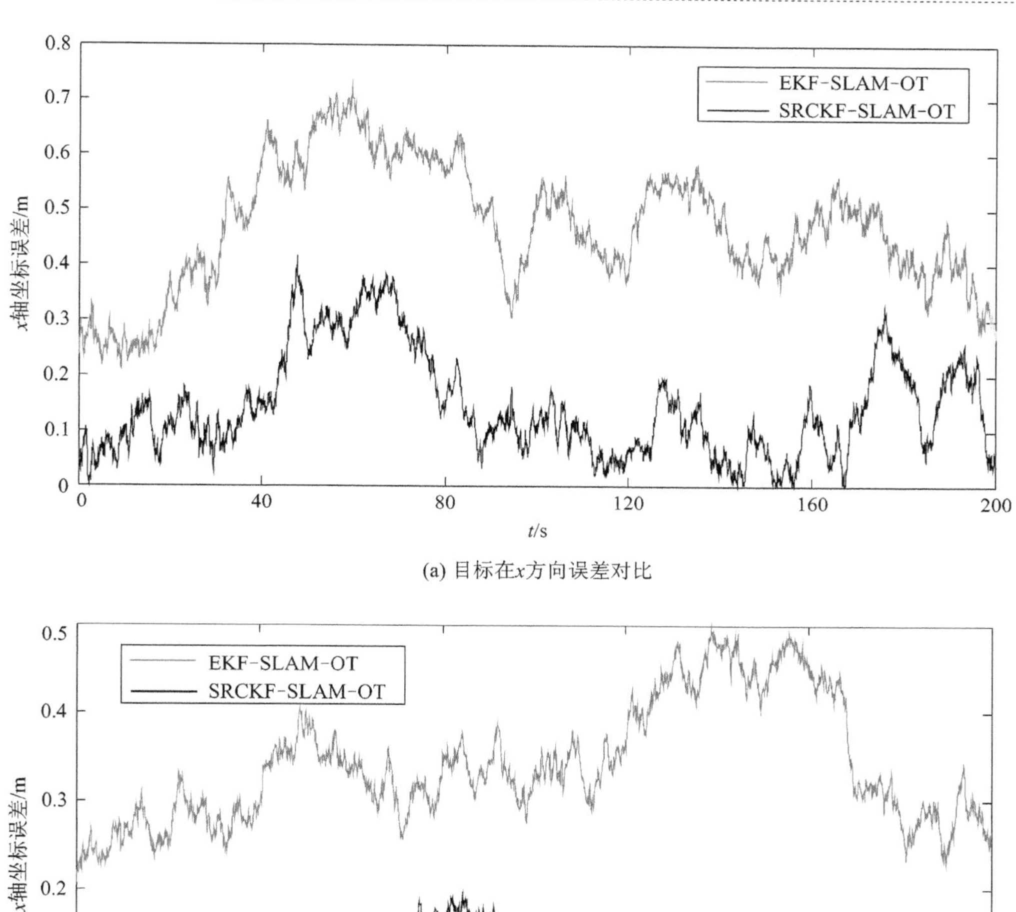

(a) 目标在x方向误差对比

(b) 机器人在x方向误差对比

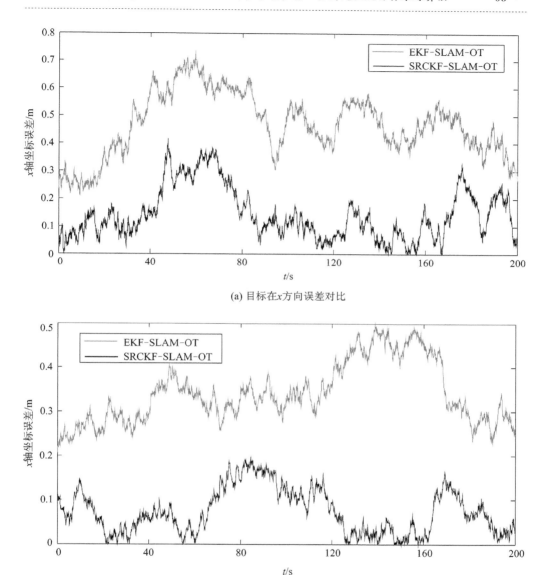

图 3－13　x 方向误差对比

误差。由于 EKF 算法采用了一阶泰勒级数展开，丢弃了高阶项，故在线性化运算过程中使用雅可比矩阵产生了较大的误差。而 SRCKF 算法使用数值积分运算，精确度可以达到 3 阶，并且利用平方根因子更新系统状态，确保了协方差矩阵的正定性，减小了截断误差。所以 EKF－SLAM－OT 算法的估计误差要大于 SRCKF－SLAM－OT 算法的估计误差，因此采用 SRCKF－SLAM－OT 算法，在提高机器人定位精度

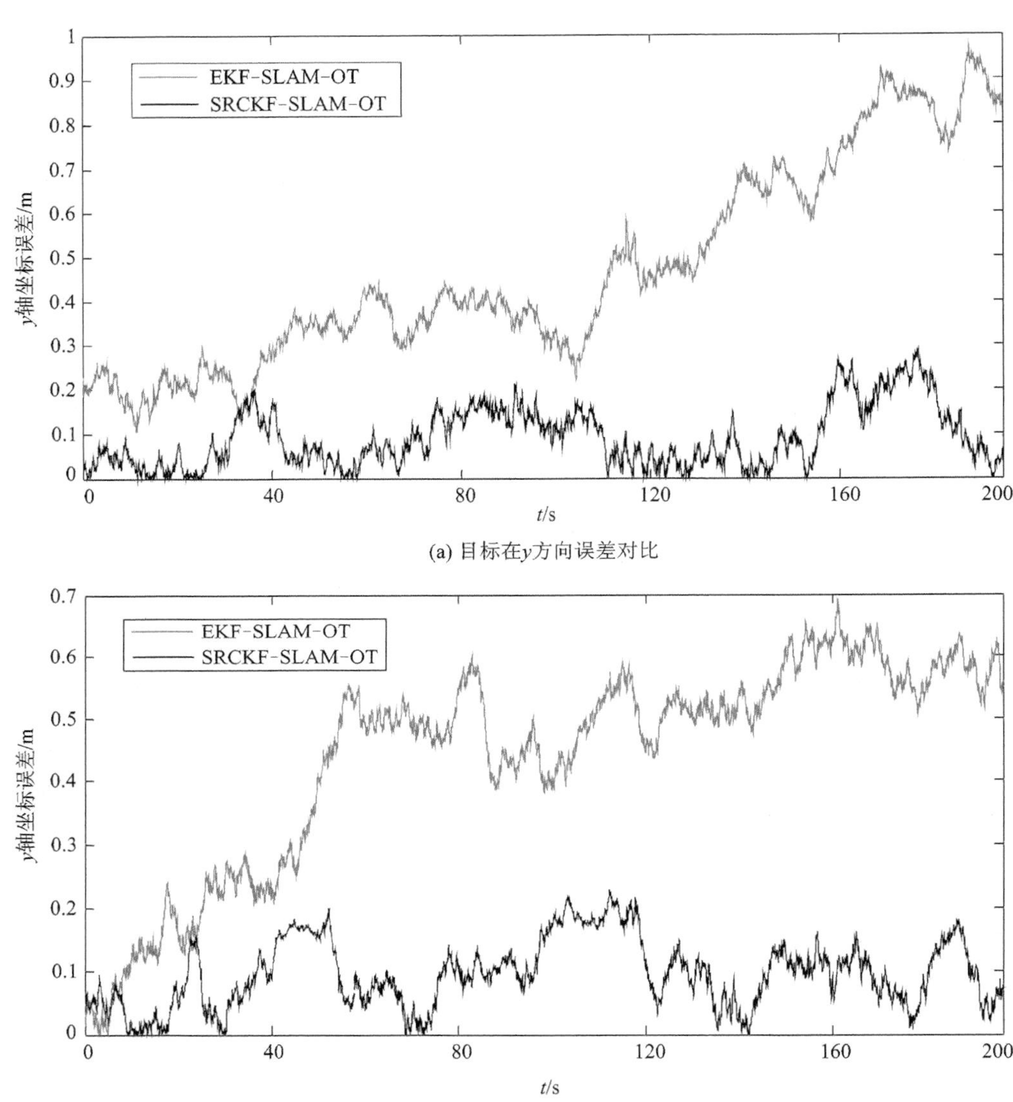

图 3-14　y 方向误差对比

的基础上进一步提高了目标跟踪精度。

表 3-5 给出了在 x 轴、y 轴状态估计误差的统计数据，可以更直观地表明两种目标跟踪算法的性能差异。

（2）均方根误差分析

均方根误差的计算公式为

$$\text{RMSE}=\sqrt{\frac{1}{T}\sum_{k=1}^{T}\left[(x_k-\hat{x}_k)^2+(y_k-\hat{y}_k)^2\right]} \tag{3-74}$$

式中，T 为算法运行时间，(x_k,y_k) 为目标或机器人在 k 时刻的真实位置，$(\hat{x}_k,\hat{y}_k)$ 为目标或机器人在 k 时刻的估计位置。

表 3-5 算法误差统计表

对　象	算　法	x 轴方向最大误差/m	y 轴方向最大误差/m
目标	EKF-SLAM-OT	0.735 4	0.976 3
目标	SRCKF-SLAM-OT	0.412 7	0.324 1
机器人	EKF-SLAM-OT	0.494 6	0.697 8
机器人	SRCKF-SLAM-OT	0.201 4	0.243 2

两种动态目标跟踪算法的运行时间和均方根误差如表 3-6 所列。基于 SR-CKF 的动态目标跟踪算法运行时间比基于 EKF 的动态目标跟踪算法稍长，但均方根误差较小，估计准确度更高。

表 3-6 两种目标跟踪算法均方根误差统计表

对　象	算　法	均方根误差/m	运行时间/s
目标	EKF-SLAM-OT	4.021 3	125.327 8
目标	SRCKF-SLAM-OT	2.558 6	132.356 6
机器人	EKF-SLAM-OT	3.356 4	125.327 8
机器人	SRCKF-SLAM-OT	2.073 5	132.356 6

3.3 多移动机器人协同定位与目标跟踪研究

3.3.1 多移动机器人编队控制

多移动机器人编队行进过程本质上就是机器人个体之间的运动协调过程，对于每个机器人而言，要设计行之有效的运动策略以保证整个多机器人系统的稳定运行。多年来在各国研究人员的共同努力下，形成了多种编队控制方法，使用比较广泛的包括基于领航-跟随（Leader-Follower）法、虚拟结构（Virtual Structure）法和基于行为（Behavior-Based）法等。

(1) 领航-跟随法

领航-跟随法需要在机器人队列中选择一个机器人作为领航者（Leader），其余机器人则作为跟随者（Follower），属于被控对象。领航者作为跟随者的参考，与跟随者保持特定的距离和角度。当领航者的方位发生改变时，跟随者通过传感器获得自身运动位置和方向的误差变量。通过几何计算和反馈控制使得队列中其他机器人与领航机器人的相对方位保持一致，保证编队的期望队形。基于 $l-l$ 控制的领航-跟随法示意图如图 3－15 所示，跟随机器人 R_F 通过保持 l_1 和 l_2 的恒定来维持编队的正常运行。

领航-跟随法的优势在于硬件资源分配合理，易于实现。由领航者规划编队的行动轨迹，降低了编队中机器人个体间的相互干扰。但是采用集中式控制降低了系统的抗干扰性，若在编队运行过程中领航机器人受到干扰无法正常运行，则会影响编队系统的整体路径运动，难以保证编队的正常运行；而且由领航者规划编队的运动路径，就要求编队中的机器人个体要保持与领航者的通信，以便能够及时获取误差反馈，这必将增加领航者的通信负担，因此在跟随者较多的情况下这种方法难以实现。

(2) 虚拟结构法

虚拟结构法将多机器人编队视为一个虚拟刚性体，编队中的机器人个体作为虚拟刚性体固定位置上的节点。在多机器人编队的运动过程中，机器人逼近刚性体相对方位上的虚拟节点移动，确保二者在相对位置上的误差变量最小，使得机器人个体间保持一种相对固定的位置关系。三角虚拟结构法编队示意图如图 3－16 所示。

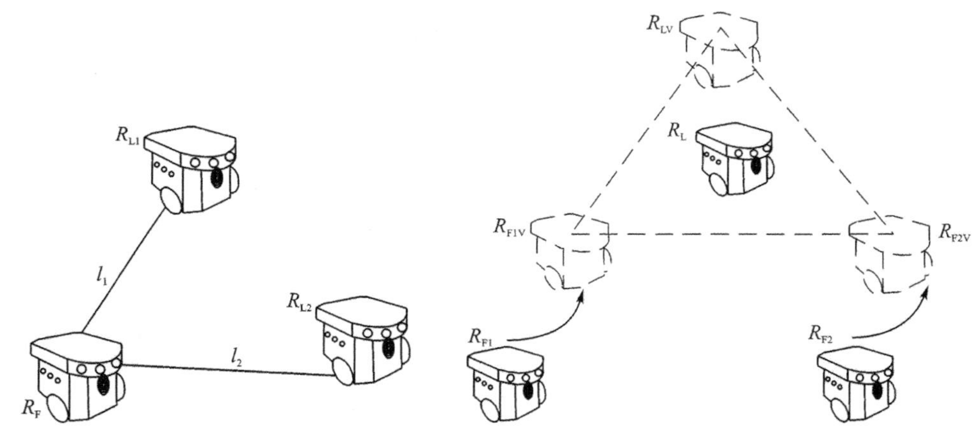

图 3－15　基于 $l-l$ 控制的领航-跟随法示意图

图 3－16　三角虚拟结构法编队示意图

虚拟结构法的优势在于可以完成较高精度的多机器人编队控制，降低任务分配的难度和工作量，适用于有较高精度要求的轨迹跟踪和多机器人编队控制。但是作为一种集中控制方法，它要求编队运动必须是一个虚拟力结构的共同运动，对编队中机器人之间的相对位置关系要求较高，实现难度较大；同时它缺少容错处理方法，可靠性较低。

(3) 基于行为法

基于行为法将多机器人编队任务转换成一系列特定功能的基本运动行为，这些运动行为是移动机器人运动的最小单位。该方法可分为行为设计和行为选择两个部分。行为设计是指对基本运动行为的定义，由多个“感知-动作”构成。行为选择是指机器人按照规则选择动作方式。行为选择机制大致可分为三种。① 加权平均法：每一个行为向量都会有一个权重，采用相应规则处理后决定机器人的行为输出。② 优先级法：各个行为都有一定的优先级，当多种行为发生冲突时按照优先级选择行为模式，即高优先级行为抑制低优先级行为。③ 模糊逻辑法：通过模糊规则的选择，由输入确定移动机器人的行为输出。基于行为方法的流程图如图 3－17 所示。

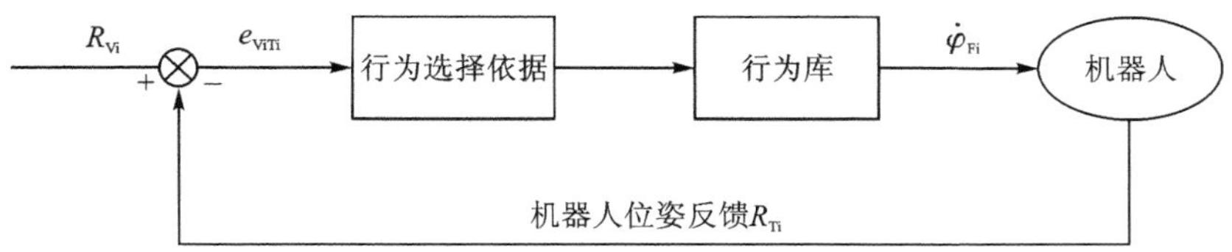

图 3－17 基于行为方法的流程图

基于行为的方法可以分布式并发进行，具有较好的灵活性，可以在编队动态运动过程中增加或减少机器人的个数；同时，该方法体现出了一定的智能性，类似于人的感官生理反应，更方便理解和认识。其缺点是行为设计难以覆盖所有情况，缺乏相关的数学理论推导，在复杂外部环境条件下机器人的行为难以预见，因此编队运动的稳定性难以得到保证。此方法目前主要运用于大规模的编队成形、目标搜索、目标围捕和轨迹跟踪等领域。

3.3.2 数据融合问题

数据融合系统常常是集成了传感器设备、进行处理和融合算法的复杂系统，它的应用在移动机器人的传感、估计和观测之类的核心问题中是无所不在的。在机器人学应用最广泛的数据融合方法起源于统计学、预测学和控制等几个领域。但是，这些方法在机器人学中的应用具有几个独一无二的特征和难点。特别是，自动化是最常见的目标，而结果必须采用一种形式进行表达和解释，从而可以做出自主决策。

1. 数据融合过程

在多机器人系统目标跟踪的过程中，系统成员之间利用各自携带的传感器对目标状态信息进行观测，并通过交换各自的观测结果，对获取的信息进行融合，以提高目标的跟踪精确性和有效性。多个传感器数据融合过程如图 3－18 所示。首先利用传感器对数据采集对象进行信号检测，通过 A/D 过程转换为数字信号；其次针对数据采集中可能出现的噪声，通过预处理环节加以剔除，增强数据采集的准确性和有效性，然后融合中心将检测到的数据信息按照预先设定的规则进行提取和融合，最后得到结果。

2. 数据融合方法

概率性的数据融合方法一般是基于贝叶斯定律进行先验和观测信息的综合。实

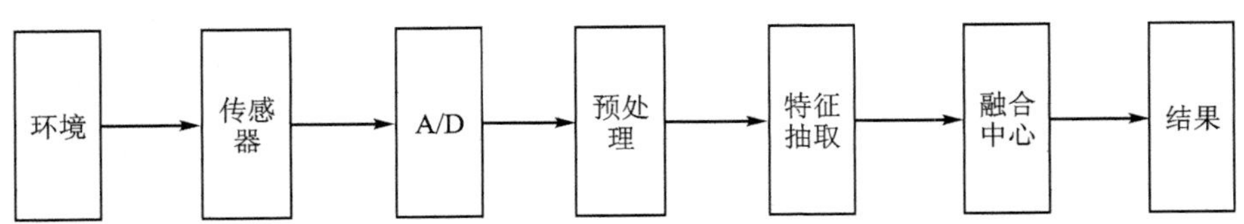

图 3-18　多个传感器数据融合流程图

际上，可以采用几条途径实现：通过卡尔曼滤波器；通过连续蒙特卡罗（Montecarlo）法；通过概率函数密度预测法。

（1）贝叶斯定律

贝叶斯定律处于大多数数据融合的心脏部位。贝叶斯定律提供了一种对人们感兴趣的环境进行推导的方法。这个环境在给定一个观测 z 的条件下，使用状态变量 x 来描述。对离散和连续变量来说，贝叶斯定律分别要求 x 和 z 的关系可以编码为联合概率或者联合概率分布 $P(x,z)$。条件概率的链接原理可以在两方面对一个联合概率进行扩展：

$$P(x,z)=P(x \mid z)P(z \mid x)=P(z \mid x)p(x) \tag{3-75}$$

以其中一个变量为条件重写方程，利用贝叶斯定律可以得到

$$P(x \mid z)=\frac{P(z \mid x)P(x)}{P(z)} \tag{3-76}$$

贝叶斯定律的价值在于，它提供了一个综合观测信息和有关状态的先验信息的基本方法。

条件概率 $P(z|x)$作为一个传感器模型，贝叶斯定律的多传感器形式要求条件独立性。

$$P(z_1,\cdots,z_n \mid x)=P(z_1 \mid x)\cdots P(z_n \mid x)=\prod_i^n P(z_i \mid x) \tag{3-77}$$

从而

$$P(x \mid Z^n)=CP(x)\prod_i^n P(z_i \mid x) \tag{3-78}$$

式中，C 是一个标准化常量，式(3-78)称为独立概率池。这意味着在所有观测 Z^n 的条件下，有关 x 的后验概率仅仅正比于先验概率和每一个信息源的单个概率的乘积。

贝叶斯定律的递归形式为

$$P(x \mid Z^k)=\frac{P(z_k \mid x)P(x \mid Z^{k-1})}{P(z_k \mid Z^{k-1})} \tag{3-79}$$

式(3-79)的优势在于仅需计算并存储概率密度 $P(x|Z^{k-1})$，而它包含了过去的所有信息。当下一条信息 $P(z_k|x)$来到时，前一个后验概率被当作当前的先验概率，而这两者的乘积，经标准化以后，就是新的后验概率。

(2) 蒙特卡罗方法

蒙特卡罗滤波器(MC 滤波器)方法用概率分布的方式对一个隐含的状态空间的一组加权采样进行描述。MC 滤波器通过贝叶斯定律来使用这些采样进行概率推导的仿真。通过研究这些采样的统计特性,仿真过程的概率图形就建立起来了。

在连续蒙特卡罗方法中,概率分布的描述是通过一系列支撑点 $x^i,i=1,\cdots,N$ 以及对应的一组标准化了的权数 $w^i,i=1,\cdots,N$ 进行的,而 $\sum_i w^i=1$。支撑点和权数可以定义一个概率密度函数:

$$P(x)\approx\sum_{i=1}^{N}w^i\delta(x-x^i) \tag{3-80}$$

如何选择支撑点和权数以获得此概率密度 $P(x)$ 的合理表示是一个关键问题。最常见的选择支撑点的方法是使用一个重要性密度 $q(x)$。支撑点 x^i 是对此密度进行的采样,如果此密度具有较大的概率,较多的采样就被选择出来,式(3-80)中的权数由下式计算,即

$$w^i\propto\frac{P(x^i)}{q(x^i)} \tag{3-81}$$

连续蒙特卡罗(SMC)滤波器是对递归贝叶斯更新方程的仿真,它使用支撑采样值和权数来描述隐含的概率分布。SMC 递归开始于由一组支撑数值和权数 $\{x_{k-1}^i,w_{k-1|k-1}^i\}_{i=1}^{N_{k-1}}$ 表达的后验概率密度:

$$P(x_k\mid Z^{k-1})=\sum_{i=1}^{N_k}w_{k-1}^i\delta(x_k-x_k^i) \tag{3-82}$$

SMC 的观测步骤相对简单。定义一个观测模型 $P(z_k|x_k)$,它是两个变量 z_k 和 x_k 的函数,且是关于 z_k 的一个概括分布。当得到一个给定观测或测量时,观测模型变为仅是状态 x_k 的函数。如果状态采样是 $X_k=x_k^i,i=1,\cdots,N$,则观测模型 $P(Z_k=z_k|X_k=x_k^i)$ 变为一组描述采样 x_k^i 产生观测 z_k 的概率标量,可得

$$P(x_k\mid Z^k)=C\sum_{i=1}^{N_k}w_{k-1}^iP(Z_k=z_k\mid X_k-x_k^i) \tag{3-83}$$

式(3-83)通常以一组更新的标准化了的权数来实现:

$$w_k^i=\frac{w_{k-1}^iP(Z_k=z_k\mid X_k=x_k^i)}{\sum_{j=1}^{N_k}w_k^iP(Z_k=z_k\mid X_k=x_k^i)} \tag{3-84}$$

因此有

$$P(x_k\mid Z^k)=\sum_{i=1}^{N_k}w_k^i\delta(x_k-x_k^i) \tag{3-85}$$

在权数采样更新之后,通常对测量进行重新采样,重新采样集中在概率密度较大的区域。蒙特卡罗法不适用于状态空间维数很高的问题,因为对一个给定的概率密

度进行如实的建模需要的采样数，随状态空间的维数呈指数增加。

(3) 协方差交集算法

协方差交集算法 CI(Covariance Intersection)，是对均值和方差估计的凸组合。融合输入源 A 和 B 产生输出 C，可以将其表示为 $\{\boldsymbol{a},\boldsymbol{P}_{aa}\}$、$\{\boldsymbol{b},\boldsymbol{P}_{bb}\}$、$\{\boldsymbol{c},\boldsymbol{P}_{cc}\}$，其中 $\boldsymbol{P}_{aa}$、$\boldsymbol{P}_{bb}$、$\boldsymbol{P}_{cc}$ 分别为 $\boldsymbol{a}$、$\boldsymbol{b}$ 和 $\boldsymbol{c}$ 的协方差。设 $\boldsymbol{a}$ 和 $\boldsymbol{b}$ 的均值分别为 $\bar{a}$ 和 $\bar{b}$，则 $\boldsymbol{a}$ 和 $\boldsymbol{b}$ 的误差分别为 $\tilde{\boldsymbol{a}}=\boldsymbol{a}-\bar{\boldsymbol{a}}$、$\tilde{\boldsymbol{b}}=\boldsymbol{b}-\bar{\boldsymbol{b}}$，且均值、误差和互相关阵分别为 $\bar{\boldsymbol{p}}_{aa}=E[\tilde{\boldsymbol{a}}\tilde{\boldsymbol{a}}^{\mathrm{T}}]$、$\bar{\boldsymbol{p}}_{bb}=E[\tilde{\boldsymbol{b}}\tilde{\boldsymbol{b}}^{\mathrm{T}}]$、$\bar{\boldsymbol{P}}_{ab}=E[\tilde{\boldsymbol{a}}\tilde{\boldsymbol{b}}^{\mathrm{T}}]$。若 $\boldsymbol{P}_{aa}-\bar{\boldsymbol{p}}_{aa}\geqslant\boldsymbol{0}$，$\boldsymbol{P}_{bb}-\bar{\boldsymbol{p}}_{bb}\geqslant\boldsymbol{0}$，则假设估计满足一致性。问题变成了融合 A 和 B 的一致性估计值，从而得到一个新的估计值 C，$\{\boldsymbol{c},\boldsymbol{P}_{cc}\}$ 满足一致性约束：$\boldsymbol{P}_{cc}-\bar{\boldsymbol{p}}_{cc}\geqslant\boldsymbol{0}$。式中，$\tilde{\boldsymbol{c}}=\boldsymbol{c}-\bar{\boldsymbol{c}}$，$\bar{\boldsymbol{P}}_{cc}=E[\tilde{\boldsymbol{c}}\tilde{\boldsymbol{c}}^{\mathrm{T}}]$，则协方差交集算法过程为

$$\boldsymbol{P}_{cc}^{-1}=\omega\boldsymbol{P}_{aa}^{-1}+(1-\omega)\boldsymbol{P}_{bb}^{-1} \tag{3-86}$$

$$\boldsymbol{P}_{cc}^{-1}\boldsymbol{c}=\omega\boldsymbol{P}_{aa}^{-1}\boldsymbol{a}+(1-\omega)\boldsymbol{P}_{bb}^{-1}\boldsymbol{b} \tag{3-87}$$

式中，自由参数 ω 决定了分配给 $\boldsymbol{a}$ 和 $\boldsymbol{b}$ 的权值，$0\leqslant\omega\leqslant1$。CI 算法也能够扩展到任意 $n>2$ 的情况：

$$\boldsymbol{P}_{cc}^{-1}=\omega_1\boldsymbol{P}_{a_1a_1}^{-1}+\cdots+\omega_n\boldsymbol{P}_{a_na_n}^{-1} \tag{3-88}$$

$$\boldsymbol{P}_{cc}^{-1}\boldsymbol{c}=\omega_1\boldsymbol{P}_{a_1a_1}^{-1}a_1+\cdots+\omega_n\boldsymbol{P}_{a_na_n}^{-1}a_n \tag{3-89}$$

$$\sum_{i=1}^{n}\omega_i=1 \tag{3-90}$$

方差矩阵的协方差椭圆定义为所有点 $\{\boldsymbol{x}:\boldsymbol{x}^{\mathrm{T}}\boldsymbol{P}\boldsymbol{x}^{-1}=\boldsymbol{c}\}$ 构成的轨迹($\boldsymbol{c}$ 为常数)，如图 3-19 所示。当相关性未知并使用 CI 算法进行融合时，所生成的融合协方差椭圆将通过两个协方差椭圆交叉的 4 个点。协方差交集算法的几何原理是：使融合状态估计协方差 $\boldsymbol{P}_{cc}$ 的椭圆位于 $\boldsymbol{P}_{aa}$ 和 $\boldsymbol{P}_{bb}$ 的椭圆交集内并且包含尽可能多的部分。

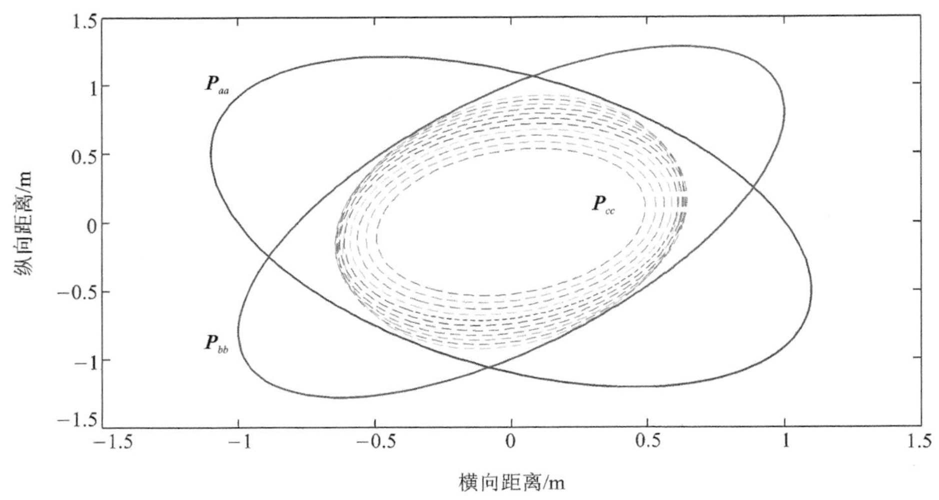

图 3-19 方差矩阵的协方差椭圆示意图

3.3.3　基于协方差交集的多机器人协同目标跟踪算法

1. 系统描述

由第 2 章可知，机器人未知环境下目标跟踪需要解决机器人位姿的估计、特征地图的估计和目标位姿的估计（OT）这三个相互耦合的问题。k 时刻定义如下变量：n 台机器人组成的队列为 $\{R_1, R_2, \cdots, R_n\}$，存在 m 个固定地图特征 $\{m_1, m_2, \cdots, m_m\}$，$\boldsymbol{M}_k = [\boldsymbol{X}_k^{m_1} \quad \cdots \quad \boldsymbol{X}_k^{m_n}]^{\mathrm{T}}$ 表示 k 时刻的地图特征向量，其中 $\boldsymbol{X}_k^{m_i}$ 为已发现的第 i 个地图特征点的位置信息；$\boldsymbol{X}_k^t$ 表示 k 时刻环境中存在跟踪目标物 T 的状态向量；$\boldsymbol{Z}_k^{R_i} = \boldsymbol{Z}_k^{R_i,m} \cup \boldsymbol{Z}_k^{R_i,t} \cup \boldsymbol{Z}_k^{R_i,R_j} \cup \boldsymbol{Z}_k^{R_i,f}$ 表示 k 时刻机器人 R_i 的观测信息（R_i 对地图不同环境特征的多个观测值存在于 $\boldsymbol{Z}^{m,k}$ 中，$\boldsymbol{Z}_k^{R_i,t} = [d_k^t \quad \gamma_k^t]$ 表示 R_i 对于目标的观测向量，$\boldsymbol{Z}_k^{R_i,R_j} = [d_k^{R_i,R_j} \quad \gamma_k^{R_i,R_j}]$ 表示 R_i 对于 R_j 的观测向量，$\boldsymbol{Z}_k^{R_i,f}$ 为 R_i 观测过程中可能出现的伪观测值）。系统观测对象示意图如图 3 - 20 所示。

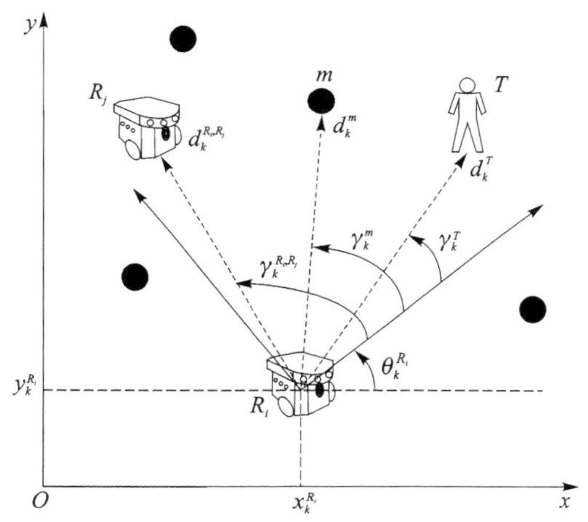

图 3 - 20　系统观测对象示意图

设 k 时刻 R_i 的系统状态向量：

$$\boldsymbol{X}_k(R_i) = \begin{bmatrix} \boldsymbol{X}_k^{R_i} \\ \boldsymbol{X}_k^{R_i,t} \\ \boldsymbol{M}_k \end{bmatrix} \tag{3-91}$$

式中，$\boldsymbol{X}_k^{R_i} = [(\boldsymbol{X}_k^{R_i,xy})^{\mathrm{T}}, \boldsymbol{X}_k^{R_i,\theta}]^{\mathrm{T}}$ 为 R_i 对自身位姿信息的估计，$\boldsymbol{X}_k^{R_i,xy} = [x_k^{R_i}, y_k^{R_i}]$ 表示位置信息的估计，$\boldsymbol{X}_k^{R_i,\theta} = \boldsymbol{\theta}_k^{R_i}$ 表示角度信息的估计；$\boldsymbol{X}_k^{R_i,t}$ 表示对目标的状态信息估计。

此外，设 R_i 对 R_j 的状态估计为 $\boldsymbol{X}_k^{R_i,R_j} = [(\boldsymbol{X}_k^{R_i,R_{jxy}})^{\mathrm{T}}, \boldsymbol{X}_k^{R_i,R_j\theta}]^{\mathrm{T}}$，其中 $(\boldsymbol{X}_k^{R_i,R_{jxy}})^{\mathrm{T}}$ 为 R_i 对 R_i 位置信息的估计，$\boldsymbol{X}_k^{R_i,R_j\theta}$ 为 R_i 对 R_j 角度信息的估计。

多机器人协同目标跟踪，机器人队列在自身运动的同时始终对目标保持追踪状态。首先单个机器人 R_i 在未知环境下完成 SLAMOT，若 R_i 观测到 R_j 并与 R_j 建立了交换信息的机制，则 R_i 将对 R_j 的位姿信息进行估计，并将计算结果 $\boldsymbol{X}_k^{R_i,R_j}$ 连同目标 T 状态信息估计结果 $\boldsymbol{X}_k^{R_i,T}$ 一同发送给 R_j，R_j 得到这些信息后运用数据融合算法进行本地状态的更新。若 R_i 和 R_j 建立了通信但没有观测到 R_j，则只向 R_j 发送自身对于目标 T 的状态信息估计 $\boldsymbol{X}_k^{R_i,T}$，那么 R_j 将只对本地目标状态信息进行更新融合。

2. 算法实现流程

(1) 机器人间状态估计

在机器人运动的过程中，机器人 R_i 在 k 时刻观测到机器人 R_j，利用观测值对同伴的状态进行估计。设 R_i 对 R_j 的观测值为 $\boldsymbol{z}_k^{R_i,R_j}=[d_k^{R_i,R_j} \quad \gamma_k^{R_i,R_j}]^{\mathrm{T}}$，可得 k 时刻 R_i 对 R_j 的位置估计 $\boldsymbol{X}_k^{R_i,R_{jxy}}$ 为

$$\boldsymbol{X}_k^{R_i,R_{jxy}}=[\boldsymbol{x}_k^{R_i,R_j} \quad \boldsymbol{y}_k^{R_i,R_j}]=\begin{bmatrix}\cos(\theta_k^{R_i}) & -\sin(\theta_k^{R_i})\\ \sin(\theta_k^{R_i}) & \cos(\theta_k^{R_i})\end{bmatrix}\cdot\begin{bmatrix}d_k^{R_i,R_j}\cdot\cos(\gamma_k^{R_i,R_j})\\ d_k^{R_i,R_j}\cdot\sin(\gamma_k^{R_i,R_j})\end{bmatrix}+\begin{bmatrix}x_k^{R_i}\\ y_k^{R_i}\end{bmatrix} \tag{3-92}$$

式中，$\theta_k^{R_i}$、$\theta_k^{R_j}$ 分别为它们各自的运动方向，则 R_i 对 R_j 角度信息的估计 $\boldsymbol{X}_k^{R_i,R_j\theta}$ 为

$$\boldsymbol{X}_k^{R_i,R_j\theta}=\arctan\left(\frac{y_k^{R_j}-y_k^{R_i}}{x_k^{R_j}-x_k^{R_i}}\right)-\theta_k^{R_i} \tag{3-93}$$

k 时刻机器人 R_i 通过观测向量 $\boldsymbol{z}_k^{R_i}$ 判断出对于目标 T 的观测向量 $\boldsymbol{z}_k^T$，余下观测值假设为 R_i 对于 R_j 的观测值 $\boldsymbol{z}_k^{R_i,R_j}$，通过通信协议发送给 R_j。R_j 接收到这些状态估计量后，利用 λ^2 检验以确认观测数据是否为可靠数据并剔除观测过程中可能存在的伪观测值，从而得出 $\boldsymbol{z}_k^{R_i,R_j}$ 。

(2) 数据融合过程

当 R_i 发送给 R_j 的状态估计量通过检验后，R_j 采用 CI 数据融合算法对本地状态信息进行融合。CI 算法不必对数据信息进行独立性假设，避免了对象状态间的互相关性估计，从而保证算法的分布式特点。

Step1 目标状态估计信息的融合。

$$P_k^{R_j,T^F}=[(\omega_k^{R_j,T})\cdot(P_k^{R_j,T})^{-1}+(1-\omega_k^{R_j,T})\cdot(P_k^{R_i,T})^{-1}]^{-1} \tag{3-94}$$

$$X_k^{R_j,T^F}=P_k^{R_j,T}\cdot[\omega_k^{R_j,T}\cdot(P_k^{R_j,T})^{-1}\cdot X_k^{R_j,T}+(1-\omega_k^{R_j,T})\cdot(P_k^{R_i,T})^{-1}\cdot X_k^{R_i,T}] \tag{3-95}$$

式中：上标 T^F 表示该变量是对目标状态估计信息的融合结果，$\omega_k^{R_j,T}$ 取使 $\|P_k^{R_j,T^F}\|$ 最小的 ω 值。

Step2　自身状态估计信息的融合。

R_j 对自身状态估计的融合来自两个部分。一部分来自于对于自身状态信息的估计，另一部分来自于 R_i 通过观测得到的对于 R_j 状态信息的估计。因此可得到 R_j 对自身状态估计的融合结果为

$$P_k^{R_j^F}=[\omega_k^{R_j}\cdot(P_k^{R_j^F})^{-1}+(1-\omega_k^{R_j})\cdot(P_k^{R_i,R_j})^{-1}]^{-1} \tag{3-96}$$

$$X_k^{R_j^F}=P_k^{R_j^F}\cdot[\omega_k^{R_j}\cdot(P_k^{R_j})^{-1}\cdot X_k^{R_j}+(1-\omega_k^{R_j})\cdot(P_k^{R_i,R_j})\cdot X_k^{R_i,R_j}] \tag{3-97}$$

式中：上标 R_j^F 表示该变量是对 R_j 自身状态估计信息的融合结果。$\omega_k^{R_j}$ 取使 $\| P_k^{R_j^F} \|$ 最小的 ω 值。

多机器人协同定位与目标跟踪流程图如图 3－21 所示。图中虚线箭头代表系统机器人个体间的通信，实线箭头代表数据流向。下面以机器人 R_1 为例说明算法处理流程。R_1 在未知环境中保持动态运动的同时得到数据观测值 $z_k^{R_1}$，通过数据关联环节检测观测数据是否可靠并剔除可能存在的伪观测值，从而得到对于目标的观测数据 $z_k^{R_1,T}$；之后 R_1 运用基于 SRCKF 的多机器人同步定位、地图构建和目标跟踪对算法目标和自身的状态进行估计。若观测值 $z_k^{R_1}$ 除了目标观测值 $z_k^{R_1,T}$ 和环境特征观测 $z_k^{R_1,m}$ 外还存在其他观测数据，则余下观测值假设为 R_1 对于同伴机器人 R_2 的观测值 $z_k^{R_1,R_2}$，R_1 利用观测数据 $z_k^{R_1,R_2}$ 对 R_2 的位姿状态进行估计，并将估计结果 $X_k^{R_1,R_2}$ 连同对于目标的状态估计结果 $X_k^{R_1,T}$ 发送给 R_2，R_2 接收到这些观测数据后通过传输数据检验环节对 $X_k^{R_1,T}$ 和多个 $X_k^{R_1,R_2}$ 进行检验，当相关数据通过检验后，

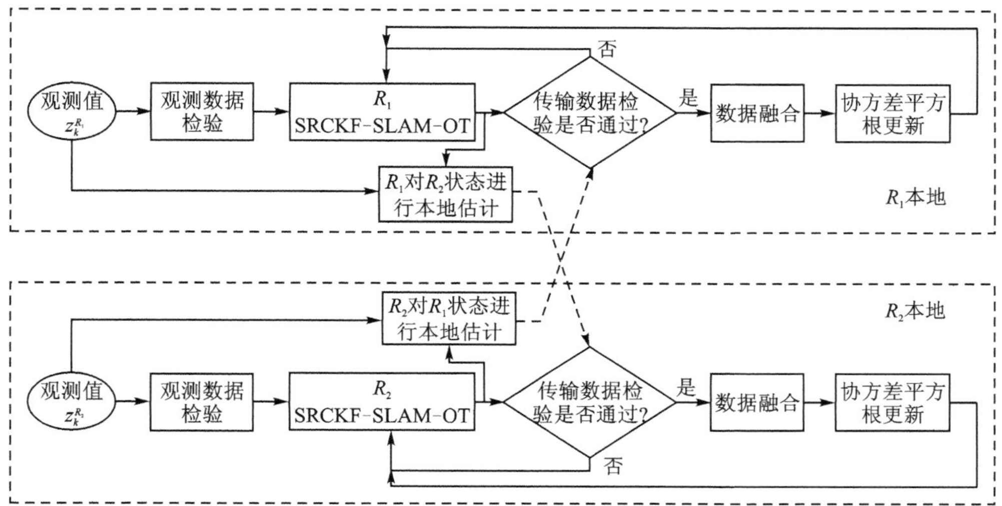

图 3－21　多机器人协同目标跟踪流程图

R_2 对 $X_k^{R_1,R_2}$ 和 R_2 对于自身的状态估计 $X_k^{R_2}$ 以及 $X_k^{R_1,T}$ 和 $X_k^{R_2,T}$ 进行基于 CI 的数据融合，最后 R_2 还要对自身协方差矩阵平方根因子 $S_k^{R_2}$ 进行更新以完成此次循环。基于 SRCKF 的移动机器人动态目标跟踪算法参见相关文献。

3.3.4　仿真实验及分析

在 MATLAB 仿真环境下，建立了多机器人目标追踪仿真实验平台。实验区域为 100 m×100 m 的室外环境，"＋"为估计特征点的位置，"＊"为地图特征点。采用动态协调控制算法对多机器人系统进行编队控制，目标从坐标(0,0)开始，沿确定的轨迹运行，在整个仿真实验过程中，机器人 R_1 和机器人 R_2 在完成同步定位与地图构建的同时对目标保持追踪状态，通过仿真实验平台对所述协同目标跟踪算法进行仿真验证。

仿真实验中，在上述相同实验环境下，将本书提出的基于 CI 的多机器人协同目标跟踪算法与不采用融合方法的单个移动机器人目标跟踪算法即第 2 章中提出的基于平方根容积卡尔曼滤波的移动机器人动态目标跟踪算法进行仿真对比，比对分析 30 次实验的平均值。

图 3－22 中灰色路径为目标行进轨迹，黑色路径为机器人行进轨迹。其中灰色实线轨迹表示目标真实路径，黑色星号轨迹表示机器人 R_1 的真实路径，黑色三角轨迹表示机器人 R_2 的真实路径；目标真实路径附近的灰色方框和虚线圆圈轨迹分别表示采用本章所提出的融合算法得到的 R_1、R_2 对于目标的估计路径，目标真实路径附近的灰色方框、圆圈实线轨迹分别表示采用非融合算法得到的 R_1、R_2 对于目标的估计路径。R_1 真实路径附近的黑色方框虚线和实线分别表示采用融合和非融合算法得到的对机器人 R_1 的估计路径，R_2 真实路径附近的黑色圆圈虚线和实线分别表示采用融合和非融合算法得到的对机器人 R_2 的估计路径。

局部放大图如图 3－23 所示。

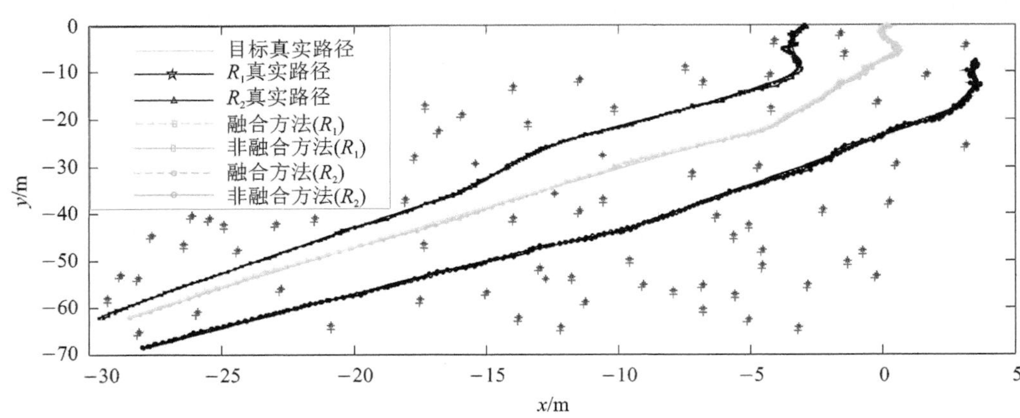

图 3－22　两种方法跟踪结果

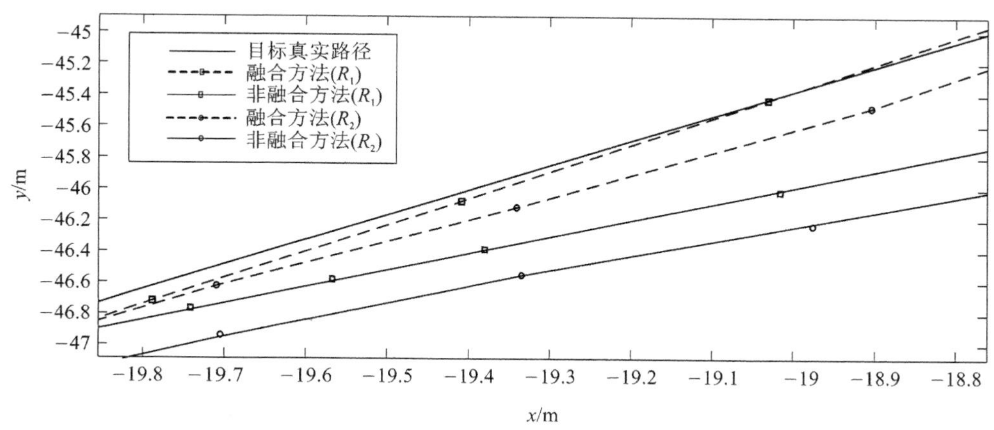

(a) 目标路径

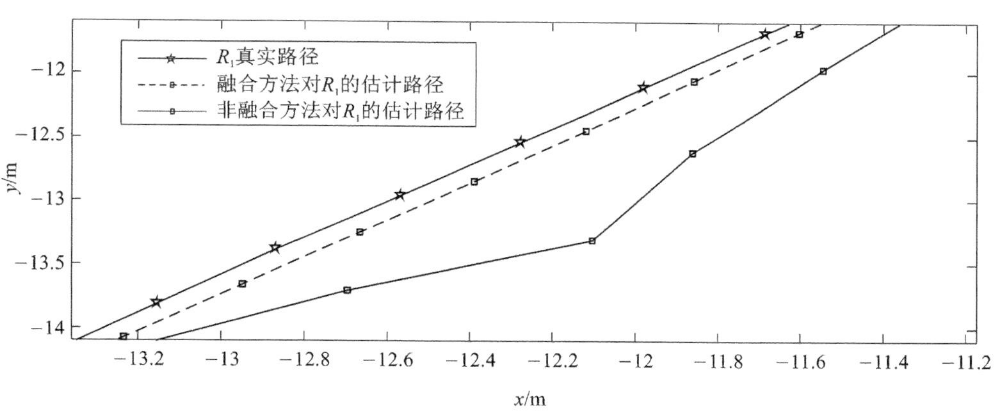

(b) 机器人R_1路径

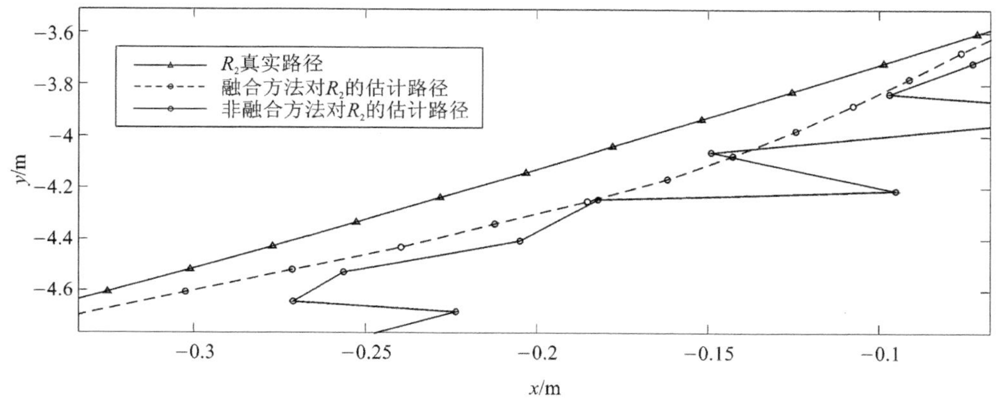

(c) 机器人R_2路径

图 3－23　局部放大图

图 3-24 分别显示了机器人 R_1、R_2 采用本节融合方法和非融合方法对目标和自身状态估计的误差曲线对比。

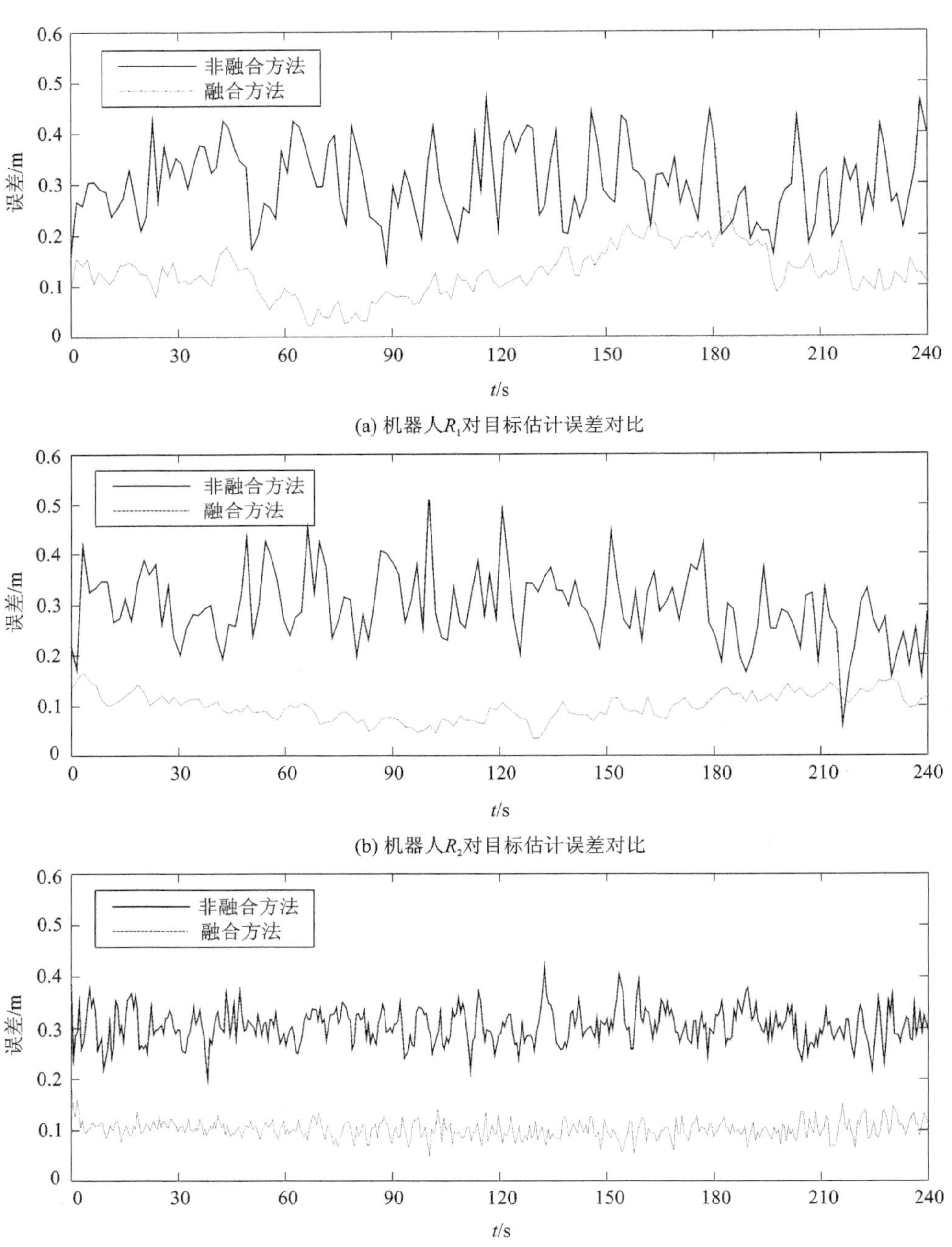

(a) 机器人R_1对目标估计误差对比

(b) 机器人R_2对目标估计误差对比

(c) 机器人R_1对自身估计误差对比

图 3-24　融合与非融合方法估计误差对比

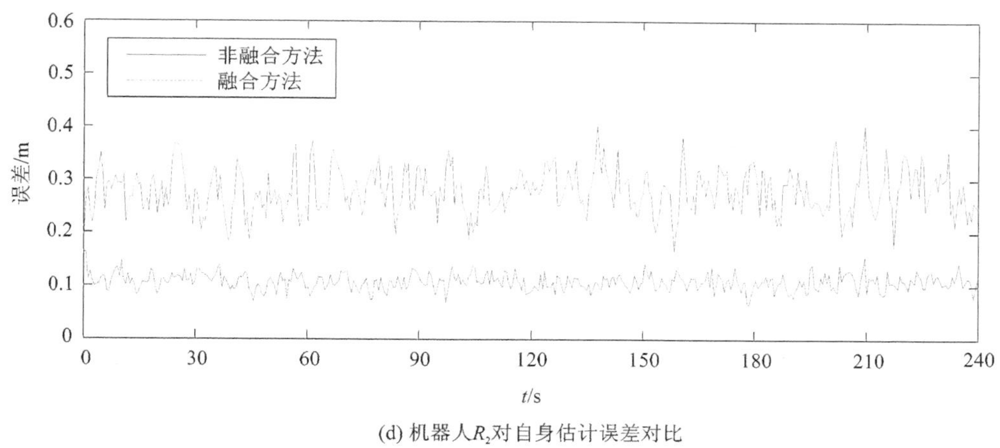

(d) 机器人R_2对自身估计误差对比

图 3 - 24　融合与非融合方法估计误差对比(续)

由图 3 - 24 可以看出,采用非融合方法对于机器人自身和目标的状态估计误差均高于采用融合方法的估计误差。因此采用融合方法在提高机器人定位精度的基础上进一步提高了目标跟踪精度。

3.4　本章小结

本章首先分析了卡尔曼滤波框架,对容积卡尔曼滤波(CKF)的原理进行了阐述,进一步给出了 CKF - SLAM 和 SRCKF - SLAM 算法的具体流程;提出了一种基于 SRCKF 的相对方位多机器人协同定位算法,该算法将机器人通过传感器得到的自身位姿信息与其他机器人的相对方位信息融合起来,整个机器人队列内部共享这些观测信息。通过平方根因子对系统状态进行更新,使得系统更稳定,有效地提高了定位的精度。在计算均值和方差时,采用基于容积准则的数值积分方法,降低了计算复杂度,缩短了算法耗时,实时性强。通过实验仿真结果证明了该算法的合理性和可操作性,该算法能够应用于外部大范围多机器人协同定位。

其次提出了一种基于 SRCKF 的移动机器人动态目标跟踪算法,该算法将地图环境特征、机器人和目标状态作为一个整体构成系统,保证了系统中各对象之间足够的关联性,从而确保了移动机器人自身定位和对于目标定位的准确度。通过平方根因子对系统状态进行更新,使得系统更稳定,有效地提高了定位的精度。在计算均值和方差时采用基于容积准则的数值积分方法,降低了计算复杂度,缩短了算法耗时,实时性强。通过实验结果表明了该算法的合理性和可操作性,该算法能够应用于外部大范围移动机器人动态目标跟踪。

最后分析了多机器人系统编队控制方法，阐述了协方差交集数据融合算法；提出了一种基于协方差交集的多机器人协同目标跟踪算法，此算法具有分布式特点，在提高相关对象状态估计准确性的同时，不必对数据信息进行独立性假设，避免了对象状态间的互相关性估计，降低了系统通信能量损耗和计算复杂度；进一步通过与非融合算法进行仿真对比，证明了该融合算法的有效性和准确性。

第4章 基于自适应SR-CKF的序贯式WSNs目标跟踪算法

4.1 系统模型及问题

当目标物进入WSNs监控区域后，由多个传感器节点构成的跟踪簇形成，为了确保序贯式跟踪条件以及节点间的协同工作，做出以下假设：

① 节点定位是WSNs采集数据的基础环节，没有确切的监测节点位置，WSNs目标跟踪也就失去了意义。通过三边定位法、三角定位法等WSNs节点定位算法，每个节点已知自身及周边节点的相对坐标信息。

② 每个传感器节点的测量类型相同，能够有效地进行数据处理和融合。

③ 目标物出现后，处于激活状态的传感器节点能立刻发起簇构建信号，形成动态跟踪簇。

在WSNs监控区域，处于激活状态的节点观测到目标物并构成跟踪簇，当前动态跟踪簇集中于第一个传感器节点，从前一时刻的跟踪簇最后一个传感器节点接收目标物前一时刻的跟踪结果。然后该节点运用SR-CKF算法更新目标物的状态信息，下一步利用各个传感器节点的观测值逐步对前一时刻跟踪结果进行更新，最后该节点选择并将目标物更新后的系统状态发给下一跟踪簇集。重复上述过程，最终得到全局信息的最优估计值及其对应的误差矩阵平方根。上述跟踪过程如图4-1所示。

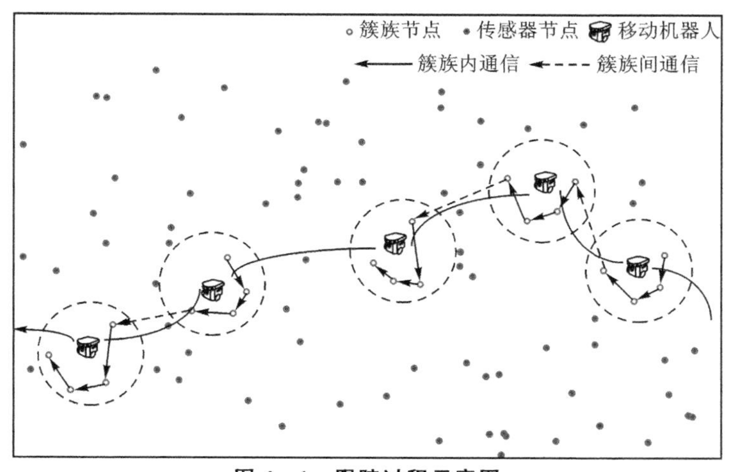

图4-1 跟踪过程示意图

4.1.1 目标运动模型

目标物在二维平面无线传感网络监控范围运动时，设 $\boldsymbol{X}_k=[x(k),y(k),x_v(k),y_v(k)]^{\mathrm{T}}$ 表示 k 时刻目标物的系统状态，其中 $x(k)$、$y(k)$ 分别表示 k 时刻目标物的横坐标、纵坐标，$x_v(k)$、$y_v(k)$ 分别表示目前沿 x 方向和 y 方向的运动速率。目标物的运动模型可以表示为

$$\boldsymbol{X}_k=f(\boldsymbol{X}_{k-1})+\boldsymbol{w}_{k-1} \tag{4-1}$$

式中，$\boldsymbol{X}_k\in\boldsymbol{R}^n$，为 n 维的向量，表示 k 时刻系统状态向量；$f(\boldsymbol{X}_{k-1})$ 表示系统的状态转移矩阵；$\boldsymbol{w}_{k-1}$ 为运动噪声，其方差为 Q_k，服从于 $N(0,Q_k)$ 的高斯分布。

4.1.2 传感器节点观测模型

以动态移动目标物为研究对象，当目标物进入侦测区域后，目标物在到达每个状态 $\boldsymbol{X}_k$ 处可以与激活的传感器节点建立相对有效的观测。设任务节点 i 在 k 时刻获取目标物的相对观测值 $\boldsymbol{z}_k^i$，观测模型如下：

$$\boldsymbol{z}_k^i=\boldsymbol{h}^i(\boldsymbol{X}_k)+\boldsymbol{v}_k^i \tag{4-2}$$

式中

$$\boldsymbol{h}^i(\boldsymbol{X}_k)=\sqrt{[\boldsymbol{x}(k)-\boldsymbol{x}^i]^2+[\boldsymbol{y}(k)-\boldsymbol{y}^i]^2} \tag{4-3}$$

式中，$(x(k),y(k))$ 表示目标物的估计位置坐标，(x^i,y^i) 表示已知任务节点 i 的位置坐标信息。$\boldsymbol{h}^i$ 表示第 i 个传感器的观测矩阵。$\boldsymbol{v}^i\in\boldsymbol{R}^m$ 为 m 维的向量，表示第 i 个传感器的观测噪声矩阵，其方差为 R_k，服从于 $N(0,R_k)$ 的高斯分布。

4.2 自适应 SR－CKF 序贯式 WSNs 目标跟踪算法

SR－CKF 算法基于卡尔曼滤波框架，将复杂的计算通过一组等权值的容积点来代替 SR－CKF 算法，运用三阶容积准则选取 $2n$ 个具有相同权值的容积点进行近似计算，其容积点集 $(\boldsymbol{\xi}_j,w_j)$ 可表示为

$$\left.\begin{aligned}\boldsymbol{\xi}_j&=\sqrt{n}\,[1]_j,\quad j=1,2,\cdots,2n\\ w_j&=\frac{1}{2n}\end{aligned}\right\} \tag{4-4}$$

因为 WSNs 传感器节点数据处理与通信时间远远小于采样间隔时间，因此可以运用基于 SR－CKF 的序贯式滤波算法对无线传感网络覆盖区域动态目标物的系统状态进行估计和更新。该滤波算法的框图如图 4－2 所示。

(1) 预测阶段

$k-1$ 时刻，目标物状态信息都包含于容积点信息矩阵 $\boldsymbol{x}_{k-1}^j$ 中，以 $k-1$ 到 k 时

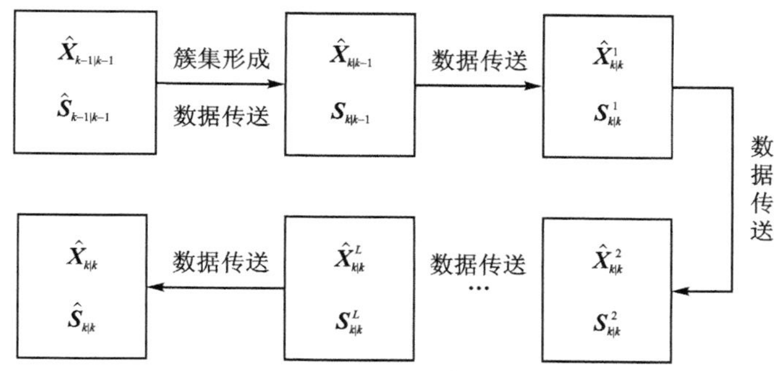

图 4-2 算法框图

刻为例，传感器节点 i 从上一个跟踪簇集最后一个传感器节点接收 $\hat{\boldsymbol{X}}_{k-1|k-1}$ 和 $\hat{\boldsymbol{S}}_{k-1|k-1}$，通过序贯式滤波算法计算预测当前时刻的目标物系统状态估计 $\hat{\boldsymbol{X}}_{k|k-1}$ 与误差协方差矩阵的平方根 $\boldsymbol{S}_{k|k-1}$。

$$\boldsymbol{x}^i_{j,k-1|k-1}=\hat{\boldsymbol{S}}_{k-1|k-1}\boldsymbol{\xi}_j+\hat{\boldsymbol{X}}_{k-1|k-1} \tag{4-5}$$

$$\boldsymbol{x}^i_{j,k|k-1}=f(\boldsymbol{x}^i_{j,k-1|k-1}) \tag{4-6}$$

式中，j 为容积点序号，$j=1,2,\cdots,m$，$m=2n$。

$$\hat{\boldsymbol{X}}_{k|k-1}=\frac{1}{m}\sum_{j=1}^{m}\boldsymbol{x}^i_{j,k|k-1} \tag{4-7}$$

$$\boldsymbol{Q}_{k-1}=\boldsymbol{S}_{Q,k-1}\boldsymbol{S}^{\mathrm{T}}_{Q,k-1} \tag{4-8}$$

$$\boldsymbol{\xi}^*_{k|k-1}=\frac{1}{\sqrt{m}}[\boldsymbol{x}^1_{j,k|k-1}-\hat{\boldsymbol{X}}_{k|k-1}\quad \boldsymbol{x}^2_{j,k|k-1}-\hat{\boldsymbol{X}}_{k|k-1}\quad \cdots\quad \boldsymbol{x}^m_{j,k|k-1}-\hat{\boldsymbol{X}}_{k|k-1}] \tag{4-9}$$

$$\boldsymbol{S}_{k|k-1}=T([\boldsymbol{\xi}^*_{k|k-1}\ \sqrt{\boldsymbol{Q}_k}]) \tag{4-10}$$

(2) 更新阶段

k 时刻处于激活状态的传感器节点观测到动态目标物的相对距离信息，根据实际观测数据计算观测向量 $\boldsymbol{z}^1_{k|k}$ 的后验概率分布，对基于 $\boldsymbol{z}^1_{k|k}$ 测量值的系统状态信息以及协方差平方根因子进行更新。

$$\boldsymbol{x}^1_{j,k|k-1}=\boldsymbol{S}_{k-1|k-1}\boldsymbol{\xi}_j+\hat{\boldsymbol{X}}_{k-1|k-1} \tag{4-11}$$

$$\boldsymbol{z}^1_{j,k|k-1}=h(\boldsymbol{x}^1_{j,k|k-1}) \tag{4-12}$$

$$\hat{\boldsymbol{z}}_{k|k-1}=\frac{1}{m}\sum_{i=1}^{m}\boldsymbol{z}^1_{j,k|k-1} \tag{4-13}$$

$$\boldsymbol{\xi}^1_{k|k-1}=\frac{1}{\sqrt{m}}[\boldsymbol{z}^1_{j,k|k-1}-\hat{\boldsymbol{z}}_{k|k-1}] \tag{4-14}$$

$$\boldsymbol{R}_k=\boldsymbol{S}_{R,k}\boldsymbol{S}^{\mathrm{T}}_{R,k} \tag{4-15}$$

$$\boldsymbol{S}^1_{zz,k|k-1}=T([\boldsymbol{\xi}^1_{k-1}\quad \boldsymbol{S}^1_{R,k}]) \tag{4-16}$$

$$\boldsymbol{\eta}_{k|k-1}^{1}=\frac{1}{\sqrt{m}}[\boldsymbol{x}_{k|k-1}^{1}-\boldsymbol{X}_{k|k-1}^{1}] \tag{4-17}$$

$$\boldsymbol{P}_{xz,k|k-1}^{1}=\boldsymbol{\eta}_{k|k-1}^{1}(\boldsymbol{\xi}_{k|k-1}^{1})^{\mathrm{T}} \tag{4-18}$$

$$\boldsymbol{W}_{k}^{1}=(\boldsymbol{P}_{xz,k|k-1}^{1}/(\boldsymbol{S}_{zz,k|k-1}^{1})^{\mathrm{T}})/\boldsymbol{S}_{zz,k|k-1}^{1} \tag{4-19}$$

$$\boldsymbol{X}_{k|k}^{1}=\boldsymbol{X}_{k|k-1}^{1}+\boldsymbol{W}_{k}^{1}(z_{k}^{1}-\hat{z}_{k|k-1}^{1}) \tag{4-20}$$

$$\boldsymbol{S}_{k|k-1}^{1}=T([\boldsymbol{\eta}_{k|k-1}^{1}-\boldsymbol{W}_{k}^{1}\boldsymbol{\xi}_{k|k-1}^{1}\boldsymbol{W}_{k}^{1}\boldsymbol{S}_{R,k}^{1}]) \tag{4-21}$$

根据实际观测数据计算观测向量 $\boldsymbol{z}_{k|k}^{2}$ 的后验概率分布，对基于 $\boldsymbol{z}_{k|k}^{2}$ 测量值的系统状态信息以及协方差平方根因子进行更新。

$$\boldsymbol{x}_{j,k|k-1}^{2}=\boldsymbol{S}_{k-1|k-1}\boldsymbol{\xi}_{j}+\hat{\boldsymbol{X}}_{k-1|k-1} \tag{4-22}$$

$$\boldsymbol{z}_{j,k|k-1}^{2}=h(\boldsymbol{x}_{j,k|k-1}^{2}) \tag{4-23}$$

$$\hat{\boldsymbol{z}}_{k|k-1}=\frac{1}{m}\sum_{i=1}^{m}\boldsymbol{z}_{j,k|k-1}^{2} \tag{4-24}$$

$$\boldsymbol{\xi}_{k|k-1}^{2}=\frac{1}{\sqrt{m}}[\boldsymbol{z}_{j,k|k-1}^{2}-\hat{\boldsymbol{z}}_{k|k-1}] \tag{4-25}$$

$$\boldsymbol{R}_{k}=\boldsymbol{S}_{R,k}\boldsymbol{S}_{R,k}^{\mathrm{T}} \tag{4-26}$$

$$\boldsymbol{S}_{zz,k|k-1}^{2}=T([\boldsymbol{\xi}_{k-1}^{2}\quad \boldsymbol{S}_{R,k}^{2}]) \tag{4-27}$$

$$\boldsymbol{\eta}_{k|k-1}^{2}=\frac{1}{\sqrt{m}}[\boldsymbol{x}_{k|k-1}^{2}-\boldsymbol{X}_{k|k-1}^{2}] \tag{4-28}$$

$$\boldsymbol{P}_{xz,k|k-1}^{2}=\boldsymbol{\eta}_{k|k-1}^{2}(\boldsymbol{\xi}_{k|k-1}^{2})^{\mathrm{T}} \tag{4-29}$$

4.3 仿真实验及分析

4.3.1 仿真环境及参数

通过 MATLAB 仿真验证所提出的 WSNs 目标跟踪算法，实验环境为一个 50 m×50 m 的 WSNs 矩形区域，包含 100 个随机稠密分布的传感器节点。假设所有传感器节点具有相同的通信半径 $r_c=10$ m、感知半径 $r_s=4$ m，传感器节点的采样时间间隔 $\Delta t=0.2$ s，网络初始化已完成，传感器节点位置已知。目标在 WSNs 矩形区域内沿着一条给定路径运动。

4.3.2 仿真结果及性能分析

在相同的实验环境下，将本书提出的基于自适应 SR－CKF 的序贯式 WSNs 目标跟踪算法与基于 SR－CKF 的 WSNs 目标跟踪算法和基于 SR－UKF 的 WSNs 目标跟踪算法进行对比，并分析了实验数据。三种算法的目标运动轨迹与观测轨迹如图 4－3 所示。

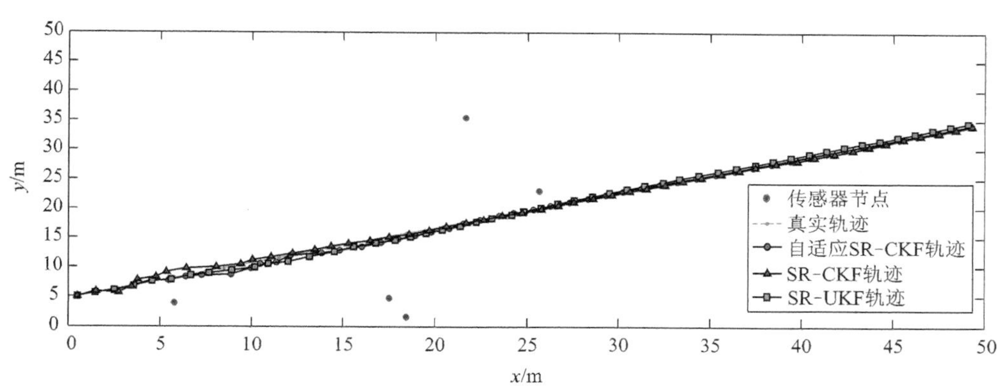

图 4－3　目标运动轨迹与观测轨迹

图 4－3 中虚线路径为目标真实行进轨迹，实线路径为目标估计路径。其中目标真实路径附近的带圆圈轨迹表示自适应 SR－CKF 算法目标估计路径，带三角形轨迹表示 SR－CKF 算法目标估计路径。带方块轨迹表示 SR－UKF 算法目标估计路径。

为了更清晰地将三种算法的实验仿真结果进行对比，将图 4－3 局部放大得到图 4－4。

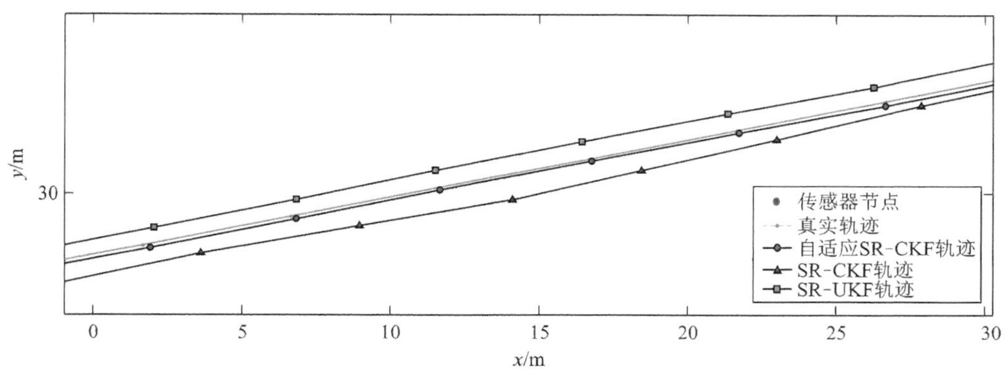

图 4－4　局部放大图

不同算法的目标估计路径与目标真实行进轨迹越接近，即表明跟踪精度越高。从图 4－3 和图 4－4 中可以看出，本书提出的基于自适应 SR－CKF 的序贯式 WSNs 目标跟踪算法目标估计路径与目标真实行进轨迹、标准 SR－CKF－WSNs 目标跟踪算法和 SR－UKF－WSNs 目标跟踪算法相比，更接近真实行进轨迹。这表明本书中提出的基于自适应 SR－CKF 的序贯式 WSNs 目标跟踪算法，对于目标轨迹估计更准确。

4.3.3　跟踪误差分析

本书采用目标真实位置与其估计位置之间的距离即目标轨迹估计时产生的均方根误差，对目标跟踪时的精度进行误差分析。

均方根误差(Root - Mean Square Error，RMSE)的计算公式为

$$\mathrm{RMSE}=\sqrt{\frac{1}{N}\sum_{k=1}^{N}\left[(x_k-\hat{x}_k)^2+(y_k-\hat{y}_k)^2\right]} \tag{4-30}$$

式中，N 为测量节点数，(x_k, y_k)为目标在 k 时刻的真实坐标信息，$(\hat{x}_k, \hat{y}_k)$为目标在 k 时刻的估计坐标信息。

由图 4 - 5 可以看出，基于 SR - UKF 的 WSNs 目标跟踪算法的估计误差最大。由于利用新息协方差匹配原则建立了针对不良观测信息的自适应 SR - CKF 并且通过动态跟踪簇节点中点到点的序贯数据通信方式，减少了无线通信过程中碰撞和干扰现象的发生，所以基于自适应 SR - CKF 的序贯式 WSNs 目标跟踪算法的误差则小于其他两种。图 4 - 6 为三种算法的平均跟踪误差对比，可以看出基于自适应 SR - CKF 的序贯式 WSNs 目标跟踪算法跟踪误差最小，精度最高，且数值滤波发散的问题能得到有效的控制，进一步验证了该算法的有效性和精确性。

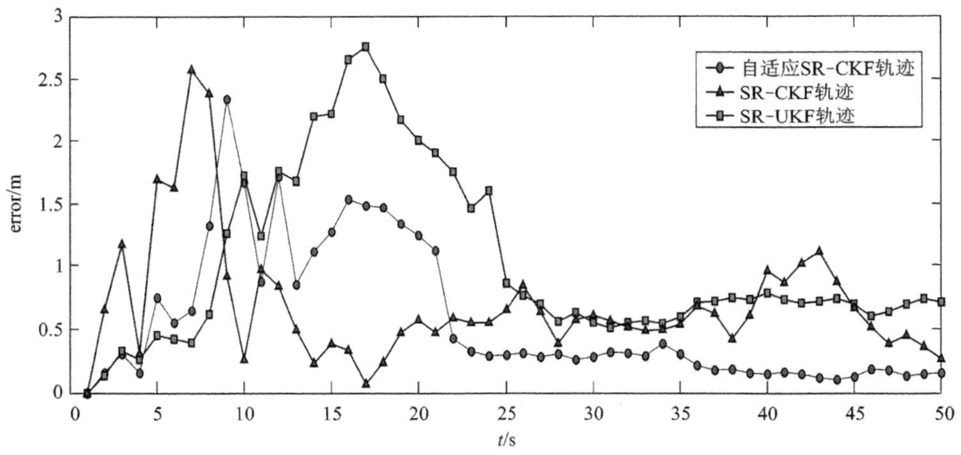

图 4 - 5　均方根误差对比

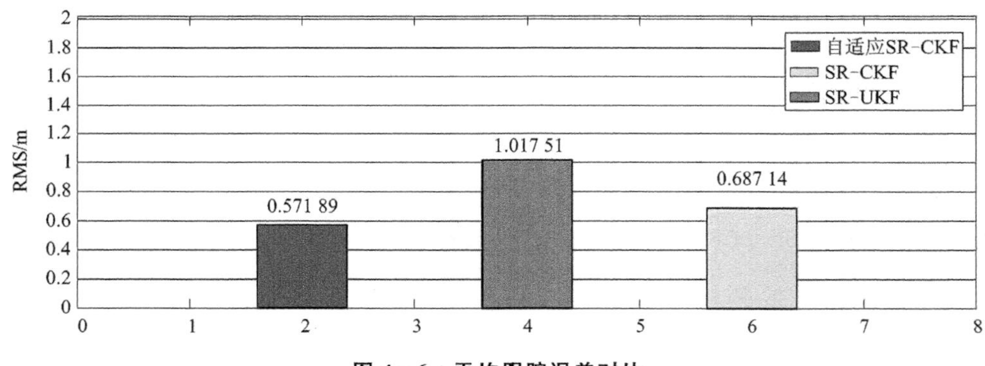

图 4 - 6　平均跟踪误差对比

4.3.4　运行时间及能耗分析

表 4－1 为三种算法 200 次仿真实验的平均运行时间，由表 4－1 可以看到，在三种算法中，序贯式 SR－UKF 的平均运行时间最长，自适应序贯式 SR－CKF 的平均运行时间要稍大于序贯式 SR－CKF。

表 4－1　三种算法平均运行时间

滤波算法	平均运行时间/s
自适应序贯式 SR－CKF	0.42
序贯式 SR－CKF	0.39
序贯式 SR－UKF	0.51

能量损耗问题在无线传感网络中至关重要，一是因为节点本身的能源供应十分有限，二是因为多数节点为一次性节点，不能再充电，从这个角度上来讲，能耗问题成了关乎传感网节点乃至整个网络生命期长短的问题。我们针对可避免能耗即冗余操作带来的能量消耗进行了仿真对比实验。图 4－7 为分别采用自适应序贯式 SR－CKF 和标准 SR－CKF 的动态簇头节点能量损耗比较。由图 4－7 可以看出，采用序贯式 SR－CKF 动态簇族节点点到点之间进行数据通信，减少了无线通信过程中碰撞和干扰现象的发生，降低了节点通信和计算的复杂度，明显降低了通信能量的损耗。

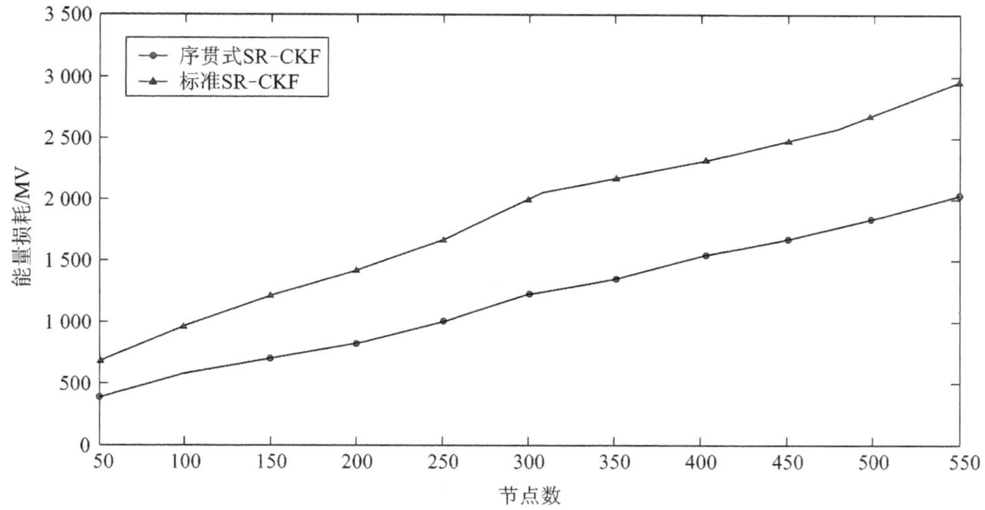

图 4－7　动态簇头节点能量损耗

4.4 本章小结

本章提出的基于自适应 SR - CKF 的序贯式 WSNs 目标跟踪算法，充分利用了 WSNs 的动态性和强大的计算能力，为无线传感网络环境下实现动态目标跟踪提供了可能。该算法将目标跟踪过程序贯式地分配到动态簇族的每一个传感器节点上，减少了无线通信过程中碰撞和干扰现象的发生，降低了节点通信和计算负担。针对系统不良观测，基于新息协方差匹配原理，引入自适应系数，建立了自适应 SR - CKF，提高了整个系统的稳定性，进一步提高了目标跟踪的精度。在大规模无线传感网络环境下对本书中提出的算法进行实验验证，将是下一步工作的重点。

第5章　基于改进CKF的WSNs与移动机器人协作定位算法

5.1　系统模型及问题描述

5.1.1　移动机器人-WSNs定位问题描述

本章研究在WSNs定位的基础上，引入机器人进行辅助，建立移动机器人与WSNs网络混合的系统模型，利用机器人强大的计算能力和机动性能，将传统锚节点与节点之间相互通信、测量的方式，衍变成机器人-节点、节点-节点，即机器人辅助配合的定位方式，实现对节点的动态定位。

5.1.2　移动机器人-WSNs系统模型

移动机器人-WSNs系统由移动机器人和大规模随机散布的n个WSNs节点组成。部分节点位置状态已知，各个节点之间可以和相邻节点进行相互测量、通信。移动机器人(Move Robot，MR)是系统中唯一可移动模块，在移动中不仅能通过自身装载的传感器得到自身运动信息，还可以观测其经过的邻节点位置状态。移动机器人-WSNs系统模型示意图如图5-1所示。

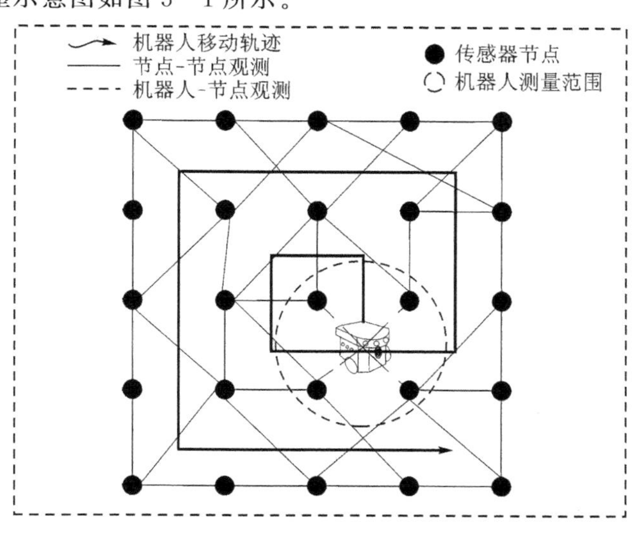

图5-1　移动机器人-WSNs系统模型示意图

整个系统中无线传感器网络覆盖区域共有 n 个节点，其中有 m 个锚节点。开始定位之前，部分节点之间进行相互通信，获得相对距离信息。假设系统中节点 M^i 和 M^j 获得的相对节点距离信息为 $d^{i,j}$，则节点之间的测量模型可表示如下：

$$z^{i,j}=d^{i,j}+\delta_k^{i,j}=\sqrt{(x^i-x^j)^2+(y^i-y^j)^2}+\delta_k^{i,j} \tag{5-1}$$

式中，$\delta_k^{i,j}$ 为节点之间的测距产生的高斯噪声。包含未知节点 j 的观测近似为下式：

$$p(z\mid M^i)\sim N[z;h(M^i,M^j),(\sigma)^2+\boldsymbol{H}^j\Sigma_j(\boldsymbol{H}^j)^{\mathrm{T}}] \tag{5-2}$$

式中，$\boldsymbol{H}^j \overset{\mathrm{def}}{=\!=} \left.\dfrac{\partial h(M^i,M^j)}{\partial M^j}\right|_{M^j=\mu^j}=h'(M^i,\mu^j)$；$\Sigma_j$、$\mu^j$ 分别为节点 j 被观测的定位估计方差和均值。节点使用邻节点的独立定位信息和节点之间的测量构成的参考定位如下式所示：

$$\begin{aligned}p(z_k^{i,j}\mid M_k^i)&=\int p(z_k^{i,j}\mid M_k^i,M_k^j)p(M_k^j\mid M_k^i)\mathrm{d}M_k^j\\&=\int p(z_k^{i,j}\mid M_k^i,M_k^j)p(M_k^j)\mathrm{d}M_k^j\end{aligned} \tag{5-3}$$

作为系统中唯一可移动的单元，机器人在到达每个状态 X_k 处可以与每个节点建立相对有效的测量，测量后可获得与节点之间的相对距离 $d_k^{r,j}$ 和相对角度 $\theta_k^{r,j}$，机器人对节点的测量模型为

$$\begin{aligned}z_k^{r,j}&=q^r(X_k,M^j)+\delta_k^r\\&=(d_k^{r,j})^T+\delta_k^r\\&=\begin{Bmatrix}\sqrt{(x^j-x_k)^2+(y^j-y_k)^2}\\ \arctan\dfrac{y^j-y_k}{x^j-x_k}-\theta_k\end{Bmatrix}+\delta_k^r\end{aligned} \tag{5-4}$$

式中，$q^r(X_k,M^j)$ 为机器人对节点的测量方程；δ_k^r 表示无线通信带来的误差，为机器人与节点间的观测高斯噪声。该测量对应的机器人-节点测量表达式可表示为

$$p(z\mid M^j)=p(z_k^{r,j}\mid M_k^j,X_k)\sim N[z;h(M_k^i,X_k),(\sigma)^2] \tag{5-5}$$

5.2 基于移动机器人辅助的改进CKF的节点定位算法

5.2.1 卡尔曼滤波在节点定位中的应用

车辆的定位导航、移动机器人与WSNs节点的定位等涉及非线性特性的系统，非线性估计算法都起着十分重要的作用，卡尔曼滤波是最常见的一种实现方式。它是一种嵌入在噪声信号中的贝叶斯序列估计，可以在高斯过程的均值和协方差上实现纯矩阵化，提升向量计算中的计算效率。但传统的卡尔曼滤波算法在估计节点位置时会随着时间的推移偏移得越来越多，这是因为无法获得那么多有用的位置估计。

此时扩展卡尔曼滤波(Extended Kalman Filter,EKF)会是一个更加灵活的工具,它引入了雅克比矩阵,围绕当前状态估计,以一种更好的方式逼近非线性的情况。但只有在系统的状态更新方程近似于非线性的情况下,定位精度才会较高。无迹卡尔曼滤波(Unscented Kalman Filter,UKF)应用于 WSNs 节点定位时,精度较 EKF 有所提高,而且算法复杂度也相当,因而受到了众多研究者的关注,但 UKF 的使用需要满足高斯分布的理想假设。另一种重要的贝叶斯滤波是基于数值积分的积分近似,此方法称为粒子滤波(Particle Filters,PF),与 EKF 和 UKF 相比,定位精度又有所提高;但由于粒子滤波需要依赖于粒子数量,通常在 WSNs 网络中具有较高的复杂度,节点难以承受这样的计算量。三种算法的对比如表 5-1 所列。2009 年 Lenkaran Arasaratnam 提出了稳定性更好、定位精度更高、算法复杂度更高的容积卡尔曼滤波算法(Cubature Kalman Filter,CKF),有研究者开始逐步将其应用于 WSNs 领域。

表 5-1 三种常用算法的性能对比图

算 法	统计特性	基本思想	精 度	计算量	使用条件
EKF	均值与方差	采用泰勒级数展开法,取一阶量近似非线性函数	一阶近似精度	大于标准卡尔曼滤波	噪声特性需符合高斯分布
UKF	均值与方差	采用 UT 变换选取 $2n+1$ 个带权值的 Sigma 点实现多维积分	二阶近似精度	与 EKF 相当	噪声特性需符合高斯分布
PF	均值与方差	采用重要性采样、重采样方法,对条件密度利用蒙特卡罗采样近似非线性状态	粒子多样性和足够多的样本能对任意分布实现高精度近似	大于 EKF 和 UKF	无噪声分布限制

5.2.2 基于改进 CKF 的辅助节点定位算法

容积卡尔曼滤波算法(CKF)的实质是测量值重构,即利用前一时刻的状态估计以及当前时刻的观测,计算出现时刻的状态变量估计,以“先预测,再实测,最后进行修正”的思想来消除随机干扰。CKF 算法的基本实现步骤如下。

(1) 时间更新

① 对 $k-1$ 时刻估计方差进行分解:

$$\boldsymbol{p}_{k-1|k-1}=\boldsymbol{S}_{k-1|k-1}\boldsymbol{S}_{k-1|k-1}^{\mathrm{T}} \tag{5-6}$$

② Cubature 点计算:

$$\boldsymbol{X}_{i,k-1|k-1}=\boldsymbol{S}_{k-1|k-1}\boldsymbol{\xi}_i+\bar{\boldsymbol{X}}_{k-1|k-1} \tag{5-7}$$

③ Cubature 点传播:

$$\boldsymbol{X}_{i,k-1|k-1}^{*}=g(\boldsymbol{X}_{i,k-1|k-1}) \tag{5-8}$$

④ 求得预测状态和预测协方差：

$$\left.\begin{aligned}\bar{\boldsymbol{X}}_{k,k-1}&=\frac{1}{2n}\sum_{i=1}^{2n}\boldsymbol{X}_{i,k-1|k-1}^{*}\\ \boldsymbol{P}_{k,k-1}&=\frac{1}{2n}\sum_{i=1}^{2n}\boldsymbol{X}_{i,k-1|k-1}^{*}\boldsymbol{X}_{i,k-1|k-1}^{*}-\bar{\boldsymbol{X}}_{k-1|k-1}\bar{\boldsymbol{X}}_{k-1|k-1}^{\mathrm{T}}+\boldsymbol{Q}_{k-1}\end{aligned}\right\} \tag{5-9}$$

(2) 量测更新

① 对预测协方差矩阵进行分解得到

$$\boldsymbol{p}_{k|k-1}=\boldsymbol{S}_{k|k-1}\boldsymbol{S}_{|k|k-1}^{\mathrm{T}} \tag{5-10}$$

计算 Cubature 点、Cubature 点的传播：

$$\boldsymbol{X}_{i,k|k-1}=\boldsymbol{S}_{k|k-1}\boldsymbol{\xi}_{i}+\bar{\boldsymbol{X}}_{k|k-1} \tag{5-11}$$

$$\boldsymbol{Z}_{i,k|k-1}=g(\boldsymbol{X}_{i,k|k-1}) \tag{5-12}$$

② 量测估计值计算：

$$\hat{\boldsymbol{Z}}_{k|k-1}=\frac{1}{2n}\sum_{i=1}^{2n}\boldsymbol{Z}_{i,k|k-1} \tag{5-13}$$

③ 计算更新后的量测误差方差：

$$\boldsymbol{P}_{zz,k,k-1}=\frac{1}{2n}\sum_{i=1}^{2n}\boldsymbol{Z}_{i,k|k-1}\boldsymbol{Z}_{i,k|k-1}-\hat{\boldsymbol{Z}}_{k|k-1}\hat{\boldsymbol{Z}}_{k|k-1}^{\mathrm{T}}+\boldsymbol{R}_{K} \tag{5-14}$$

④ 计算协方差：

$$\boldsymbol{P}_{zz,k,k-1}=\frac{1}{2n}\sum_{i=1}^{2n}\boldsymbol{X}_{i,k|k-1}\boldsymbol{Z}_{i,k|k-1}^{\mathrm{T}}-\bar{\boldsymbol{X}}_{k|k-1}\hat{\boldsymbol{Z}}_{k|k-1}^{\mathrm{T}} \tag{5-15}$$

⑤ 计算卡尔曼滤波增益：

$$\boldsymbol{K}_{k}=\boldsymbol{P}_{xz,k|k-1}\boldsymbol{P}_{zz,k|k-1}^{-1} \tag{5-16}$$

因此，状态向量和相应的估计协方差为

$$\left.\begin{aligned}\bar{\boldsymbol{X}}_{k|k}&=\bar{\boldsymbol{X}}_{k|k-1}+\boldsymbol{K}_{k}(\boldsymbol{Z}_{k}-\hat{\boldsymbol{Z}}_{k|k-1})\\ \boldsymbol{P}_{k|k}&=\boldsymbol{P}_{k|k-1}-\boldsymbol{K}_{k}\boldsymbol{P}_{zz,k|k-1}\boldsymbol{K}_{k}^{\mathrm{T}}\end{aligned}\right\} \tag{5-17}$$

5.2.3 基于 GM-CKF 的辅助节点定位算法

机器人在 WSNs 环境中移动时，可以建立与节点之间的观测约束，在一定程度上可以有效缓解 WSNs 节点稀疏导致的定位难度，还可以对已经产生节点自定位的位置误差进行修正。机器人端发送的数据包括时间 k、机器人当前位置 X_k、与邻节点建立的定位信息 M_k^i、对邻节点的测量 $z_k^{r,i}$。设机器人当前的位置为 X_k，最大观测范围为 R，如果机器人在 k 时刻未观测到节点位置，则此时节点分布定位保持不变。如果机器人收到了来自节点的位置信息，则其与未知节点之间的相对距离应小于或等于最大传输距离，即 $d_k^{r,j}\leqslant R$。通过移动机器人在不同位置的观测，每个节点可以得到一系列关于自身位置的不等式约束：

$$r_j \leqslant d_k^{r,j} \leqslant R, \quad j=1,2,3,\cdots,n$$

由此可以产生多约束的不等式组，通过最小化

$$\min\sum_j [d_k^{r,j}-r_j)^2+(d_k^{r,j}-R_j)^2]+\delta_k^r \tag{5-18}$$

得到最佳位置逼近，此时对应的状态空间方程为

$$\left.\begin{aligned} \boldsymbol{X}_k &= g(\boldsymbol{X}_{k-1},\boldsymbol{u}_k)+\boldsymbol{\varepsilon}_k \\ \boldsymbol{Z}_k &= q^r(\boldsymbol{X}_k,\boldsymbol{M}_k^j)+\boldsymbol{\delta}_k^r \end{aligned}\right\} \tag{5-19}$$

式中，$\boldsymbol{X}_k$ 表示 k 时刻系统的状态，$\boldsymbol{Z}_k$ 表示 k 时刻对节点 j 的观测值，$\boldsymbol{\varepsilon}_k$ 表示传感区域内因环境导致的位置观测噪声，$\boldsymbol{\delta}_k^r$ 表示无线射频观测产生的高斯噪声，分别服从关于 $N(0,Q_k)$和 $N(0,R_k)$的高斯分布。

机器人对节点状态估计的计算量会随时间呈级数增长，因此当节点和机器人观测都符合近似高斯分布时，将滤波初始时刻的观测估计区间$[a,b]$等比例划分为公比为 $q=\sqrt[n]{\dfrac{b}{a}}$ 的 n 个高斯分量，每个分量可以作为一个子滤波器，对应的先验均值和标准差可表示为

$$\bar{x}=a\,\frac{q^{i-1}+q^i}{2},\quad \sigma_{x_i}=a\,\frac{q^{i-1}-q^i}{2},\quad i=1,2,\cdots,n \tag{5-20}$$

每个滤波器的状态和协方差估计都可以通过 CKF 算法中的 9 步进行更新。

以容积点 i 为例，当计算各容积点的先验估计时，如下式所示：

$$\boldsymbol{X}_{i,k-1|k-1}=\boldsymbol{S}_{k-1|k-1}\boldsymbol{\xi}_i+\bar{X}_{k-1|k-1} \tag{5-21}$$

每个容积点经非线性运动方程传播后可以得到机器人 $k-1$ 时刻的位置信息，以及机器人 k 时刻的运动信息，并预测 k 时刻机器人的位置信息。根据容积变换式

$$I=\int f(y)N(y;\mu,\Sigma)\,\mathrm{d}y \approx \frac{1}{2n_y}\Sigma f(\sqrt{\Sigma}\xi_i+\mu) \tag{5-22}$$

可得

$$\bar{X}_{k,k-1}=\frac{1}{2n}\sum_{i=1}^{2n}\boldsymbol{X}_{i,k-1|k-1}^{*} \tag{5-23}$$

由机器人状态信息 $\boldsymbol{S}_{k-1}$ 和运动信息增广为高斯噪声变量，而每个高斯分量的初始权值与子区间大小成正比，即 $\omega_0^i=\dfrac{x_i-x_{i-1}}{b-a}$。通过贝叶斯理论，得到 k 时刻第 n 个分量的权重为

$$\omega_k(n)=\frac{p(z_k\mid x_k,i)\omega_{k-1}^i}{\sum\limits_i^n p(z_k\mid x_k,i)\omega_{k-1}^i} \tag{5-24}$$

式中，$p(z_k|x_k,i)$为第 n 个分量对应的似然函数，可表示为

$$p(z_k \mid x_k, i)=\frac{1}{\sqrt{2\pi\sigma_i^2}}\exp\left[-\left(\frac{1}{2}\ \frac{z_k-\hat{z}_{k|k-1}^i}{\sigma_i}\right)^2\right] \tag{5-25}$$

式中，σ_i 和 $\hat{z}_{k|k-1}^i$ 为第 i 个高斯分量的协方差和预测量，则最终计算估计输出可表示为高斯分量的参数加权和，即

$$\left.\begin{aligned}\bar{\boldsymbol{X}}_{k|k}&=\sum_i^n \omega_k^i \bar{\boldsymbol{X}}_k^i\\ \boldsymbol{P}_{k|k}&=\sum_i^n \omega_k^i[\boldsymbol{P}_{k|k}+(\bar{\boldsymbol{X}}_{k|k}^i-\bar{\boldsymbol{X}}_{k|k})(\bar{\boldsymbol{X}}_{k|k}^i-\bar{\boldsymbol{X}}_{k|k})^{\mathrm{T}}]\end{aligned}\right\} \tag{5-26}$$

5.2.4　仿真实验及分析

1. 仿真环境及参数

在 MATLAB 平台下进行仿真验证，设置为一个 25 m×25 m 的平面区域，包含 25 个均匀分布的节点，其中部分节点未知。假设机器人移动的起始位置为(15,10)，与节点的通信半径 $R=5$ m，机器人以 0.2 m/s 按指定路径匀速运动，其间与节点每隔 1 s 进行一次相互通信和观测。

2. 仿真结果及性能分析

仿真实验中，将基于 WSNs 锚节点的自定位法、机器人辅助下的 MR－WSNs 协作定位法与基于移动机器人辅助的 MR－WSNs－GMCKF 协作定位法进行对比，并分析实验数据。仿真定位结果如图 5－2～图 5－4 所示，“○”表示节点原始位置，黑色“▼”为基于锚节点的定位结果，如图 5－3 所示。

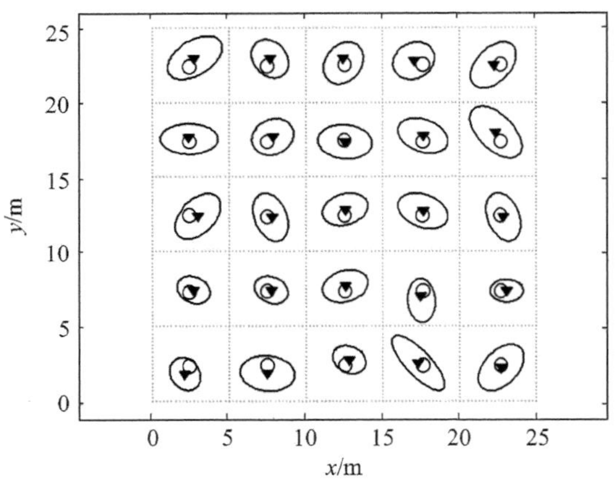

图 5－2　WSNs 仿真定位结果

如图 5－3 所示，机器人按照预先设定的行进轨迹进行运动，并建立与 WSNs 之间的测量交互，“◯”表示机器人的观测范围，“◯”为机器人辅助下 MR－WSNs 的定位结果。

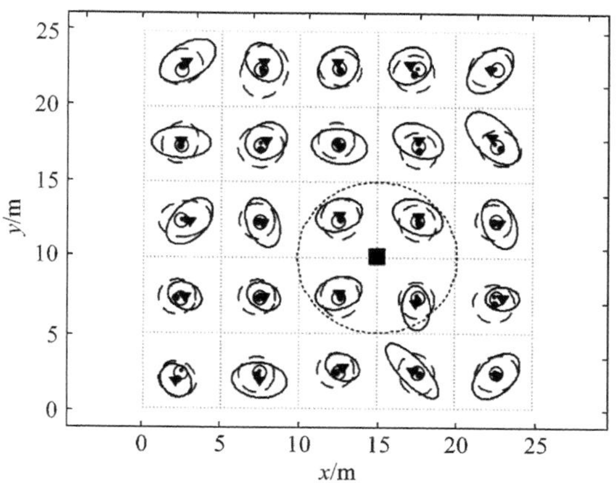

图 5－3　MR－WSNs 仿真定位结果

如图 5－4 所示，"⧵"为机器人辅助下基于 GM－CKF 的 MR－WSNs－GMCKF 协作定位结果。不同方法的估计位置与节点的实际位置偏差越小，则表现为定位精度越高，位置越精确。

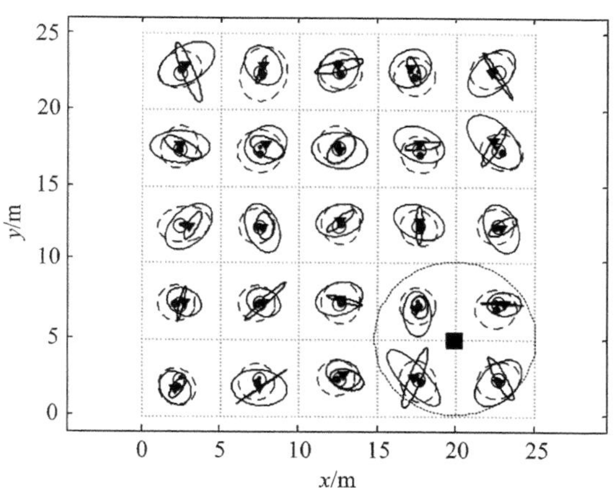

图 5－4　MR－WSNs－GMCKF 仿真定位结果

本章研究采用节点位置估计时产生的均方根误差对定位的精度进行误差分析：

$$\mathrm{RMSE}=\sqrt{\frac{1}{N}\sum_{k=1}^{N}\parallel \mu_t^i-\mu^i \parallel} \tag{5-27}$$

式中，N 为 t 时刻机器人观测到节点的数量，μ_t^i 表示算法估计出的节点预测位置，μ^i 为节点的真实位置。

图 5－5 为 WSNs、MR－WSNs 和 MR－WSNs－GMCKF 三种方法在相同环境下估计误差的对比曲线。

从仿真结果图 5－2～图 5－4 可以看出，WSNs 的误差最大，MR－WSNs－GM-

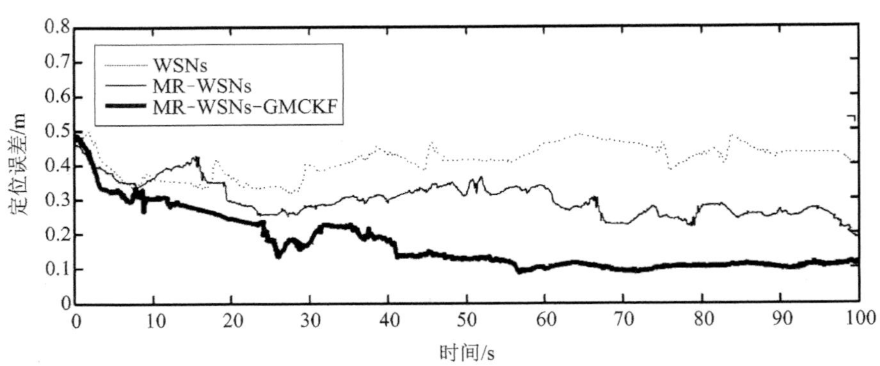

图 5-5　三种方法误差对比图

CKF 的误差则小于其他两种，原因是其采用了多约束预估和高斯加权合并的策略，减小了非线性影响。从图 5-5 也可以看出，MR-WSNs-GMCKF 的定位误差较小，精度较高，且数值滤波发散的问题得到一定的控制，验证了 MR-WSNs-GM-CKF 方法的有效性和精确性。表 5-2 为三种方法的误差分析。

表 5-2　三种方法仿真实验数据统计

定位方法	平均误差/m	最大误差/m	最小误差/m
MR-WSNs-GMCKF	0.142 1	0.492 2	0.095 2
MR-WSNs	0.283 5	0.493 8	0.214 4
WSNs	0.410 2	0.506 7	0.323 6

通过仿真结果可以看出，本章中所提出的移动机器人-节点、节点-节点辅助定位方法可以实现对节点的位置估计，采用多约束预估、基于高斯分割和加权策略的 GM-CKF 算法，能够有效提高定位精度。

5.3　WSNs 环境下基于改进 CKF 算法的移动机器人定位算法

5.3.1　WSNs 环境下移动机器人定位研究

1. WSNs 环境下移动机器人定位问题描述

WSNs 环境下移动机器人定位问题的实质是：机器人利用 WSNs 节点的观测以及自身传感器对环境特征的观测，将测量数据进行融合，获得局部位置信息，并利用带有门限判别和选择性高斯分割的 CKF 算法，对机器人的预估位置实施预测修正，进而计算出自身精确定位的过程。定位系统如图 5-6 所示。

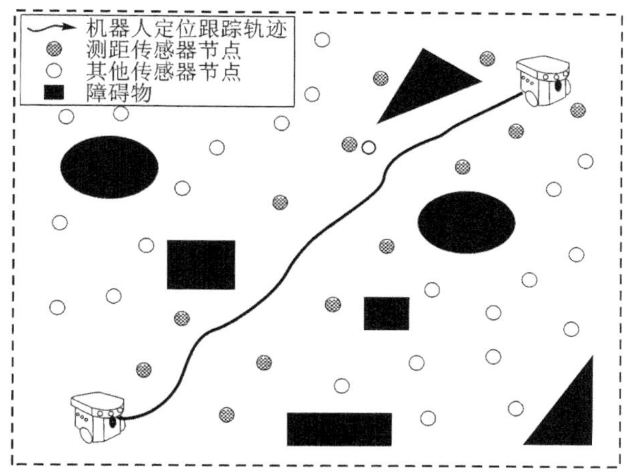

图 5-6　WSNs 环境下机器人定位系统示意图

2. WSNs 环境下移动机器人定位系统建模

整个定位系统由大规模随机散布的 n 个 WSNs 节点和移动机器人组成，后者是整个协作定位系统中唯一可移动的模块，在移动中不仅能通过自身装载的传感器得到自身运动信息，还可以通过与 WSNs 交互获得实时位置信息。以轮式移动机器人为研究目标，机器人在到达每个状态 $\boldsymbol{X}_k$ 处，每个节点可以与之建立相对有效的观测，测量后可获得节点与机器人的相对距离 $d_k^{i,r}$ 和相对角度 $\theta_k^{i,r}$。节点对机器人的测量模型为

$$\begin{aligned} \boldsymbol{z}_k^{i,r} &= g(\boldsymbol{M}^i, \boldsymbol{X}_k) + \boldsymbol{\delta}_k \\ &= (d_k^{i,r}, \theta_k^{i,r})^{\mathrm{T}} + \boldsymbol{\delta}_k \\ &= \begin{Bmatrix} \sqrt{(x^i - x_k)^2 + (y^i - y_k)^2} \\ \arctan \dfrac{y^i - y_k}{x^i - x_k} - \theta_k \end{Bmatrix} + \boldsymbol{\delta}_k \end{aligned} \tag{5-28}$$

式中，$g(\boldsymbol{M}^i, \boldsymbol{X}_k)$ 为节点对机器人的测量方程；$\boldsymbol{\delta}_k$ 表示无线通信带来的误差，为节点与机器人间的观测高斯噪声。

WSNs 环境为静态网络，对应的状态转移方程为单位矩阵，因此系统的状态方程可简化为移动机器人的运动模型，即机器人的自身运动控制量，可表示为

$$\begin{aligned} \boldsymbol{X}_k &= f(\boldsymbol{u}_k, \boldsymbol{X}_{k-1}) + \boldsymbol{\varepsilon}_k \\ &= \begin{Bmatrix} x_k = x_{k-1} + \Delta d \cos(\theta_{k-1} + \Delta\theta_k) \\ y_k = y_{k-1} + \Delta d \sin(\theta_{k-1} + \Delta\theta_k) \\ \theta_k = \theta_{k-1} + \Delta\theta_k \end{Bmatrix} + \boldsymbol{\varepsilon}_k \end{aligned} \tag{5-29}$$

式中，x_k、y_k、θ_k 分别表示机器人在到达每个状态 $\boldsymbol{X}_k$ 处对应的坐标与姿态角，k 时刻的运动输出 $\boldsymbol{u}_k = [\Delta d, \Delta\theta_k]$中 Δd 表示机器人在$[k, k+1]$时刻的运动距离，$\Delta\theta_k$ 为偏

移的角度。

与一般机器人定位问题不同的是：WSNs 环境下，定位观测融合了 WSNs 的观测信息与移动机器人自身的运动控制量。因而 WSNs 环境下移动机器人定位问题的观测模型可表示为

$$\left.\begin{aligned} \boldsymbol{X}_k &= f_k(\boldsymbol{X}_{k-1}, \boldsymbol{u}_k) + \boldsymbol{\varepsilon}_k \\ \boldsymbol{Z}_k &= g_k(\boldsymbol{X}_k, \boldsymbol{N}_k) + \boldsymbol{\delta}_k \end{aligned}\right\} \tag{5-30}$$

式中，$\boldsymbol{X}_k$ 为 k 时刻系统的状态，$\boldsymbol{Z}_k$ 为 k 时刻节点对机器人的观测值，$f_k(\boldsymbol{X}_{k-1}, \boldsymbol{u}_k)$ 为机器人的运动函数方程，$\boldsymbol{\varepsilon}_k$ 为传感区域内因环境导致的位置观测噪声，$g_k(\boldsymbol{X}_k, \boldsymbol{N}_k)$ 为节点对机器人的测量方程，$\boldsymbol{\delta}_k$ 为无线射频观测产生的高斯噪声，$\boldsymbol{\varepsilon}_k$、$\boldsymbol{\delta}_k$ 分别为服从关于 $N(0, Q_k)$ 和 $N(0, R_k)$ 的高斯分布。

5.3.2 CKF 算法改进思想

机器人在到达每个状态 $\boldsymbol{X}_k$ 处，WSNs 传感器节点和机器人自身携带的传感器计算量都会随时间呈级数增长，因此当节点对机器人的观测和机器人自身对环境特征的观测都符合近似高斯分布时，将滤波初始时刻的观测估计区间 $[a, b]$ 等比例划分成公比为 $q=\sqrt[n]{\dfrac{b}{a}}$ 的 n 个高斯分量，每个分量可以作为一个子滤波器，每个滤波器的状态和协方差估计均可以通过如图 5-7 所示的 CKF 更新步骤流程图进行更新。

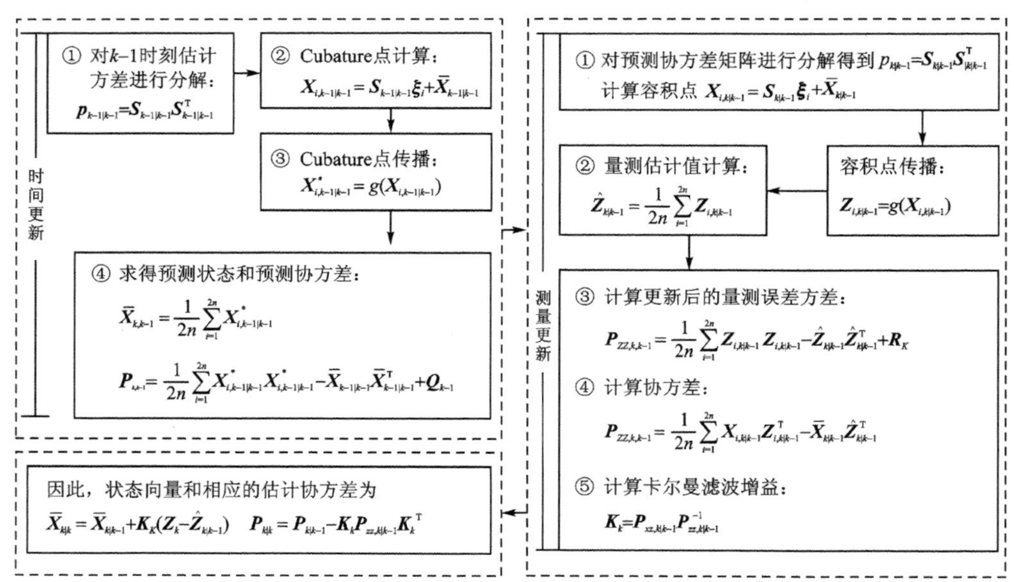

图 5-7 CKF 更新步骤流程图

通过研究发现，每个滤波器的初始权值与子区间大小成正比，即 $\omega_0^i=\dfrac{x_i-x_{i-1}}{b-a}$。

根据贝叶斯理论，得到 k 时刻第 n 个高斯分量（子滤波器）的权重为

$$\omega_k(n)=\frac{p(z_k \mid x_k,i)\omega_{k-1}^i}{\sum_i^n p(z_k \mid x_k,i)\omega_{k-1}^i} \tag{5-31}$$

式中，$p(z_k|x_k,i)$为第 n 个分量对应的似然函数，可表示为

$$p(z_k \mid x_k,i)=\frac{1}{\sqrt{2\pi\sigma_i^2}}\exp\left[-\left(\frac{1}{2}\frac{z_k-\hat{z}_{k|k-1}^i}{\sigma_i}\right)^2\right] \tag{5-32}$$

式中，σ_i 和 $\hat{z}_{k|k-1}^i$ 为第 i 个高斯分量的协方差和预测量。于是可以再通过含高斯分量的似然函数，对子滤波器的权重进行求精。通过设置权限 γ_w 可以将权限为 0 或接近 0 的子滤波器进行移除。又由于机器人动态性较强，在每一时刻线性度有所不同，于是引入了全局非线性程度判别量：

$$\eta_k^i=\sqrt{1-\frac{\mathrm{tr}[\boldsymbol{P}_{\alpha\beta,k|k-1}^i(\boldsymbol{P}_{k|k-1}^i)^{-1}(\boldsymbol{P}_{\alpha\beta,k|k-1}^i)^{\mathrm{T}}]}{\mathrm{tr}(\boldsymbol{P}_{\beta\beta,k|k-1}^i)}} \tag{5-33}$$

式中，$\eta_k^i\in[0,1]$，$\boldsymbol{P}_{\alpha\beta,k|k-1}^i$ 为 $\alpha_{j,k,k-1}^i$ 和 $\beta_{j,k,k-1}^i$ 的互协方差，$\boldsymbol{P}_{\beta\beta,k|k-1}^i$ 为 $\beta_{j,k,k-1}^i$ 的方差。再设置非线性程度较高的权值门限 γ_n，如果 η_k^i 超过 γ_n，就认为该时刻此子滤波器的非线性程度较高，将此预测分为 n 个高斯密度和：

$$N(x_k;x_{k|k-1}^i,P_{k|k-1}^i)\approx\sum_1^n w_{k-1}^{i,n}N(x_k;x_{k|k-1}^{i,n},P_{k|k-1}^{i,n}) \tag{5-34}$$

式中，$x_{k|k-1}^{i,n}$ 为进行选择性高斯分割后第 n 个分量的预测均值，$P_{k|k-1}^{i,n}$ 为其对应的协方差。反之，如果非线性程度未超过 γ_n，则不分割。

考虑到每个子滤波器的第 n 个分割密度在 k 时刻会产生观测残余量，则有

$$s_k^{i,n}=\hat{z}_k^{i,n}-z_k \tag{5-35}$$

观测的残余量是由观测的异常误差导致的，因此可以利用残余量的大小来判断是否存在异常误差，然后根据异常误差的数值来进一步调整新的协方差，降低异常误差所对应的权值。新的加权协方差如下：

$$\bar{P}_{zz,k|k-1}^{i,n}=\frac{1}{2n}\sum_i^{2n}\bar{\omega}_k^{i,n}[P_{k|k}+(\bar{\boldsymbol{X}}_{k|k}^i-\bar{\boldsymbol{X}}_{k|k})(\bar{\boldsymbol{X}}_{k|k}^i-\bar{\boldsymbol{X}}_{k|k})^{\mathrm{T}}]+\bar{\sigma}_z^2 \tag{5-36}$$

式中，$\bar{\sigma}_z^2=\sigma_z^2/\bar{w}_k^{i,n}$ 代表异常误差存在时干扰分布的方差，$\bar{\omega}_k^{i,n}$ 为等价权值函数。而当非线性滤波算法中权值为 0 时，会使得协方差矩阵无限大，无法进行有效滤波。通过分段的 Danish 函数可以对最小权值进行限制，函数如下：

$$\bar{\omega}_k^{i,n}=\begin{cases}1, & |s_k^{i,n}|<p_0\\ \exp[1-(|s_k^{i,n}|/p_0)^2], & p_0<|s_k^{i,n}|\end{cases} \tag{5-37}$$

式中，$s_k^{i,n}$ 为观测残余量，p_0 代表对异常误差的敏感程度，则最终计算估计输出可表示为高斯分量的参数加权和，即

$$\left.\begin{aligned} \bar{\boldsymbol{X}}_{k|k} &= \sum_{i}^{n} \omega_{k}^{i} \bar{\boldsymbol{X}}_{k}^{i} \\ P_{k|k} &= \sum_{i}^{n} \omega_{k}^{i} [P_{k|k} + (\bar{\boldsymbol{X}}_{k|k}^{i} - \bar{\boldsymbol{X}}_{k|k})(\bar{\boldsymbol{X}}_{k|k}^{i} - \bar{\boldsymbol{X}}_{k|k})^{\mathrm{T}}] \end{aligned}\right\} \tag{5-38}$$

基于 GM－CKF 的定位算法在更新过程中，可以将当前时刻的高斯分量在进行判别后进行数据融合，作为下一个时刻的计算输入量。这样使得该算法的运算量更少，有效性和可靠性也得到提高。

5.3.3　WSNs 环境下移动机器人定位算法实现流程

在 WSNs 环境下由于移动机器人可以周期性地发布自身位置信息，因而可以不断地进行位置信息更新；由于观测只能提供一维的信息，所以无法从某一次的测量中获得足够多的约束，机器人收到多个来自建立通信节点的信息后，建立观测距离集合及位置坐标集合，并利用多约束不等式组求取估计位置。接收到节点的观测和自身的定位信息进行对比处理后，利用 GM－CKF 滤波算法对定位进一步求精，从而提高定位精度。该算法的流程图如图 5－8 所示。

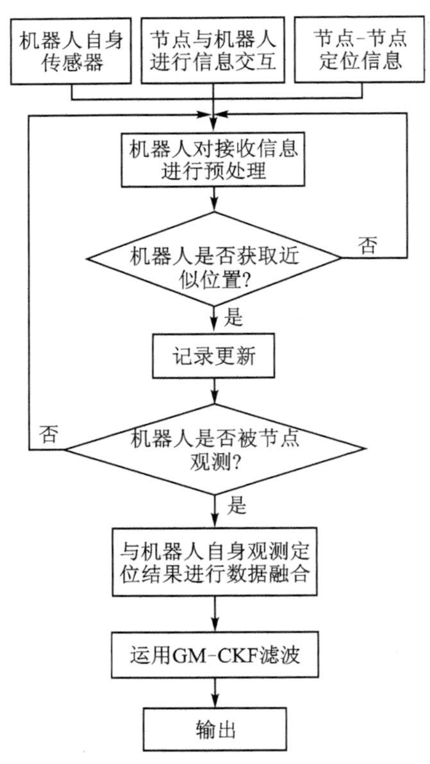

图 5－8　WSNs 环境下基于 GM－CKF 滤波的定位算法流程图

5.3.4　仿真实验及分析

1. 仿真环境及参数

仿真环境为一个 100 m×100 m 的平面区域，包含 36 个随机分布的 WSNs 节点。机器人以 0.4 m/s 的恒定速度按指定位置运动，其间与节点每隔 1 s 进行一次相互通信和测量。假设进行迭代估计的初始位置为(0,0)，并通过 MATLAB 平台进行仿真分析。

2. 仿真结果及性能分析

仿真实验中，将机器人自定位法、WSNs 辅助下的 WSNs－MR 协作定位法与 WSNs 环境下基于改进容积卡尔曼滤波的 WSNs－GMCKF－MR 定位法进行对比，并分析实验数据。仿真定位结果如图 5－9、图 5－10 所示，灰色实线“”为机器人行进的实际轨迹，黑色实线“”为基于自定位法的仿真定位结果，“△”为 WSNs 节点的位置。机器人自定位法仿真结果如图 5－9 所示。图 5－9 中节点处于关闭状态。如图 5－10 所示是 WSNs 辅助下的 WSNs－MR 协作定位仿真结果，“　”为 WSNs 开启后与机器人建立通信交互的状态。

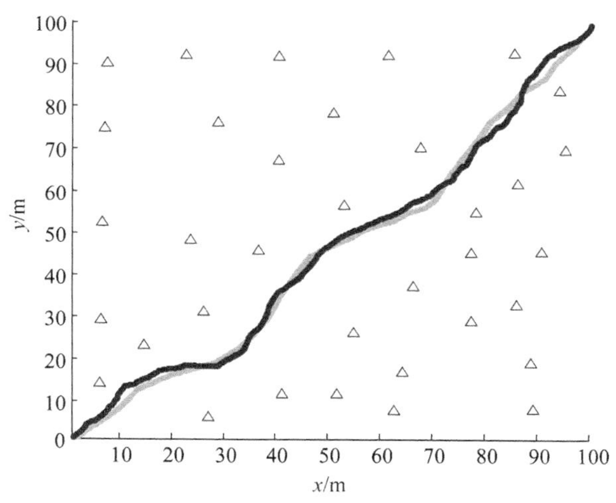

图 5－9　移动机器人自定位仿真结果

WSNs 环境下基于 GM－CKF 的 WSNs－GMCKF－MR 定位仿真结果如图 5－11 所示，“”为进行 GM－CKF 滤波的节点，虚线“”为滤波修正后的定位估计轨迹。

(1) 误差分析

图 5－12 是 MR、WSNs－MR 和 WSNs－GMCKF－MR 三种算法在相同环境下不同方向和角度的估计误差的对比曲线。其中 x 轴代表时间，y 轴代表定位估计的误差。

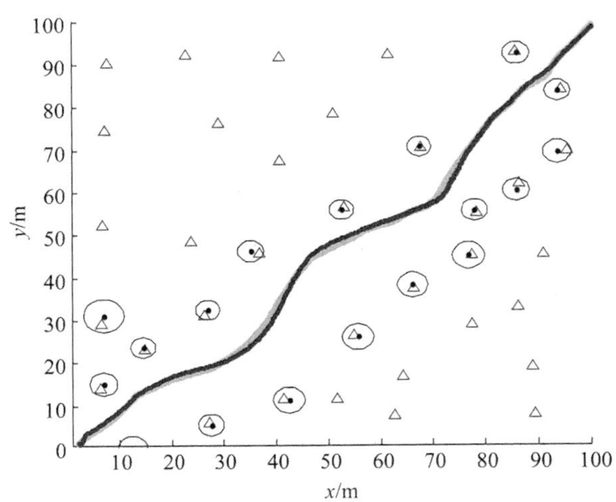

图 5 - 10　WSNs - MR 仿真定位结果

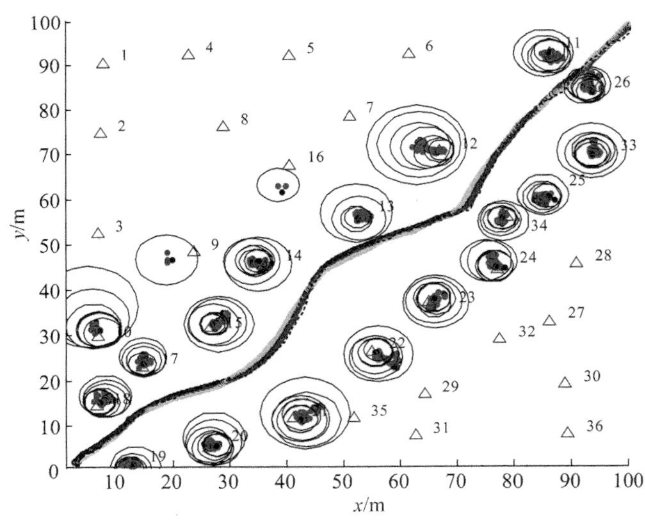

图 5 - 11　WSNs - GMCKF - MR 定位结果

从仿真结果图 5 - 12 可以看出，移动机器人自定位法的误差最大，WSN - GMCKF - MR 方法在 x 方向、y 方向和角度误差的对比上均低于其他两种，且滤波误差较为平稳，没有产生数值滤波发散的问题，在角度的误差对比中表现得更为突出。

（2）算法验证

观测过程中会产生观测噪声，但由图 5 - 12 可以看出 WSNs - GMCKF - GM 方法的波动范围和波动次数少于 MR 和 WSNs - MR 的定位方法。为了验证此现象的

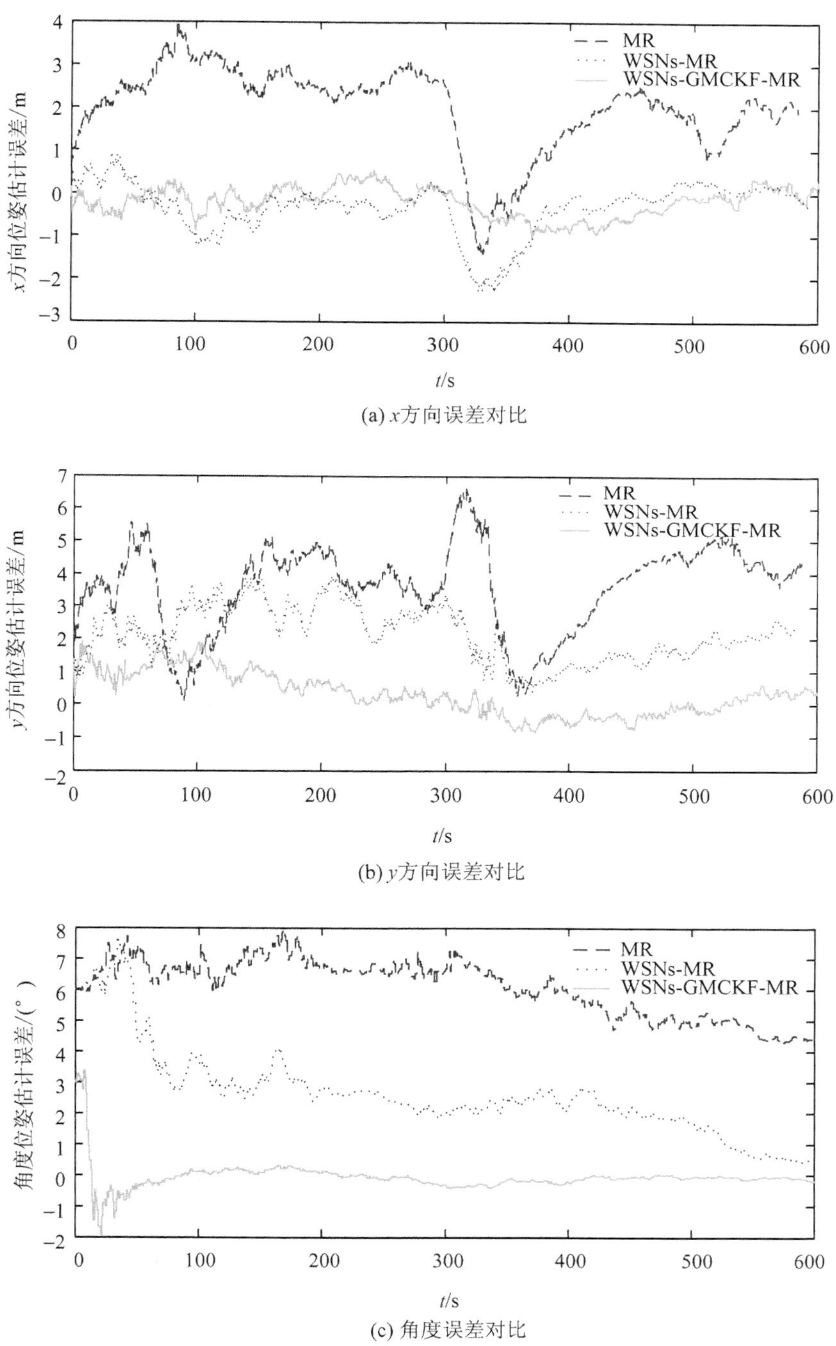

图 5-12　三种方法误差对比

有效性，进行了算法验证仿真实验。图 5-13 为三种不同算法应用于 WSNs-GM 中的仿真误差对比图。可以看出，GM-CKF 算法能正常收敛，除了起始时刻外，其他各个历元间的位置误差均较小，且没有明显的野值，与 EKF 和传统 CKF 算法相比，GM-CKF 算法的收敛速度更快，定位精度也明显提高，说明 GM-CKF 这种非线性滤波能够用于处理含高斯噪声的定位模型。

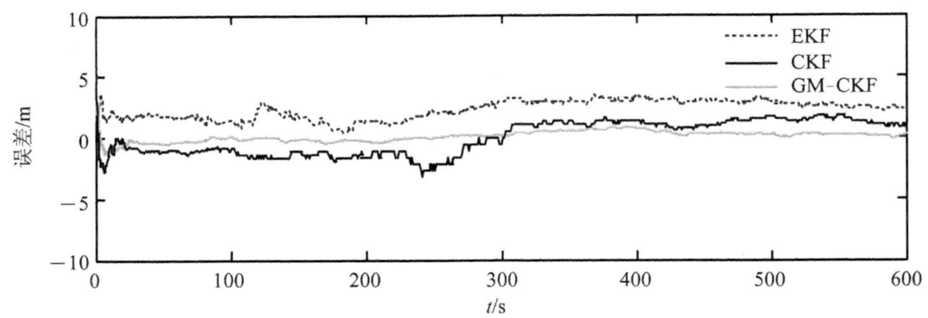

图 5-13　三种算法误差对比

表 5-2 还给出了 EKF、CKF、GM-CKF 算法在相同实验条件下的均方根误差和运行时间。用位置估计时产生的均方根误差对定位的精度进行误差分析：

$$\text{RMSE}=\sqrt{\frac{1}{T}\sum_{k=1}^{T}[(x_k-\hat{x}_k)^2+(y_k-\hat{y}_k)^2]} \tag{5-39}$$

式中，T 为运行时间，$(\hat{x}_k,\hat{y}_k)$ 为算法估计出的预测位置，(x_k,y_k) 为机器人的真实位置。运行时间越短，则算法的复杂度也相对越低。

从表 5-3 可以看出，EKF 算法在三种算法中精度最低，运行时间也最短，CKF 算法在时间上较 EKF 有所增加，但定位精度也有了大幅提高。GM-CKF 算法虽然在运算时间上最长，但精度比标准的 CKF 算法提高了近 40%，较 EKF 算法提高得更多，且 ms 级的运算时间依然可以满足实时定位的要求。

表 5-3　三种算法 RMSE 和运行时间

算　法	RMSE/m	运行时间/s
EKF	1.325	1.589 3
CKF	0.744	1.607 2
GM-CKF	0.453	1.659 6

5.4　基于改进 CKF 算法的 WSNs 与移动机器人协作定位

5.4.1　协作定位问题描述与建模

WSNs 与移动机器人组成的协作系统可以用图 5－14 来表示，系统内各个模块(包块移动机器人与 WSNs 节点)都装备有无线通信功能和各种用于参数测量的传感器，都可以在设定的通信范围内进行信息交互与测量，进而获得定位所需的相对距离、角度等参数。本研究将 WSNs 节点和移动机器人统称为协作定位系统的组成单元，测量范围内的其他模块称为邻单元；若相邻单元是个节点，就称此节点为邻节点，相邻单元或节点之间的观测信息统称为观测信息。整个协作定位系统可以在观测范围内进行测量与交互，并进行信息共享。协作定位的系统模型如图 5－14 所示。

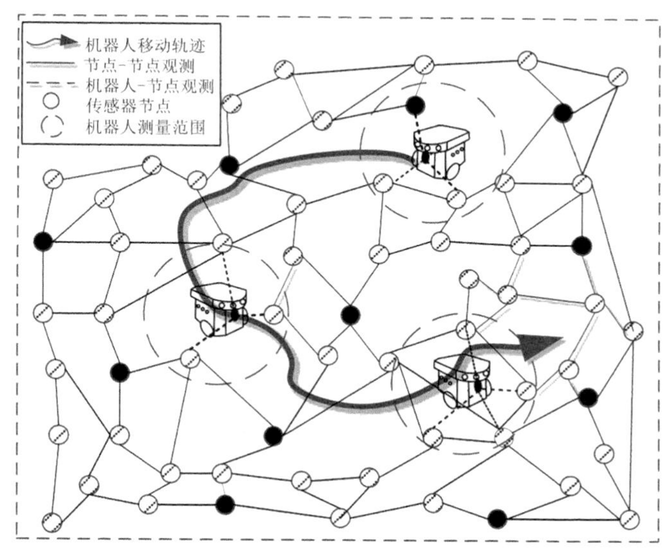

图 5－14　协作定位系统模型

假设节点随机地部署在环境中，系统中的某些节点位置未知，各个节点均可以与邻节点进行测量与交互。移动机器人是这个协作定位系统中唯一可移动的单元，机器人在移动中不仅能通过自身装载的传感器得到自身运动信息，还可以通过与 WSNs 交互获得实时位置信息，使单元内各自获得观测信息。系统内的参考定位信息包括单元的先验信息和机器人的运动与观测信息，系统内所有的观测信息都可以用来参考。这种相互协作定位方式最大的特点是，系统内各个单元除了共享参考信息外，还可以发挥各自自身的优势特点，相互配合地完成定位测量、定位计算。

WSNs-移动机器人系统的状态数学模型是分析该协作定位系统的基础，系统的状态空间方程可表示为

$$\left.\begin{array}{l} X_k = g(u_k, X_{k-1}) + \varepsilon_k \\ Z = h(X_k) + \delta_k \end{array}\right\} \tag{5-40}$$

式中，$g(u_k, X_{k-1})$为状态转移方程，$h(X_k)$为观测方程，ε_k 和 δ_k 表示无线通信带来的转移和观测高斯噪声。

1. 协作定位系统的状态转移建模

因WSNs网络为静态网络，所以由多个节点组成网络对应的状态转移方程为单位矩阵，因此系统的状态方程又可以进一步简化为移动机器人的运动模型，即机器人的自身运动控制量，可表示为

$$\begin{aligned} X_k &= f(u_k, X_{k-1}) + \varepsilon_k \\ &= \left\{\begin{array}{l} x_k = x_{k-1} + \Delta d\cos(\theta_{k-1} + \Delta\theta_k) \\ y_k = y_{k-1} + \Delta d\sin(\theta_{k-1} + \Delta\theta_k) \\ \theta_k = \theta_{k-1} + \Delta\theta_k \end{array}\right\} + \varepsilon_k \end{aligned} \tag{5-41}$$

式中，x_k、y_k、θ_k 分别表示机器人在到达每个状态 X_k 处对应的坐标与姿态角，k 时刻的运动输出 $u_k = [\Delta d, \Delta\theta_k]$中 Δd 表示机器人在$[k, k+1]$时刻的运动距离，$\Delta\theta_k$ 为偏移的角度。轮式机器人的运动模型如图5-15所示。

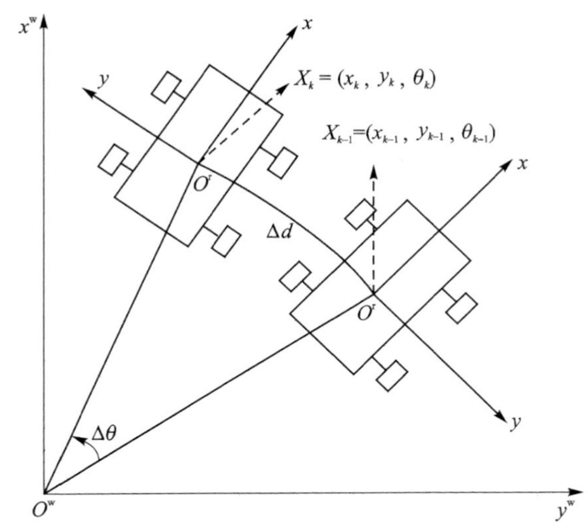

图5-15 轮式机器人运动模型

2. 协作定位系统的测量建模

协作定位系统的测量模型是单元与邻单元、节点与邻节点以及单元和节点之间的相互观测。也可以将其分为机器人-节点、节点-节点、节点-机器人三个部分。

(1) 机器人-节点

机器人在到达每个状态 X_k 处可以与每个节点建立相对有效的测量，测量后可获得与节点的相对距离 $d_k^{r,j}$ 和相对角度 $\theta_k^{r,j}$。机器人对节点的测量模型如下：

$$\begin{aligned} z_k^{r,j} &= q^r(X_k, M^j) + \delta_k^r \\ &= (d_k^{r,j}, \theta_k^{r,j})^{\mathrm{T}} + \delta_k^r \\ &= \begin{Bmatrix} \sqrt{(x^j - x_k)^2 + (y^j - y_k)^2} \\ \arctan \dfrac{y^j - y_k}{x^j - x_k} - \theta_k \end{Bmatrix} + \delta_k^r \end{aligned} \tag{5-42}$$

式中，$q^r(X_k, M^j)$ 为机器人对节点的测量方程，δ_k^r 表示无线通信带来的误差。

(2) 节点-节点

在无线传感器网络中，网络覆盖区域共有 n 个节点，其中有 m 个锚节点。开始定位之前，部分节点之间进行相互通信，获得相对距离信息。假设系统中节点 M^i 和 M^j 获得的相对节点距离信息为 $d^{i,j}$，则节点之间的测量模型可表示如下：

$$z^{i,j} = d^{i,j} + \delta_k^{i,j} = \sqrt{(x^i - x^j)^2 + (y^i - y^j)^2} + \delta_k^{i,j} \tag{5-43}$$

式中，$\delta_k^{i,j}$ 为节点之间的测距产生的高斯噪声。

(3) 节点-机器人

WSNs 节点由于考虑到能耗和成本问题，一般仅有测距功能，节点对机器人的测量模型为

$$\begin{aligned} z_k^{i,r} &= g(M^i, X_k) + \delta_k \\ &= (d_k^{i,r}, \theta_k^{i,r})^{\mathrm{T}} + \delta_k \\ &= \begin{Bmatrix} \sqrt{(x^i - x_k)^2 + (y^i - y_k)^2} \\ \arctan \dfrac{y^i - y_k}{x^i - x_k} - \theta_k \end{Bmatrix} + \delta_k \end{aligned} \tag{5-44}$$

式中，$g(M^i, X_k)$ 为节点对机器人的测量方程，δ_k 为节点与机器人间的观测高斯噪声。

综上所述，WSNs-移动机器人系统的状态空间方程可表示为

$$\left.\begin{aligned} X_k &= g(X_{k-1}, u_k) + \varepsilon_k \\ M_k^i &= M_{k-1}^i \\ z_k^{i,r} &= g(M^i, X_k) + \delta_k \\ z_k^{i,j} &= d^{i,j} + \delta_k^{i,j} \\ z_k^{r,j} &= q^r(X_k, M^j) + \delta_k^r \end{aligned}\right\} \tag{5-45}$$

5.4.2 改进 CKF 算法的 WSNs 与移动机器人协作定位

对移动机器人所携带的 M 个测距传感器和 WSNs 网络的 N 个节点获得的测量

数据进行数据融合。当前时刻有 $M+N$ 个量测数据 $z_{k,1},z_{k,2},\cdots,z_{k,M},z_{k,M+1},\cdots,z_{k,M+N}$。为区分移动机器人传感器数据和 WSNs 节点的数据，令 $z_k^{r,j}=[\theta_k^{r,j},d_k^{r,j}]$，其中 $j=1,2,3,\cdots,M$，表示机器人携带的多个传感器获得的量测数据。$z_k^{i,j}=[\theta_k^{i,j},d_k^{i,j}]$，$j=M+1,M+2,\cdots,M+N$，表示 WSNs 节点获取或传播的量测数据。考虑到新协作系统可提供包含 N 个 WSNs 节点的观测信息、机器人的 M 个状态预测信息和 1 个系统状态预测信息，现假设新的协作定位系统在 k 时刻已经获得了如下信息：

① 系统估计预测值和预测定位误差的协方差 $\bar{X}_{i,k,k-1}$、$P_{k,k-1}$。

② 单元传感器 i 的状态预测值和定位误差协方差 $\bar{X}_{i,k,k-1}$、$P_{i,k,k-1}$。

③ 单元传感器 i 的估计值 $\bar{X}_{i,k,k}$ 及定位估计误差 $P_{i,k,k}$。

④ 多传感器全信息融合单元传感器融合系数 $M_{i,k}$。

⑤ 此时，对应的状态融合估计及估计的误差协方差为

$$\left.\begin{aligned}\bar{X}_{k|k}&=P_{k|k}\{P_{k|k-1}^{-1}\bar{X}_{k|k-1}+\sum_{i=1}^{n}M_{i,k}\times[P_{k|k}^{-1}\bar{X}_{k|k}-P_{k|k-1}^{-1}\bar{X}_{k|k-1}]\}\\P_{k|k}^{-1}&=P_{k|k-1}^{-1}+\sum_{i=1}^{n}M_{i,k}[P_{k|k}^{-1}-P_{k|k-1}^{-1}]\end{aligned}\right\}\tag{5-46}$$

根据信息融合理论，融合的信息越多，定位估计的精确程度就越高。为此本研究基于 5.3.2 小节中算法的改进思想，以 CKF 的更新框架实现对 WSNs 节点和移动机器人进行相互辅助的协作定位，并将滤波更新后的结果作为最终的量测信息，再建立全信息融合方法，实现多传感器的最优融合估计，如图 5-16 所示。

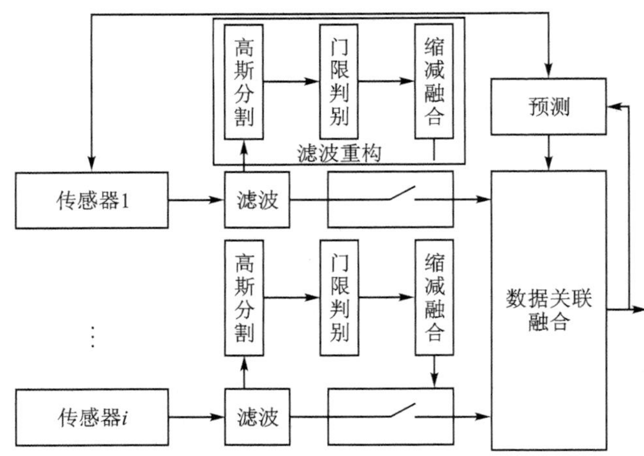

图 5-16 基于 GM-CKF 定位算法框图

5.4.3 仿真实验及分析

1. 仿真环境及参数

本章通过仿真实验对前述的 WSNs 与移动机器人协作的定位方法，同传统的

节点、移动机器人自定位以及融入了 EKF 算法的协作定位方式进行了误差与实时性对比分析。实验在 MATLAB 平台下运行，其中机器人的仿真参数设置如表 5－4 所列。

表 5－4　仿真参数

参　数	数　值	参　数	数　值
采样时间间隔/s	0.1	机器人最大转角/(°)	30
机器人移动速度/(m·s^{-1})	0.4	观测噪声/dB	0.15
轮间距/m	0.45	控制速度噪声/dB	0.3

20 个 WSNs 传感器节点随机分布在 100 m×100 m 的平面区域内，所有节点的通信范围与检测范围一致，均可以超过 100 m。为了能更好地通过仿真分析检验协作定位与辅助定位、传统定位的有效性，可以通过设置不同的仿真场景，进而分析不同条件下的定位结果，如机器人不启动时的 WSNs 节点自定位、节点关闭时机器人单独定位(同时定位与建图)以及 WSNs 与移动机器人协作定位。协作定位也是本章的重点，这种定位方式下，有部分位置已知，融合算法后可以获得各单元全局优化定位结果。

2. 仿真结果及误差分析

为直观地反映出文中所提出的基于改进 CKF 算法 WSNs 和移动机器人协作的定位方法与传统节点、移动机器人自定位以及融入了 EKF 算法的协作定位方式之间定位精度和有效性能的差异，将其中的部分结果使用 MATLAB 进行分析。如图 5－17 所示是三种定位方式关于机器人行走轨迹的估计和节点位置的估计。从图中可以看出，传统的定位方式在移动机器人轨迹估计时存在较大偏差，融入 GM－CKF 算法

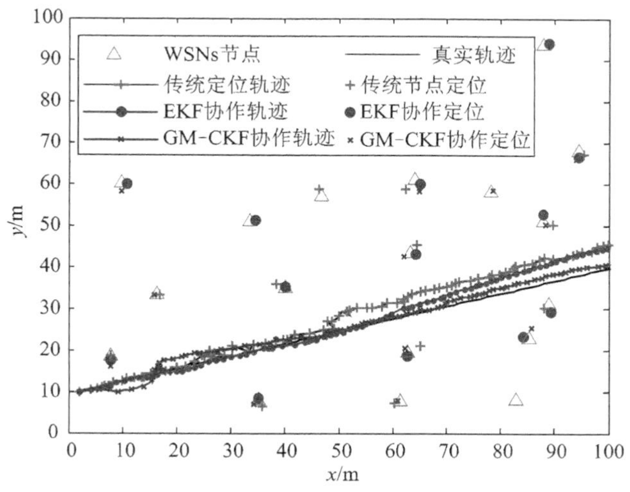

图 5－17　机器人行走轨迹节点位置的仿真估计结果

的协作定位方式则偏离实际运动路线较少。节点估计时基于 GM－CKF 算法的协作相对于 EKF 算法在协作定位中融入也表现出了较高的定位精度。

如图 5－18 所示是移动机器人在三种限定仿真环境下的定位误差，从图中可以看出，传统机器人的定位方式误差最大，经过协作定位方式再融合 EKF 算法后，定位精度有了一定的提高，但随着时间的增加，误差也随之增大。相比之下，GM－CKF 算法在协作定位中除了有较好的定位精度外，收敛速度也有了一定的提高。

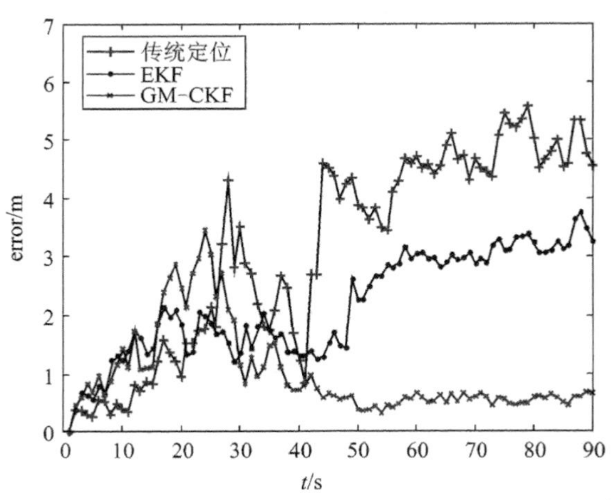

图 5－18　移动机器人在三种限定仿真环境下的定位误差图

协作定位包括移动机器人与 WSNs 节点两个对象，在移动机器人的运动轨迹得到有效估计的同时也会进行节点的定位估计。节点的平均定位误差如图 5－19 所示，基于 GM－CKF 算法的协作定位节点平均定位误差较传统的基于锚节点的自定位方式有了明显改善，相同仿真条件下较 EKF 算法也有所提高。

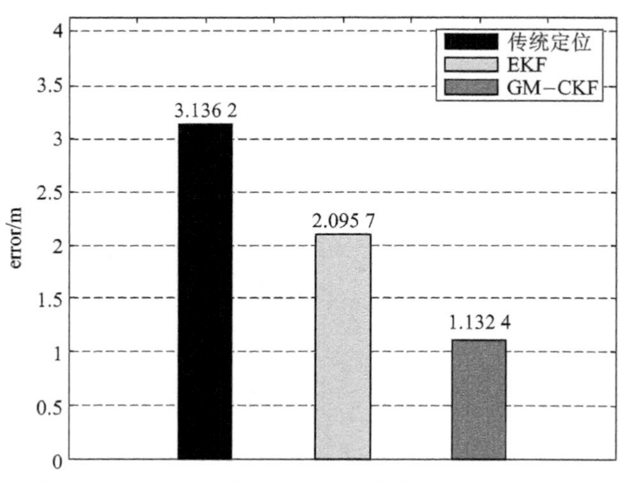

图 5－19　三种限定仿真环境下节点的平均定位误差

从实时性方面来看，传统定位方式的实时性与有算法融合的定位方式比较好，实时性仿真结果如图 5 - 20 所示。而随着算法复杂度的不断提高，所需的时间也在不断增加，但在定位精度有一定要求的前提下，毫秒级的时间差距依然可以满足定位的要求。

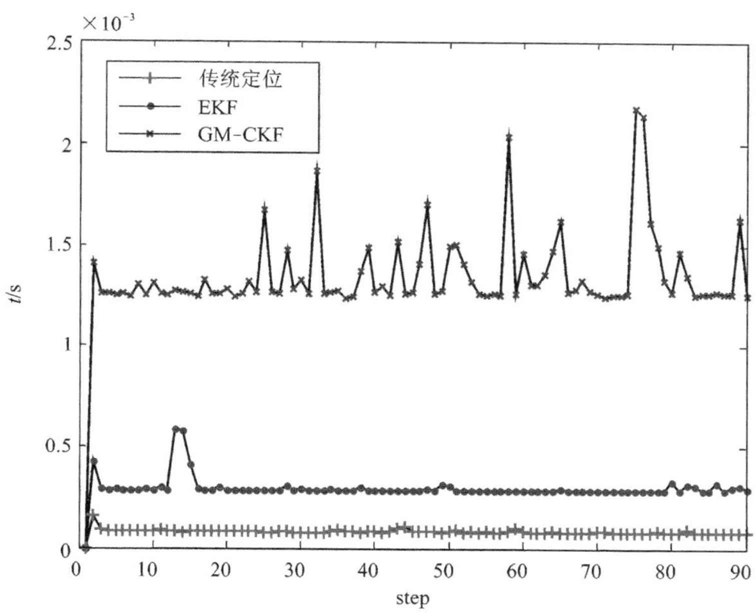

图 5 - 20　三种限定仿真环境下的实时性比较

5.5　本章小结

通过仿真结果可以看出，本章首先提出的移动机器人-节点、节点-节点的辅助定位方法，可以实现对节点的位置估计，采用多约束预估和基于高斯分割和加权策略的 GM - CKF 算法能够有效提高定位精度。

其次，本章针对移动机器人的定位问题，提出一种面向 WSNs 环境下，结合高斯混合容积卡尔曼滤波优化的机器人定位算法。其融合了 WSNs 的通信交互能力，也提高了定位的精确性。仿真实验表明，所采用的带有门限判别和高斯分割的混合容积卡尔曼滤波(GM - CKF)算法能够有效克服高非线性和异常误差导致的不利影响，减小了由于滤波发散带来的误差，收敛速度更快，定位精度也得到提高。

第6章　基于粒子滤波(PF)的同步定位与地图构建算法

6.1　基于快速同步定位与地图构建的移动机器人算法

6.1.1　FastSLAM 算法的提出

FastSLAM 算法主要由 Extended Kalman Filter(扩展卡尔曼滤波)和 Particle Filter(粒子滤波)组成。FastSLAM 利用 EKF 进行路标点状态估计,利用 PF 进行机器人位姿估计。因此,使用 FastSLAM 算法必须对 EKF 算法和 PF 算法有一定的了解。

6.1.2　FastSLAM 算法分析

FastSLAM 可以称之为最成功的机器人算法之一,它已在数以万计的路标环境中成功构建地图。目前 FastSLAM 算法有两个版本,分别为 FastSLAM 1.0 和 FastSLAM 2.0。FastSLAM 2.0 相对于 1.0 版本改进了提议分布函数。2.0 版本是在先验分布的基础上通过 t 时刻的观测信息来获取提议分布的。本书默认所述的 FastSLAM 算法为 2.0 版本。FastSLAM 分为两大部分:定位问题以及对地图的创建问题。其核心是通过一个粒子滤波器来实现定位,通过 N 个独立的扩展卡尔曼滤波(EKF)来实现创建问题,环境特征都有相对应的独立的单个 EKF,是一种将粒子滤波和 EKF 相结合的方法。

FastSLAM 可以看作是 RBPF 滤波器的一个实例,其基于下式中的假设来近似处理后验概率 $p(s^t,m \mid z^t,u^t,n^t)$,$s^t=(s_1,s_2,s_3,\cdots,s_t)$可视为机器人轨迹。

$$p(s^t,m \mid z^t,u^t,n^t)=p(s^t \mid z^t,u^t,n^t)\prod_{i=1}^{N}p(m_i \mid s^t,z^t,u^t,n^t) \tag{6-1}$$

假设我们可以预知移动机器人的移动轨迹路径,每个环境特征路标均可以用 EKF 算法估算出来。实际上,我们无法对移动机器人的运动轨迹进行准确预测。

目前,利用相互独立的环境路标估计方法的原理是将式(6-1)中的近似后验概率分解,分解成确定路径上的 N 个路标后验概率与路径后验概率乘积的形式。FastSLAM 对路径进行采样使用粒子滤波器。每个粒子的形式可以表示为

$$s_t^i=\{s^{t,i},\mu_1^i,\Sigma_{1,t}^i,\cdots,\mu_{N,t}^i,\Sigma_{N,t}^i\} \tag{6-2}$$

式中,i 为序号;$s^{t,i}$ 为粒子路径估计;$\mu^{i}_{N,t}$ 为第 N 个路标的均值;$\Sigma^{i}_{N,t}$ 为第 N 个路标时刻的方差。

FastSLAM 主要分为三大步,下面将对其进行详细分析。

Step1　新位姿采样。

新位姿 s^{i}_{t} 从后验概率 $p(s^{t},m \mid z^{t},u^{t},n^{t})$ 中进行采样,$s^{t-1,i}$ 为第 i 个粒子对 $t-1$ 时路径的预测。采样是为了机器人预测最近时刻的观测信息,减少粒子损耗问题的发生。可使用 EKF 方法对产生该问题的后验概率进行高斯逼近,即

$$p(s_{t} \mid s^{t-1,i},z^{t},u^{t},n^{t})=N(s_{t},\bar{s}_{t},\Sigma_{s_{t}}) \tag{6-3}$$

对第 i 个粒子的具体处理过程如下:

① 预测第 i 个粒子位姿状态可表示为

$$\hat{s}^{i}_{t-1}=f(s^{i}_{t-1},u_{t}) \tag{6-4}$$

② 观测到环境特征路标,假设为 m_{n_t}。对传感器观测的路标信息进行预测,可表示为

$$\hat{z}^{i}_{t-1}=g(\hat{s}^{i}_{t-1},\theta_{n_t}) \tag{6-5}$$

$$G_{m}=\nabla mg(s_{t},m_{t})\Big|_{s_{t}=\hat{s}^{i}_{t-1},\vartheta=\mu^{i}_{t-1}} \tag{6-6}$$

$$G_{m}=\nabla sg(s_{t},m_{t})\Big|_{s_{t}=\hat{s}^{i}_{t-1},\vartheta=\mu^{i}_{t-1}} \tag{6-7}$$

③ 更新状态。将传感器测量得到的准确观测值进行状态更新。假设观测值为 z_{t},可表达为

$$\hat{s}^{i}_{t-1}=\hat{s}^{i}_{t-1}+p^{i}_{t-1}\boldsymbol{G}^{\mathrm{T}}_{s}\boldsymbol{K}^{-1}(z_{t}-\hat{z}^{i}_{t}) \tag{6-8}$$

$$\Sigma^{i}_{s_{t}}=[\boldsymbol{G}^{\mathrm{T}}_{s}\boldsymbol{K}^{-1}\boldsymbol{G}_{s}+(\boldsymbol{P}^{i}_{t})^{-1}]^{-1} \tag{6-9}$$

$$\boldsymbol{K}=\boldsymbol{G}_{\theta}\boldsymbol{P}^{i}_{t-1}\boldsymbol{G}^{\mathrm{T}}_{\theta}+\boldsymbol{R}_{t} \tag{6-10}$$

④ 扩展机器人路径并在新的位姿实现采样。

$$s^{i}_{t}\sim p(s_{t} \mid s^{t-1,i},u^{t},z^{t},n^{t})=N(s_{t};\tilde{s}^{i}_{t-1},\Sigma^{i}_{s_{t}}) \tag{6-11}$$

$$s^{t,i}=(s^{t-1,i},s^{i}_{t}) \tag{6-12}$$

Step2　估计检测得到的环境路标。$\mu^{i}_{m,t}$、$\Sigma^{i}_{m,t}$ 表示环境路标特征 m 的估计值。若路标未被传感器检测到,$m\neq n_{t}$,则该特征路标的后验概率不变;当被观测到时进行更新,表示为

$$p(m_{n} \mid s^{t,i},z^{t},u^{t},n^{t})=\frac{p(z_{t} \mid m_{n},s^{t,i},z^{t-1},u^{t},n^{t})\,p(m_{n} \mid s^{t,i},z^{t-1},n^{t})}{p(z_{t} \mid s^{t,i},z^{t-1},u^{t},n^{t})} \tag{6-13}$$

对无用数据进行简化,如下式:

$$p(m_{n} \mid s^{t,i},z^{t},u^{t},n^{t})=\eta\underbrace{p(z_{t} \mid m_{n},s^{i}_{t},n^{t})}_{-N(z_{t};g(m_{n},z^{i}_{t},R_{t}))}\underbrace{p(m_{t} \mid s^{t-1,i},z^{t-1},u^{t-1},n^{t-1})}_{-N(m_{t};\mu s^{i}_{t},\Sigma s^{i}_{t})} \tag{6-14}$$

式中,对概率分布 $p(m_{t} \mid s^{t-1,i},z^{t-1},u^{t-1},n^{t-1})$ 用均值和方差分别表示为 μs^{i}_{t}、Σs^{i}_{t};

$p(z_t|m_n, s_t^i, n^t)$可以用高斯分布表示；η 为常量。

Step3　重采样。

由于不同粒子归一化常量(η)不同，会出现采样取得的粒子后验概率密度与实际后验概率密度不匹配的情况。通过概率测量值求逆得到归一化值，以第 i 个粒子为例，可表示为 $\eta^i = (p(z_t|m_n, s^{t,i}, z^{t-1}, u))$。采用式(6－15)中的重要性因素，利用 g 对其线性化多次逼近高斯分布处理，可以有效地解决这个问题。

$$\begin{aligned} w_t^i \propto &= p(z_t | s^{t-1,i}, z^{t-1}, u^t, n^t) \\ &= \iint \underbrace{p(z_t | m_{n_t}, s_t, n_t)}_{-N(z_t; m(m_{nt}, s_t), R_t)} \underbrace{p(m_{n_t} | s_{t-1}^i, u^{t-1}, z^{t-1}, n^{t-1})\, \mathrm{d}\theta_{n_t}}_{-N(z_t; m(m_{n_t}^i, s_t - 1), R_t)} \iint \underbrace{p(s_t | s_{t-1}^i, u_t)\, \mathrm{d}s_t}_{-N(s_t; \mu_{t-1}^i, R_t)} \end{aligned} \tag{6－15}$$

式中，z_t 为高斯分布的均值。

6.1.3　优化的 FastSLAM 算法基本原理

FastSLAM 可作为 RBPF 的一个实际应用。FastSLAM 可以估计机器人后验概率 $p(s^t, \Theta | z^t, u^t, n^t)$，其中 $s^t = \{s_1, s_2, \cdots, s_t\}$ 为机器人移动轨迹。将 SLAM 分解为机器人路径的后验概率与给定路径的情况下 N 个路标的后验概率乘积的形式，可表示为

$$p(s^t, \Theta | z^t, u^t, n^t) = p(s^t | z^t, u^t, n^t) \prod_{i=1}^{N} p(\theta_i | s^t, z^t, u^t, n^t) \tag{6－16}$$

本书针对 FastSLAM 算法提出优化的方法。优化的 FastSLAM 算法采用粒子滤波算法来估计机器人路径上的后验概率 $p(s^t | z^t, u^t, n^t)$，但对 N 个路标的概率分布 $\prod_{i=1}^{N} p(\theta_i | s^t, z^t, u^t, n^t)$ 采用无损卡尔曼滤波(Unscented Kalman Filter，UKF)来估计。每个粒子的形式可以表示为

$$s_t^{(i)} = \{s^{t(i)}, \mu_{1,t}^{(i)}, \Sigma_{1,t}^{(i)}, \cdots, \mu_{N,t}^{(i)}, \Sigma_{N,t}^{(i)}\} \tag{6－17}$$

式中，i 为序号；$s^{t(i)}$为粒子路径估计；$\mu_{N,t}^{(i)}$ 为第 N 个路标的均值；$\Sigma_{N,t}^{(i)}$ 为第 N 个路标时刻的方差。

下面对优化的 FastSLAM 算法的主要步骤进行详细介绍。

1. 采样新位姿

粒子的采样步骤非常重要。只有了解机器人移动轨迹路径，才能在该路径的移动中采集周围环境的特征路标，以从 1 到 t 时刻机器人位姿状态 s^t 构成机器人移动轨迹。

从后验概率 $p(s_t | s^{t-1}, z^t, u^t, n^t)$中采样，可以得到新的位姿信息，记为 $s_t^{(i)}$。第 i 个粒子从 1 到 $t-1$ 时刻的路径可用 s^{t-1} 表示，采用 EKF 产生该后验概率的高斯逼近的方法，可有效防止需求的粒子在 RBPF 重采样中被误剔除。高斯逼近如下式

所示：

$$p(s_t | s^{t-1(i)}, z^t, u^t, n^t) = N(s_1, s_t, \Sigma_{s_t}) \tag{6-18}$$

下面介绍基于第 i 个粒子实现位姿估计及扩展路径的具体操作：

① 通过第 i 个粒子实现机器人位姿状态的估计，可以表示为

$$\hat{s}_{t-1}^{(i)} = f_r(s_{t-1}^{(i)}, u_i) \tag{6-19}$$

② 若检测到的粒子为 θ_{n_t}，则传感器将观测到的粒子作为路标进行预测。

$$\hat{z}_{t-1}^{(i)} = g(\hat{s}_{t-1}^{(i)}, \theta_{n_t}) \tag{6-20}$$

$$\boldsymbol{G}_\theta = \nabla\theta_i g(s_t, \theta_t) \mid s_t = \hat{s}_{t-1}^{(i)}, \quad \theta_t = \mu_{t-1}^i \tag{6-21}$$

$$\boldsymbol{G}_s = \nabla s_i g(s_t, \theta_t) \mid s_t = \hat{s}_{t-1}^{(i)}, \quad \theta_t = \mu_{t-1}^i \tag{6-22}$$

③ 将传感器采集观测的数据进行整合，设真实观测值为 z_t。进行状态更新，可以表示为

$$s_{t-1}^{(i)} = \hat{s}_{t-1}^{(i)} + p_{t-1}^{(i)} \boldsymbol{G}_s^{\mathrm{T}} \boldsymbol{K}^{-1} (z_t - \hat{z}_t^{(i)}) \tag{6-23}$$

$$\Sigma_{s_t}^{(i)} = [\boldsymbol{G}_s^{\mathrm{T}} \boldsymbol{K}^{-1} \boldsymbol{G}_s + (\boldsymbol{P}_t^{(i)})^{-1}]^{-1} \tag{6-24}$$

$$\boldsymbol{K} = \boldsymbol{G}_\theta \boldsymbol{P}_s^{(i)} \boldsymbol{G}_s^{\mathrm{T}} + \boldsymbol{R}_t \tag{6-25}$$

④ 采样新位姿可以表示为

$$s_t^{(i)} \sim p(s_t | s^{t-1,(i)}, u^t, z^t, n^t) = N(s_t; s_t^{(i)}, \Sigma_{s_t}^{(i)}) \tag{6-26}$$

扩展机器人路径可以表示为

$$s^{t,(i)} = (s^{t-1,(i)}, s_t^{(i)}) \tag{6-27}$$

2. 更新被观测的路标估计

$\mu_{m,t}^{(i)}$、$\Sigma_{m,t}^{(i)}$ 为路标 m 的估计值。若路标 $m \neq n_1$，则表示路标未被观测到，路标的后验概率不变。若 $m = n_1$，则表示路标 m 被观测到，后验概率做以下更新：

$$p(\theta_{n_t} | s^{t,(i)}, z^t, u^t, n^t) = \frac{p(z_t | \theta_{n_t}, s^{t,(i)}, z^{t-1}, u^t, n^t) p(\theta_{n_t} | s^{t,(i)}, z^{t-1}, u^t, n^t)}{p(z_t | s^{t,(i)}, z^{t-1}, u^t, n^t)} \tag{6-28}$$

式中，n_t、s_t、u_t 数据是互相关联的，z_t 的值随 s_t、n_t、θ_{n_t} 的变化而变化。化简式(6-28)可得

$$\eta = \underbrace{p(z_t | \theta_{n_t}, s_t^i, n_t)}_{N(z_t, g(\theta_{n_t}, s_t^i), R_t)} \underbrace{p(\theta_{n_t} | s^{t-1,(i)}, z^{t-1}, u^{t-1}, n^{t-1})}_{N(\theta_{n_t}, \mu_{n_{t-1}}^{(i)}, \Sigma_{n_{t-1}}^{(i)})} \tag{6-29}$$

式中，概率分布 $p(\theta_{n_t} | s^{t-1,(i)}, z^{t-1}, u^{t-1}, n^{t-1})$ 可以用均值 $\mu_{n,t-1}^{(i)}$ 和方差 $\Sigma_{n,t-1}^{(i)}$ 的高斯分布表示，$p(z_t | \theta_{n_t}, s_t^{(i)}, n_t)$ 可用高斯分布表示。本书采用 UT 变换逼近观测模型 $g(\theta_{n_t}, s_t^{(i)})$。下面是具体过程。

① 将对称采样策略的 UT 变换成 Sigma 采样点：

$$\xi_{n,t-1}^{(i)} = \left\{\mu_{n,t-1}^{(i)}, \mu_{n,t-1}^{(i)} \pm \sqrt{(L+\lambda)\Sigma_{n,t-1}^{(i)}}\right\} \tag{6-30}$$

② 通过本书采用的观测模型 $g(\theta_{n_t}, s_t^{(i)})$，计算观测路标时的均值和方差。

$$Z_{n,t}^{(i)}=g(\xi_{n,t-1}^{(i)},s_t^{(i)}),\quad z_{n,t}^{(i)}=\sum_{j=0}^{2L}W_j^{m,(i)}Z_{n,t}^{(i)} \tag{6-31}$$

$$\boldsymbol{P}_{z_{n,j}}^{(i)}=\sum_{j=0}^{2L}\boldsymbol{W}_j^{c,(i)}\left[\boldsymbol{Z}_{j,n_t,t}^{(i)}-\boldsymbol{z}_{n_i,t}^{i}\right]\left[\boldsymbol{Z}_{j,n_t,t}^{(i)}-\boldsymbol{z}_{n_i,t}^{i}\right]^{\mathrm{T}} \tag{6-32}$$

③ 若观测到路标，则后验概率进行更新，更新参考式(6－28)。均值和方差更新为

$$\boldsymbol{K}_t^{(i)}=\Sigma_{n_t,t-1}^{i}p_{z_{n,t}}^{(i)}\left[(\boldsymbol{P}_{z_n,t}^{(i)})^{\mathrm{T}}\Sigma_{n,t-1}^{(i)}\boldsymbol{P}_{z_n,t}^{(i)}+\boldsymbol{R}_t\right]^{-1} \tag{6-33}$$

$$\mu_{n,t}^{(i)}=\mu_{n,t-1}^{(i)}+\boldsymbol{K}_t^{(i)}(z_t-z_{n,t}^{(i)})^{\mathrm{T}} \tag{6-34}$$

$$\Sigma_{n,t}^{(i)}=\Sigma_{n,t-1}^{(i)}-\boldsymbol{K}_t^{(i)}(\boldsymbol{P}_{z_n,t}^{(i)})^{\mathrm{T}}\Sigma_{n,t-1}^{(i)} \tag{6-35}$$

式中，L 为系统状态变量维数；λ 为常数；W_j^m、W_j^c 为 UT 变换过程确定的权值。

优化算法的采样新位姿过程同样采用粒子滤波器，但在 N 个独立的 EKF 来实现地图创建问题上，改用 UKF 算法进行后验概率逼近。

6.1.4 仿真实验及分析

采用 Intel Core i5 2430M、CPU 2.3 GHz、4 GB 内存的计算机，计算机系统为 Window 7，软件使用 MATLAB 7.13。

实验平台采用 Tim Bailey 教授的数据仿真实验平台。实验构建室外环境地图尺寸为 250 m×200 m，规划路径点 17 个，设置 35 个环境特征点信息。实验模拟移动机器人自坐标原点(0,0)根据预测的轨迹点逆时针自主运行。

① 将优化的 FastSLAM 和原 FastSLAM 在此仿真平台上均进行 30 次实验，记录其均值并分析实验结果数据。

如图 6－1 和图 6－2 所示分别为运行 FastSLAM 算法和运行优化的 FastSLAM 算法的实验仿真图。从结果可以看出，运行优化的 FastSLAM 算法后，能够使得机器人运动轨迹更贴近预测路径，相对于 FastSLAM 算法有着更高的自身状态预估能力，在保持高精度的预测路标的同时可以创建更精确的地图。

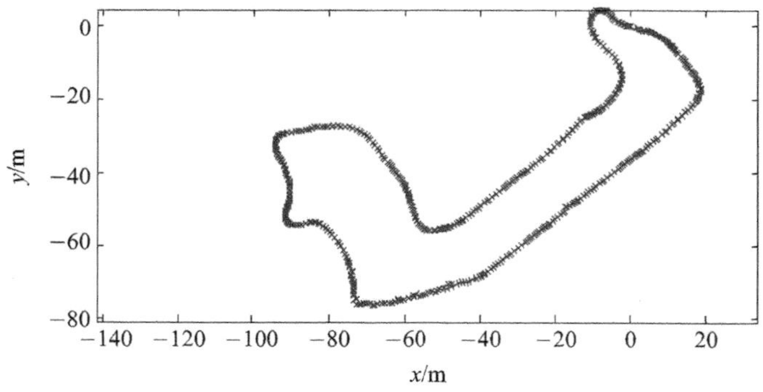

图 6－1 FastSLAM 定位结果

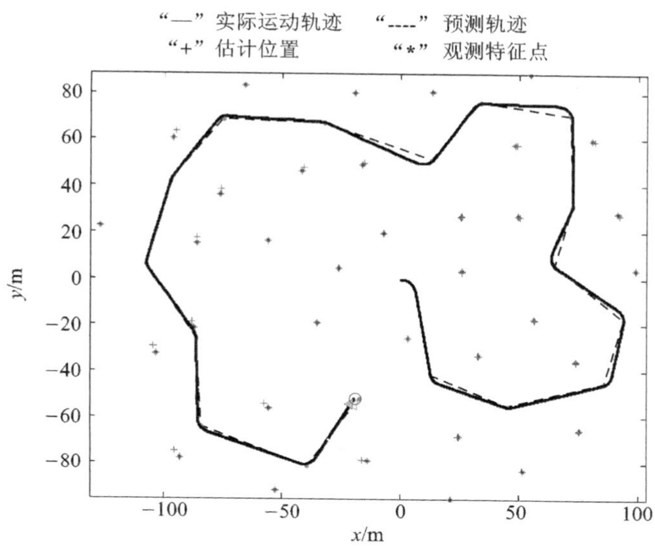

图 6-2　优化后的 FastSLAM 定位结果

从图 6-3 可以看出,优化的 FastSLAM 算法在 x、y 轴以及角度位姿方面的误差都比原 FastSLAM 算法小,有着不错的性能表现。表 6-1 为两种算法在 x 方向、y 方向和角度误差变化的数据统计。

表 6-1　算法误差统计

SLAM 算法	x 方向误差变化最大值/m	y 方向误差变化最大值/m	角度误差变化最大值/(°)
优化的 FastSLAM	0.9	0.02	0.021
FastSLAM	1.6	0.08	0.045

可见,优化的 FastSLAM 算法不仅定位估计失误率较低,而且精度高于 FastSLAM 算法。实验验证了优化的 FastSLAM 算法的有效性和精确性。

② 对两种算法的实时性及均方根误差进行对比分析。

均方根值也称作有效值,可以有效地对比数据的平均误差,可以根据数据的变化程度判断算法的实时性。下式为均方根误差计算。

$$\mathrm{RMSE}=\sqrt{\frac{1}{T}\sum_{k=1}^{T}\left[(x_k-\hat{x}_k)^2+(y_k-\hat{y}_k)^2\right]} \tag{6-36}$$

式中,T 为运行时间;(x_k, y_k) 为机器人实际坐标;$(\hat{x}_k, \hat{y}_k)$ 为预估坐标。

表 6-2 展示了 FastSLAM 算法及优化算法的均方根误差和算法运行时间具体数据。

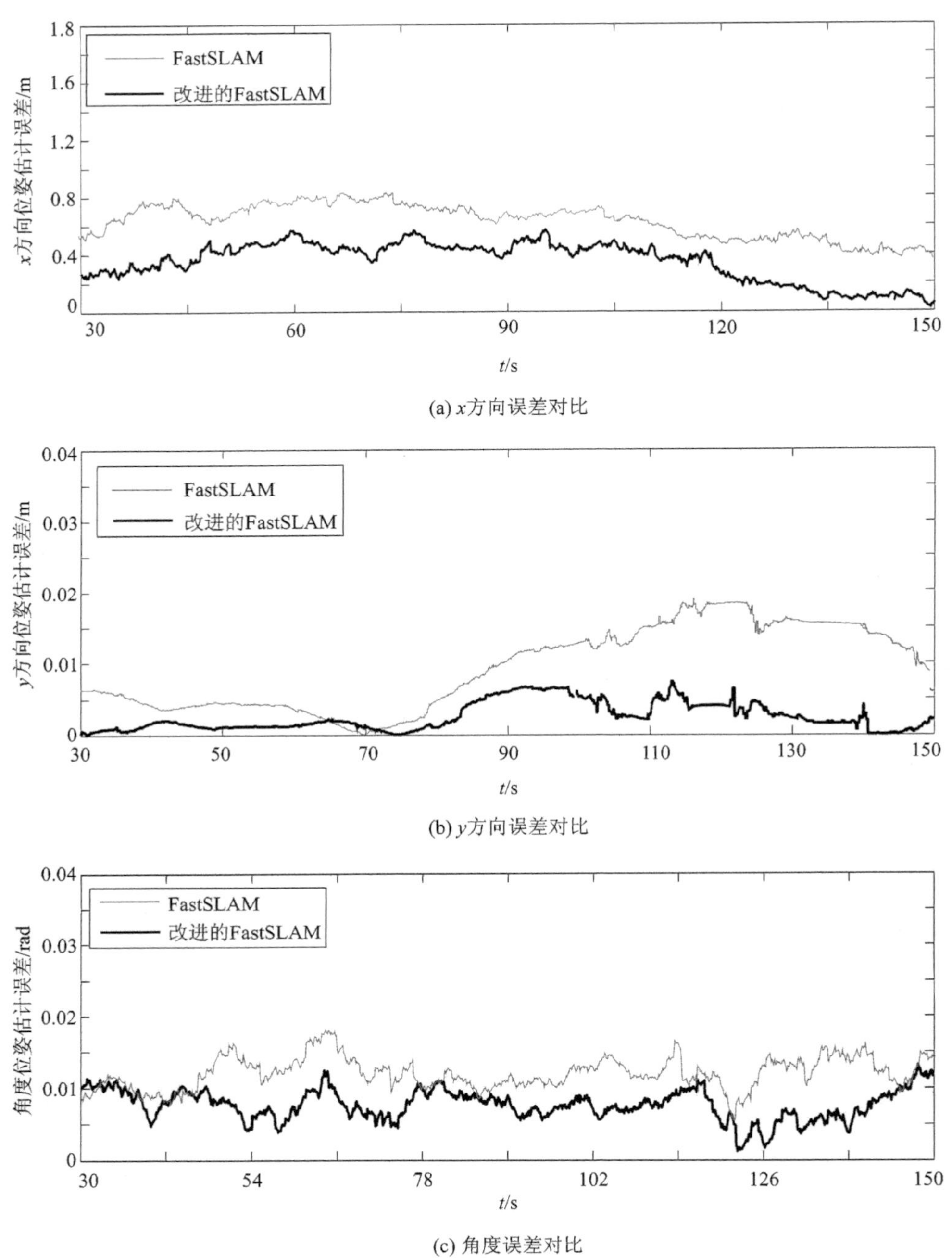

图 6－3　两种算法的位姿估计误差对比

表 6-2　两种 SLAM 算法的实验数据统计

SLAM 算法	均方根误差/m	运行时间/s
改进后的 FastSLAM	7.263 0	176.532 3
FastSLAM	9.102 1	191.341 0

对表 6-2 的数据进行分析,对比两种算法的均方根误差,可以看出优化的 FastSLAM 算法均方根误差值更小。也可以看出,优化的 FastSLAM 算法在显示出较高的精确度的同时,算法运行耗时更短,实时性更好。

综合实验结果分析,优化的 FastSLAM 算法相对原算法性能更好,有一定的实用价值。

6.2　基于改进 Rao-Blackwellized 粒子滤波(RBPF)的 SLAM 算法

6.2.1　环境建模

栅格地图具有易于构建和维护的特点,且不需要其他参数,本书中采用栅格地图建立环境模型。根据如图 6-4 所示的机器人运动学模型,现规定机器人携带的传感器和机器人本身采用同一坐标系以及机器人的出发点与世界坐标系的原点重合。同时,利用里程计来推算移动机器人相对位姿的变化以及通过激光传感器对周围障碍物的扫描获取环境信息。

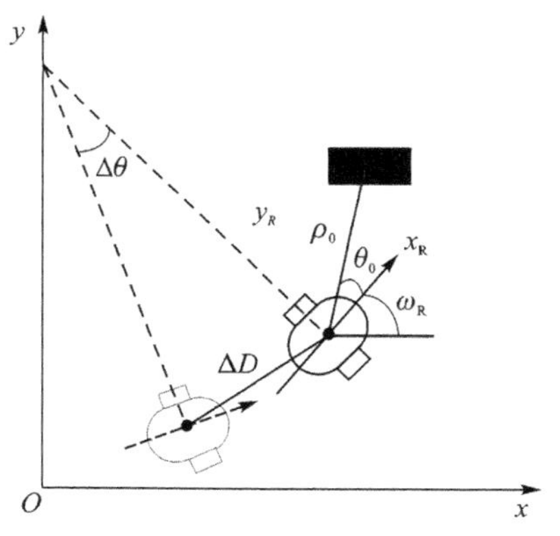

图 6-4　机器人运动学模型

首先,通过机器人左右轮的光电编码器的输出脉冲增量 N_L、N_R,得出如下式所示的位移增量。

$$\Delta d_L = \delta \cdot N_L, \quad \Delta d_R = \delta \cdot N_R \tag{6-37}$$

式中,δ 表示里程计的分辨率。

如下式所示,得出机器人从 $t-1$ 时刻运动到 t 时刻的位姿增量。

$$\left.\begin{aligned} \Delta D(t) &= (\Delta d_L + \Delta d_R)/2 \\ \Delta\theta(t) &= (\Delta d_R - \Delta d_L)/d \end{aligned}\right\} \tag{6-38}$$

式中,d 表示左右轮之间的间距。

根据上述位姿增量得出如下式所示的机器人处于世界坐标系中的位姿。

$$\left.\begin{aligned} x_{\mathrm{R}}(t+1)&=x_{\mathrm{R}}(t)+\Delta D(t)\cos[\omega_{\mathrm{R}}(t)+\Delta\theta(t)] \\ y_{\mathrm{R}}(t+1)&=y_{\mathrm{R}}(t)+\Delta D(t)\sin[\omega_{\mathrm{R}}(t)+\Delta\theta(t)] \\ \omega_{\mathrm{R}}(t+1)&=\omega_{\mathrm{R}}(t)+\Delta\theta(t) \end{aligned}\right\} \tag{6-39}$$

式中，$(x_{\mathrm{R}},y_{\mathrm{R}})$表示机器人的位置；$\omega_{\mathrm{R}}$表示航向角；$\Delta\theta$ 表示航向偏移角；ΔD 表示相对位移增量。

然后，根据激光传感器射出的脉冲红外激光束碰到物体时发生反射，由接收器接收，通过时间间隔来计算出目标距离。

障碍物的位置信息可以表示为$(\rho_o,\theta_o)(o=1,2,\cdots,361)$，其中：$\rho_o$、$\theta_o$ 分别表示机器人到障碍物的距离及角度。障碍物的位置(x_o,y_o)在机器人世界坐标系中的表示如下：

$$\left.\begin{aligned} x_o&=x_{\mathrm{R}}+\rho_o\cos[\omega_{\mathrm{R}}(t)+\theta_o] \\ y_o&=y_{\mathrm{R}}+\rho_o\sin[\omega_{\mathrm{R}}(t)+\theta_o] \end{aligned}\right\} \tag{6-40}$$

再通过下式映射到栅格地图中的位置。

$$\left.\begin{aligned} x'_o&=\mathrm{int}(x_o/i)i+\mathrm{int}(i/2) \\ y'_o&=\mathrm{int}(y_o/i)i+\mathrm{int}(i/2) \end{aligned}\right\} \tag{6-41}$$

式中，(x'_o,y'_o)表示障碍物位于栅格地图的位置；i 表示栅格地图的分辨率。

6.2.2 RBPF－SLAM 算法描述

移动机器人 SLAM 实质上是一个 Markov 链的过程：在一个未知环境中机器人从起始位置出发，在运动过程中，使用里程计记录自身运动的信息 $u_{1:t}=u_1,u_2,\cdots,u_t$ 和外部传感器获取的环境信息 $z_{1:t}=z_1,z_2,\cdots,z_t$，估计机器人的轨迹 $x_{1:t}=x_1,x_2,\cdots,x_t$ 与构建增量式环境地图 m_t，同时使用创建好的地图及传感器的信息实现自定位。根据贝叶斯滤波递归原理，从概率学的角度得出 SLAM 的递归公式：

$$\begin{aligned} \mathrm{Bel}(x_t,m_t)&=p(x_t,m_t\mid z_{1:t},u_{1:t-1} \\ &=\eta p(z_t\mid x_t,m_i)\iint p(x_t,m_t\mid x_{t-1},m_{t-1},u_{t-1}), \\ &\quad\mathrm{Bel}(x_{t-1},m_{t-1})\mathrm{d}x_{t-1}\mathrm{d}m_{t-1} \end{aligned} \tag{6-42}$$

式中，η 表示归一化常量。

SLAM 中包含运动模型 $p(x_t|x_{t-1},u_{t-1})$与观测模型 $p(z_t|x_t,m)$两种模型。运动模型表示在给定上一时刻移动机器人轨迹 x_{t-1} 和控制命令 u_{t-1} 的条件下，机器人获得新位姿 x_t 的概率密度；而观测模型表示在给定移动机器人地图 m 与位姿 x_t 的条件下，传感器获取环境的不确定性。

基于 Rao－Blackwellized 粒子滤波 SLAM 算法的思想是：计算机器人轨迹 $x_{1:t}$ 和地图 m 的后验概率 $p(x_{1:t},m|z_{1:t},u_{1:t-1})$，将其分解为如下式所示的轨迹估计和地图估计两个后验概率的乘积。

$$p(x_{1:t},m\mid z_{1:t},u_{1:t-1})=p(x_{1:t}\mid z_{1:t},u_{1:t-1})\cdot p(m\mid x_{1:t},z_{1:t}) \tag{6-43}$$

首先对机器人的轨迹进行估计,利用 Rao - Blackwellized 粒子滤波器实现,其中每个粒子代表机器人一条可能的行走轨迹。

然后再结合观测模型对地图进行更新。将地图表示为服从高斯分布的特征路标的集合,因此对地图的估计可通过特征路标估计得到,这里采用扩展卡尔曼滤波来实现。

因此,在粒子代表的轨迹上利用传感器实时观察获得的路标信息构成最后的地图。

利用 Rao - Blackwellized 滤波器在传感器观测信息与里程计信息的基础上构建增量式地图的步骤可以分为以下 4 步:

① 初始化:当 $t=0$ 时,选取 N 个粒子,每个粒子的权重为 $\omega_0^{(i)}=1/N$。

② 采样:机器人的运动模型作为提议分布 π,从上一代粒子集合 $\{x_{t-1}^{(i)}\}$ 采样得到下一代粒子集合 $\{x_t^{(i)}\}$。

③ 粒子权重:为了弥补采样时提议分布与目标分布的差距,需要计算每一个独立粒子的权重 $\omega_t^{(i)}$,由重要性采样公式得

$$\omega_i^{(i)}=\frac{p(x_{1:t}^{(i)} \mid z_{1:t},u_{1:t-1})}{\pi(x_{1:t}^{(i)} \mid z_{1:t},u_{1:t-1})},\quad i=1,\cdots,N \tag{6-44}$$

④ 重采样:根据下式计算有效粒子数,同时设定阈值 N_{th}。

$$N_{\text{eff}}=1\Big/\sum_{i=1}^{N}(\tilde{\omega}^{(i)})^2 \tag{6-45}$$

当 $N_{\text{eff}}<N_{\text{th}}$ 时进行重采样。重采样完成后保证所有的粒子具有相同的权重。其中,$\tilde{\omega}^{(i)}$ 表示归一化权重。

⑤ 地图更新:每一粒子用其轨迹 $x_{1:t}^{(i)}$ 和观测信息 $z_{1:t}$ 来计算相应的 $p(m^{(i)} \mid x_{1:t}^{(i)},z_{1:t})$,实现地图的更新。

6.2.3　改进 RBPF - SLAM 算法

在重要性采样中,需要依据提议分布对下一代粒子集进行采样,而基本 RBPF - SLAM 中常采用运动模型作为提议分布,使得粒子退化严重,导致丢失权值较大的粒子,从而创建的地图精度不高。如下式所示,本书中提出了一种结合里程计信息和外部传感观测信息的混合提议分布。

$$\pi'(x_t \mid m_{t-1}^{(i)},x_{t-1}^{(i)},z_t,u_{t-1})=\frac{p(z_t \mid m_{t-1}^{(i)},x_t)\cdot p(x_t \mid x_{t-1,u_{t-1}}^{(i)})}{p(z_t \mid m_{t-1}^{(i)},x_{t-1}^{(i)},u_{t-1})} \tag{6-46}$$

然而此混合提议分布无法直接进行采样操作,需要目标提议分布的一个近似化正态分布来实现。下式所示的正态分布参数 $N(u_t^{(i)},\Sigma_t^{(i)})$ 通过带权重的蒙特卡罗采样方法估计得出。

$$\left.\begin{aligned} \boldsymbol{u}_t^{(i)} &= \frac{1}{\eta^{(i)}}\sum_{j=1}^{M}\boldsymbol{x}_j \cdot p(z_t \mid m_{t-1}^{(i)},\boldsymbol{x}_j) \\ \Sigma_t^{(i)} &= \frac{1}{\eta^{(i)}}\sum_{j=1}^{M}p(z_t \mid m_{t-1}^{(i)},\boldsymbol{x}_j)\cdot(\boldsymbol{x}_j-\boldsymbol{u}_t^{(i)})(\boldsymbol{x}_j-\boldsymbol{u}_t^{(i)})^{\mathrm{T}} \end{aligned}\right\} \tag{6-47}$$

式中，$\eta^{(i)}=\sum_{j=1}^{M}p(z_t \mid m_{t-1}^{(i)},\boldsymbol{x}_j)$ 为归一化因子，M 为常数。

在混合提议分布下，粒子权重通过下式得出。

$$\omega_t^{(i)}=\omega_{t-1}^{(i)}\cdot k\sum_{j=1}^{M}p(z_t \mid m_{t-1}^{(i)},\boldsymbol{x}_j)=\omega_{t-1}^{(i)}\cdot k\eta^{(i)} \tag{6-48}$$

式中，k 为常数。

在重采样中引入遗传算法是为了防止粒子退化以及保持粒子的多样性。其思想是保留中等权重的粒子，对高权重和低权重的粒子进行自适应交叉变异操作。根据下式设置合适的高权重阈值 ω_{H0} 和低权重阈值 ω_{L0}，取两阈值之间的粒子作为中等权重的粒子。

$$\omega_{\mathrm{H0}}=\frac{2}{N},\quad \omega_{\mathrm{L0}}=\frac{1}{2N} \tag{6-49}$$

选择观测信息 $p(z_t|x_t,m)$ 作为粒子的适应度函数，则 t 时刻的交叉操作与变异操作如下：

交叉操作：在高权重和低权重的粒子集中随机选取两个个体作为父辈粒子进行配对，按照下式所示的自适应交叉率 P_{c} 进行交叉操作得到两个新个体。

$$P_{\mathrm{c}}=\begin{cases} P_{\mathrm{c1}}, & f'<f_{\mathrm{avg}} \\ P_{\mathrm{c2}}+\dfrac{P_{\mathrm{c1}}-P_{\mathrm{c2}}}{1+\exp\left\{\beta\left[\dfrac{2(f'-f_{\mathrm{avg}})}{f_{\max}-f_{\mathrm{avg}}}\right]\right\}}, & f'\geqslant f_{\mathrm{avg}} \end{cases} \tag{6-50}$$

变异操作：从交叉后得到的新粒子集中随机选择一个父辈粒子，按照下式所示的自适应变异率 P_{m} 进行变异操作，产生新粒子。

$$P_{\mathrm{m}}=\begin{cases} P_{\mathrm{m1}}, & f<f_{\mathrm{avg}} \\ P_{\mathrm{m2}}+\dfrac{P_{\mathrm{m1}}-P_{\mathrm{m2}}}{1+\exp\left\{\beta\left[\dfrac{2(f-f_{\mathrm{avg}})}{f_{\max}-f_{\mathrm{avg}}}\right]\right\}}, & f\geqslant f_{\mathrm{avg}} \end{cases} \tag{6-51}$$

式中，f_{avg} 表示每代群体中粒子的平均适应度值；$f_{\max}$ 表示群体中粒子的最大适应度值；f'、f 分别表示参与交叉操作的两个粒子中较大的适应度值以及参与变异操作的粒子的适应度值；β 表示常数。

基于遗传思想的 RBPF－SLAM 算法的流程描述如下：

Step1　当 $t=0$ 时，选取 N 个粒子，每个粒子的权重为 $\omega_0^{(i)}=1/N$；设置相关参数：自适应交叉率 P_{c} 以及自适应变异率 P_{m}。

Step2　根据式(6－47)计算混合提议分布。

Step3　迭代次数加 1,进行采样操作得出下一代粒子集合。

Step4　根据式(6－48)计算粒子权重。

Step5　根据条件,判断是否需要进行重采样操作。若需要重采样,则执行 Step6;否则,执行 Step7。

Step6　依据设定的高低权重阈值来划分高权重粒子、低权重粒子以及中等权重粒子。保留中等权重的粒子,根据 t 时刻的观测信息,计算所有高权重和低权重粒子的适应度,根据式(6－50)、式(6－51)进行自适应交叉和变异操作。对最终获得的新粒子集中所有粒子赋予相同的权值。

Step7　根据机器人轨迹 $x_{1:t}^{(i)}$ 和观测信息 $z_{1:t}$ 更新栅格地图。

6.2.4　仿真实验及分析

1. 仿真实验

为了说明本书中改进算法的有效性,在 MATLAB 平台进行了仿真实验。

首先是对机器人自身位姿的估计。设置机器人实际行走轨迹中真实的位姿状态,利用基本 RBPF 和改进 RBPF 在粒子数 N 取 50 和 100 时对真实的位姿进行估计。其中,$P_{c1}=0.8$、$P_{c2}=0.6$、$P_{m1}=0.1$、$P_{m2}=0.01$。

从图 6－5 和表 6－3 可以看出,在粒子数相同的条件下,改进 RBPF 算法的均方根误差较小,与真实状态接近;随着粒子数的增加,虽然算法运行时间延长,但估计的结果则更加接近真实状态,同时改进 RBPF 算法采用 50 个粒子比 RBPF 算法采用 100 个粒子所获得的估计效果好,故采用改进 RBPF 算法估计得更加精确,且能利用较少的粒子获得可靠的估计。

表 6－3　两种算法的对比数据

算　法	粒子数	均方根误差(RMSE)	运行时间/s
RBPF	50	2.361	0.343
RBPF	100	2.045	0.661
改进 RBPF	50	1.974	0.350
改进 RBPF	100	1.386	0.547

其次,比较 RBPF 算法和改进 RBPF 算法下对机器人轨迹和路标的估计结果。如图 6－6 所示,设定 100 m×100 m 的区域,星形表示实际路标,粗黑线表示实际轨迹;细实线表示利用改进 RBPF 算法得到的轨迹估计,圆圈表示对应的路标估计;虚线表示利用基本 RBPF 算法得到的轨迹估计,黑色小点表示对应的路标估计。

由图 6－6 和表 6－4 可知,改进 RBPF 算法在进行轨迹和路标估计时所用粒子数和运行时间比 RBPF 算法少。在轨迹估计方面,改进 RBPF 算法得到的轨迹与机器人实际轨迹误差较小,而基本 RBPF 算法得到的轨迹波动较大;在路标估计方面,利用改进 RBPF 算法得到的路标估计与实际路标较为接近,而基本 RBPF 算法得到

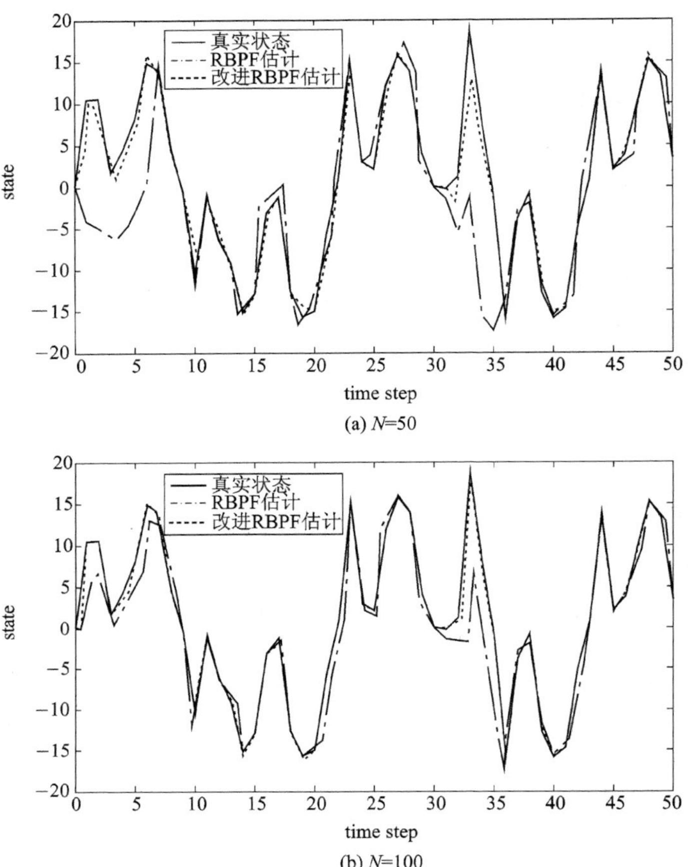

(a) N=50

(b) N=100

图 6-5　机器人位姿估计

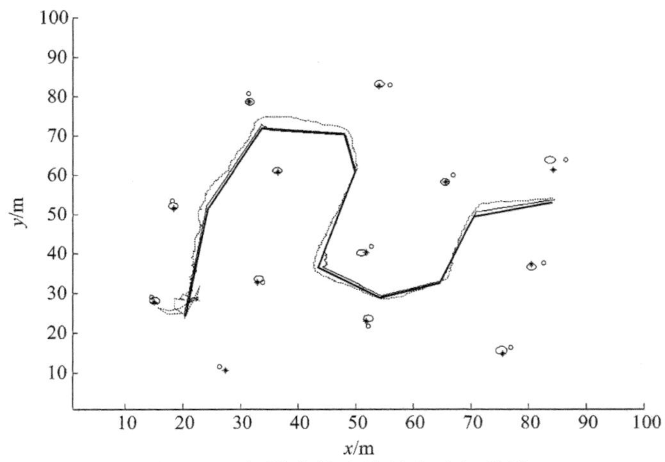

图 6-6　机器人轨迹估计和路标估计

的路标估计则在一定程度上远离实际路标。因此，与基本 RBPF 算法相比，改进 RBPF 算法在机器人轨迹估计和路标估计中能够得到更加满意的效果。

表 6-4　两种算法的对比数据

算　法	轨迹 RMSE	路标 RMSE	粒子数	运行时间/s
RBPF	1.293	1.451	50	3.962
改进 RBPF	0.737	1.047	25	1.363

下面利用悉尼维多利亚公园数据集对 RBPF 算法和改进 RBPF 算法的性能做进一步验证。由于维多利亚公园数据集并未提供相关噪声参数的信息，故将噪声参数设置如下：车辆速度控制噪声为 1.0 dB，驾驶角控制噪声为 2.0°；路标观测的角度噪声为 2.5°，测距噪声为 1.6 dB。两种算法分别采用 20 个粒子和 10 个粒子来描述车辆轨迹和环境地图。

如图 6-7 所示为 RBPF 和改进 RBPF 下的仿真结果。其中，黑色粗线表示 GPS 路径(即真实路径)，黑色细线表示估计路径，黑点表示估计路标。

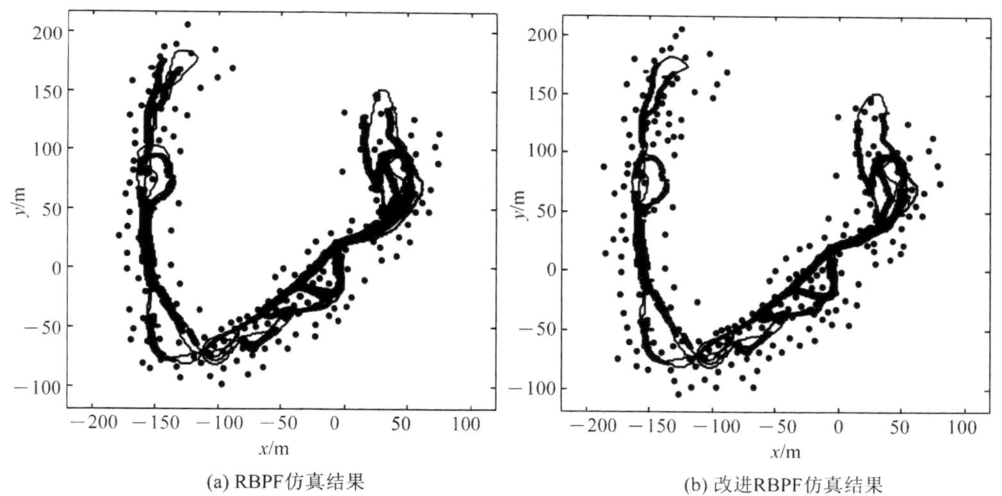

图 6-7　维多利亚公园数据集下的仿真结果

从图 6-7 可以看出，两种算法均在不同程度上估计出 GPS 路径，但 RBPF 算法采用 20 个粒子得到的轨迹在部分区域出现明显的不匹配现象，偏差较大；而改进 RBPF 算法采用 10 个粒子得到的轨迹与 GPS 路径之间的误差较小，吻合度更高。同时，RBPF 算法出现粒子匮乏问题而导致估计的路标个数不完全，而改进 RBPF 算法能精确地估计所有设定的路标。

由上述仿真结果可知，改进 RBPF 算法具有更好的有效性和优越性，再次借助 MATLAB 平台利用改进 RBPF-SLAM 算法实现了机器人实时定位与地图构建。

建立一个如图 6－8 所示的模拟环境，设定眼形为移动机器人并置身环境，黑色方块和长条表示障碍物。

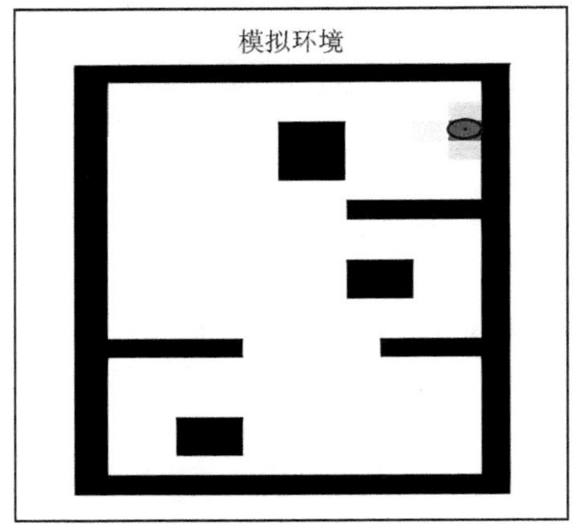

图 6－8　模拟环境

然后，机器人在环境中行走，在实现自身定位的同时，不断利用观测到的数据构建地图，如图 6－9 所示，显示出机器人实现 SLAM 的过程。

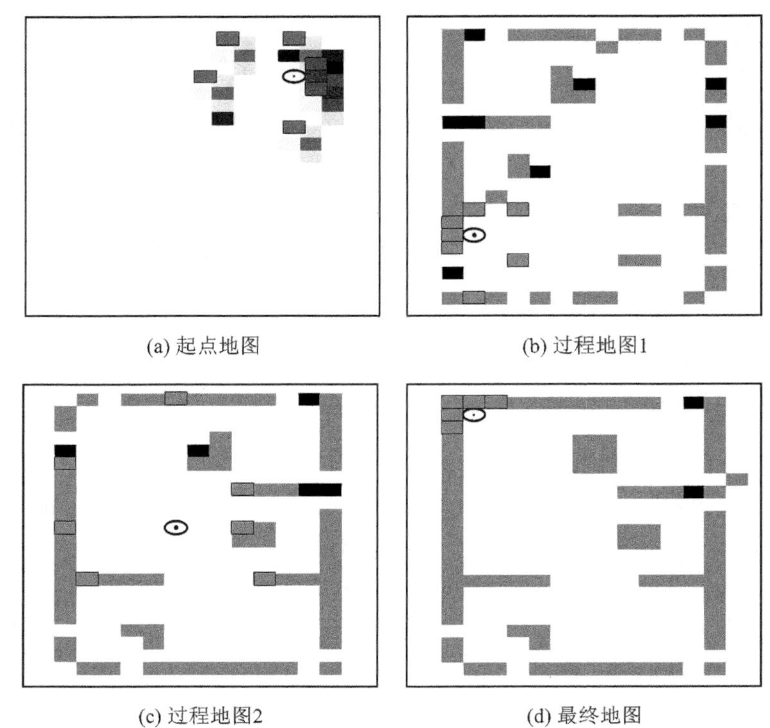

(a) 起点地图　(b) 过程地图1

(c) 过程地图2　(d) 最终地图

图 6－9　机器人实现 SLAM 的过程

图 6 - 9(a)表示机器人位于起始点构建的局部地图；图 6 - 9(b)、图 6 - 9(c)表示机器人行走过程中构建的地图；图 6 - 9(d)表示机器人位于终点时构建的最终地图。仿真中的机器人根据改进 RBPF 算法得到最终的地图，将其与图 6 - 8 所示模拟的环境相比较，两者基本一致。因此，利用改进 RBPF 算法能够较好地表达所描述的环境信息。

2. 实验验证

为了验证本书改进算法的实际性，在室内环境下利用旅行家 2 号移动机器人进行实际验证，完成同时定位与地图构建。该机器人内部有里程计，并随身携带 URG - hokuyo 激光传感器。PC 装有在 Ubuntu 12.04 系统上运行的 ROS 平台。

现选取安徽工程大学电气工程学院实验室部分区域作为本次实验的室内环境。如图 6 - 10 所示，选取的区域为 8 m×1.5 m，机器人以 0.3 m/s 的速度移动，利用里程计信息和激光数据信息实时构建栅格地图。

结果如图 6 - 11 所示，机器人匀速行驶，利用自身数据和观测数据构建栅格地图，创建的地图精度较高，能够反映真实的室内环境。

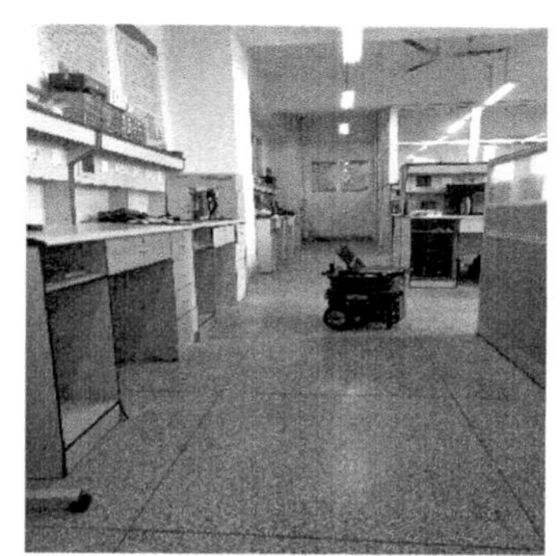

图 6 - 10　实验室环境

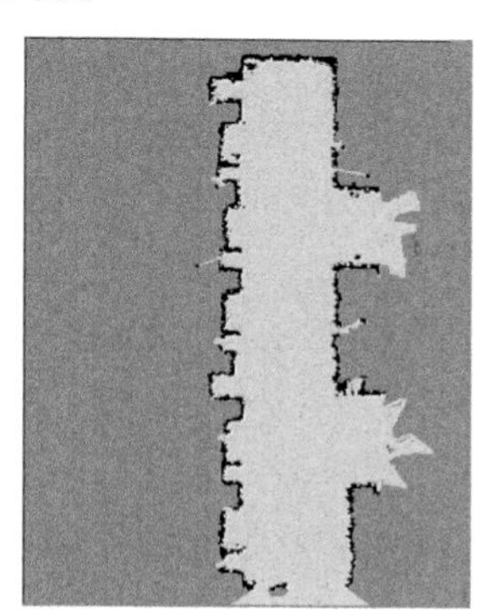

图 6 - 11　Rviz 实时构建地图

6.3　本章小结

本章首先对 FastSLAM 算法的实现进行了详细的分析。针对原有的 FastSLAM 算法提出了一种优化的算法，优化的 FastSLAM 算法采用粒子滤波器通过计算机器人移动路径上的后验概率大小进行位姿估计，但在 N 个路标的概率分布用无损卡尔曼滤波(UKF)代替了 EKF 算法进行状态估计。通过仿真实验验证，证明改进后的算法在计算速度方面仍然具有明显的优势。

其次将机器人运动模型和观测模型作为提议分布，并融合遗传算法中交叉变异操作进行重采样，以解决基本 RBPF 算法中粒子退化和多样性减少的问题。采用改进 RBPF 对机器人进行定位，结合采用里程计和激光传感器采集到的信息，使得机器人在精确估计自身位姿的同时能够创建较高精度的栅格地图。

下一步，将在获得的高精度栅格地图的基础上对移动机器人进行路径规划研究。

第 7 章　已知环境下全局路径规划算法

7.1　基于优化 D * Lite 算法的移动机器人路径规划算法

在未知环境中，地面移动机器人依靠配置的传感器探测和构建环境地图后，路径规划算法完成全局路径规划。环境地图采用栅格地图的形式来描述，黑色栅格表示不可通过栅格，白色栅格表示可通过栅格。计算出最短路径后，地面移动机器人根据最短路径向目标移动，同时探测是否发生栅格可通过性变化改变了最短路径，检测到变化后 D * Lite 算法计算变化栅格的 k 参数，更新最短路径直到到达目标位置。

在实际应用中，地面移动机器人采用的传感器，如激光传感器可以获取大面积的环境地图信息，不仅仅是只获取当前位置周围的八个栅格的信息，同时机器人的转角度数也不限于 D * Lite 算法中限定的 45°的整倍数。因此有必要对 D * Lite 算法在实际环境中的路径规划做一些优化，使得 D * Lite 算法更适应现实中的地面移动机器人。

分析现有的 D * Lite 算法，该算法存在两个主要问题：

① 算法对机器人的安全考虑不够完善，算法规划的路径结果存在安全隐患。

② D * Lite 规划的路径存在过多的转折次数，没有对规划的路径进行优化和平滑；此外，限制机器人路径转角度数是 45°的整倍数，不符合机器人的实际运动特性。

针对上述的两个问题，本章从路径规划中的路径安全改进和路径优化两个方面对 D * Lite 算法进行改进和完善，在路径搜索中将存在安全问题的路径改为安全路径。在路径规划后采用反向搜索连接优化方法，平滑 D * Lite 算法规划的路径，同时在必要时对栅格地图进行临时障碍栅格标记，避免路径规划算法对不必要搜索的栅格区域重复搜素。

7.1.1　算法优化策略

优化的 D * Lite 算法和现有的 D * Lite 算法原理一致，但是优化的 D * Lite 算法添加了不安全路径的检测。对不安全路径的严格检测，可以提高路径规划算法对地面移动机器人的传感器测量误差的包容性，即使传感器检测的环境信息存在细小的偏差，依然能够保证地面机器人的安全。

优化的 D * Lite 算法与 D * Lite 算法路径搜索思想相同，本书对 D * Lite 做 4 种扩展：

① 检测穿过障碍栅格尖角的路径；

② 检测穿过障碍栅格结合点的路径；

③ 对栅格地图做临时障碍栅格标记处理；

④ 反向搜索连接路径，在 D * Lite 计算出的路径基础上平滑路径规划结果。

1. 安全改进策略

现有的 D * Lite 算法可以搜索和前往周围的 8 个栅格，当机器人下一步移动的栅格是对角栅格且其中一侧存在障碍物栅格时，D * Lite 规划的路径结果如图 7 - 1 所示。从图 7 - 1 可以看出，地面机器人按此路径移动会非常接近障碍物甚至碰到障碍物，因此有必要对穿过障碍栅格尖角的路径进行改进。

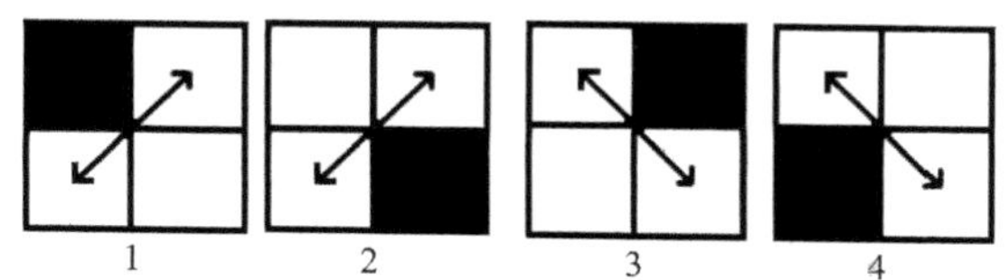

图 7 - 1　现有 D * Lite 算法规划的路径穿过障碍物尖角

改进策略是检测这种特征的路径，当前往的下一栅格为斜角栅格且路径两侧之一存在障碍栅格时，将路径改为安全的路径。安全的路径是从旁边的可通过栅格绕过去。改进后的安全路径如图 7 - 2 所示。

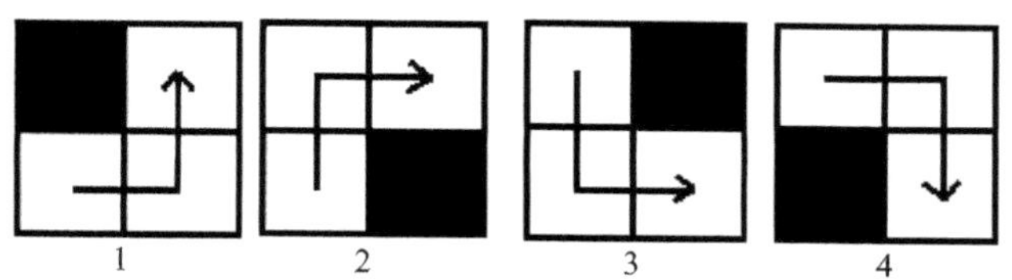

图 7 - 2　改进后的安全路径(1)

当机器人向对角栅格移动且两侧栅格都是障碍栅格时，现有的 D * Lite 算法在进行路径规划时会直接穿过两个障碍栅格的结合位置，如图 7 - 3 所示。这样的路径也是不安全的路径，需要改进。改进后的安全路径如图 7 - 4 所示。

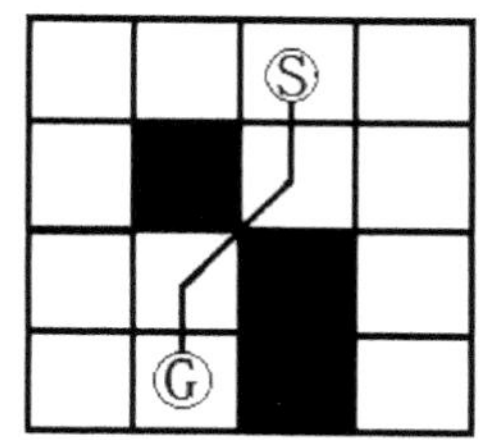

图 7 - 3　现有 D * Lite 算法规划的路径穿过障碍物结合点

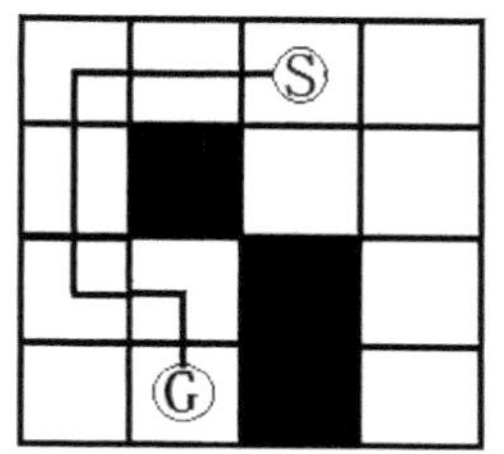

图 7 - 4　改进后的安全路径(2)

总结上述两个存在安全问题的路径可以得出如下安全路径规则：

① 机器人的移动路径中不应出现穿过障碍栅格尖角的路径。

② 机器人移动的路径不应穿过两个对角障碍栅格的结合位置。

现有的 D * Lite 路径规划算法在执行过程中，根据最小 $k(s)$ 值选中下一步待扩展栅格，优化的算法首先判断前往待扩展栅格是否符合上述两个安全路径规则，如果符合，则选择为下一待扩展节点；如果不符合，那么从优先队列中移除这个节点，重新在优先队列里选择拥有最小 $k(s)$ 值的栅格节点作为下一个扩展的节点。在 D * Lite 算法执行过程中，添加检测穿过障碍栅格尖角以及结合点的路径，并改进为如图 7 - 2 和图 7 - 4 所示的安全路径。

2. 路径优化方法

在栅格地图中存在复杂的障碍物，比如凹型障碍物，第一次路径搜索将进入凹型障碍物内部搜索路径，最后得出此路无法通过的结论。为避免在环境变化时再一次不必要地进入凹型障碍物和减少路径搜索的栅格数量，采用临时障碍栅格标记的方法，以避免不必要的栅格搜索。

栅格地图中的复杂障碍如图 7 - 5 所示，搜索阶段机器人从目标栅格向出发栅格搜索最短路径。机器人假定未探测到的栅格为自由栅格，目标栅格向上移动是前往出发栅格最短路径，最终机器人检测到障碍物如图 7 - 5(1)所示。机器人搜索周围可通行栅格，可通行栅格为机器人右侧栅格，如图 7 - 5(2)所示。随后可通行栅格为机器人下部栅格，如图 7 - 5(3)所示，最终如图 7 - 5(6)所示为从障碍中走出的路线。

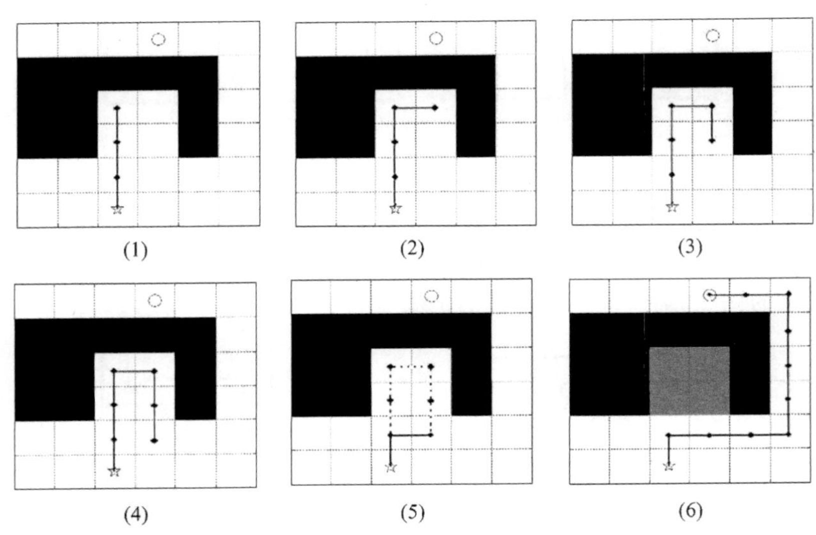

图 7 - 5　对凹型障碍物做临时障碍栅格标记

通过检查周围栅格是否包含机器人已行走的栅格完成路径优化，结果如图 7 - 5(5)所示，以虚线路径替换为实线路径；同时，将对应栅格标记为临时障碍栅格（灰色栅格),在栅格地图发生改变且不影响临时障碍栅格附近的路径时,算法将不会把临时障碍栅格放入优先队列中计算参数,从而可减少算法搜索栅格的数量并提高动态搜索效率,最终路径如图 7 - 5(6)所示。

从图 7 - 5 中可以看出,路径的转角都是 45°的整倍数。实际应用中机器人可支持 0°~360°的转角度数,本书在路径规划执行的最后对路径进行优化。

路径优化采用和 D * Lite 类似的策略,按照从目标栅格向出发栅格的搜索顺序对已经规划好的最短路径进行优化。执行步骤如下:

① 分析目标位置栅格和后续的两个路径节点,对三个节点进行分析,检查是否可以将此三个节点组成的两个路径优化为一个路径并做安全路径规则检查。

② 如果新的路径符合上节所述的安全路径规则,则把三个节点中的两条路径更改为两个节点和一条路径,并保留这两个节点,加入下一个节点继续检查这三个新的节点和两个路径是否可以优化。

③ 如果新的路径不符合路径安全规则,即存在穿过障碍栅格尖角和障碍栅格结合的位置,那么结束这三个最短路径节点的优化。移除第一个加入的节点(最靠近目标栅格的路径节点),加入下一个节点。

④ 循环执行步骤②和③,检查是否存在可优化的路径,直到到达出发节点。

⑤ 当路径发生变化时,从路径变化节点开始向周围受影响的路径节点进行可优化路径的搜索和优化,直到检查不到需要优化的路径为止。

反向搜索连接路径优化流程图如图 7 - 6 所示。

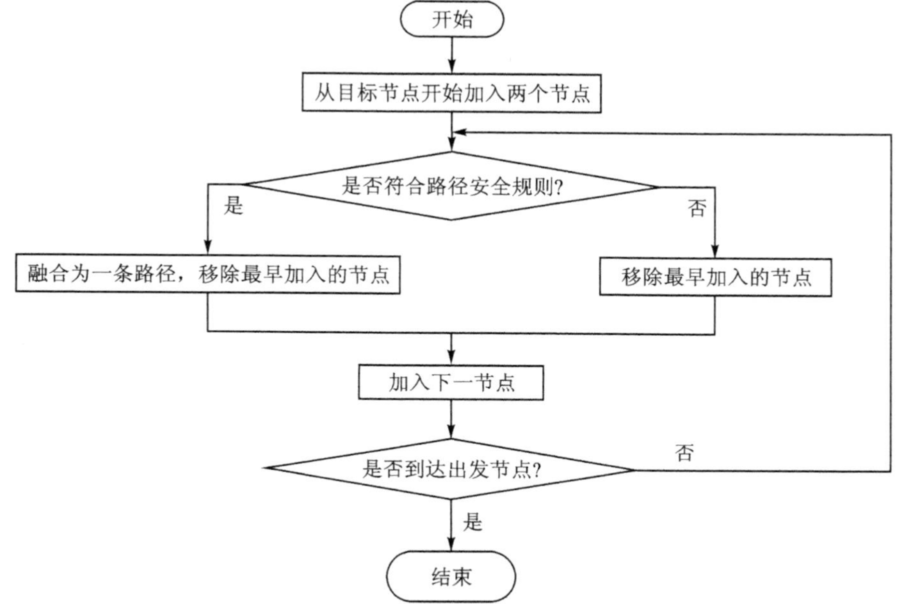

图 7 - 6　反向搜索连接路径优化流程图

反向搜索连接路径即将在可视范围内的路径“拉直”，目的是减少转向的次数和降低路径长度。在路径融合前，先判断融合后的路径是否符合安全规则，以保证路径的安全。路径融合的方向选择和路径的搜索方向一致，即从目标位置向机器人当前位置搜索融合。因此，在地面机器人接近目标的过程中，需要融合和更新的路径不断减少。同时，路径融合是在现有 D＊Lite 算法的基础上进行的路径优化，可以保证路径规划结果的最优性和正确性。

7.1.2　优化的 D＊Lite 搜索过程

优化的 D＊ Lite 算法执行过程和 D＊Lite 算法大致一致。优化的 D＊Lite 算法在路径计算过程中检查是否存在不安全的路径，并改进为安全的路径。在最短路径规划完成后对路径进行反向搜索连接优化，达到减小路径长度、提高路径平滑度和减少转向次数的目的。

完整的算法执行步骤如下：

1. 初始化所有栅格的 $h(s)$ 值，把目标节点放入队列中

出发位置的 $h(\text{start})$ 值为 0，出发位置周围的 8 个栅格，每个栅格 $h(s)$ 值加 1，从一个栅格到另一个水平、垂直或对角栅格的 $h(s)$ 值的差值均为 1。直到整个栅格图的 h 值初始化完成。初始化所有的栅格 $\text{rhs}(s)$ 值和 $g(s)$ 值均为无穷大。将目标节点放入优先队列中。

2. 计算最短路径

目标节点成为第一个局部不连续的节点。从目标节点开始，计算周围 8 个栅格的 $k(s)$ 参数，如果 $g(s)>\text{rhs}(s)$，那么把 $\text{rhs}(s)$ 赋给 $g(s)$。选择下一待扩展栅格前，首先判断前往下一待扩展栅格是否存在违反穿过障碍栅格的结合点和穿过障碍栅格的尖角这两个安全路径规则的问题，如果存在，那么将此待扩展栅格移除，再次从优先队列选中 $k(s)$ 值最小的栅格作为待扩展栅格，判断新的待扩展栅格是否符合安全路径规则。重复选择拥有最小 $k(s)$ 值且符合安全路径规则的节点进行扩展，直到 $\text{rhs}(\text{start})=g(\text{start})$。

3. 路径生成

从当前位置向 $g(s')+c(s',S_{\text{start}})$ 值最小的栅格移动，s' 是 $\text{Succ}(s)$。

4. 路径优化

从目标位置开始，每次对三个连续的节点执行路径优化判断，并对优化后的路径进行安全判断；如果违反路径安全规则，那么放弃此次路径优化，移除最先放入的路径节点并加入下一个路径节点，直到优化到出发节点为止。

5. 检查环境变化

在地面移动机器人移动过程中，检测栅格地图的变化，更新变化栅格的 $k(s)$，并将受此栅格地图变化影响变成不连续的栅格重新计算参数。然后按步骤 3 查找新的路径并按步骤 4 完成路径优化。

以上是本书优化的 D* Lite 算法路径优化策略。优化的 D* Lite 算法从目标栅格到出发栅格反向搜索完整流程图，如图 7-7 所示。

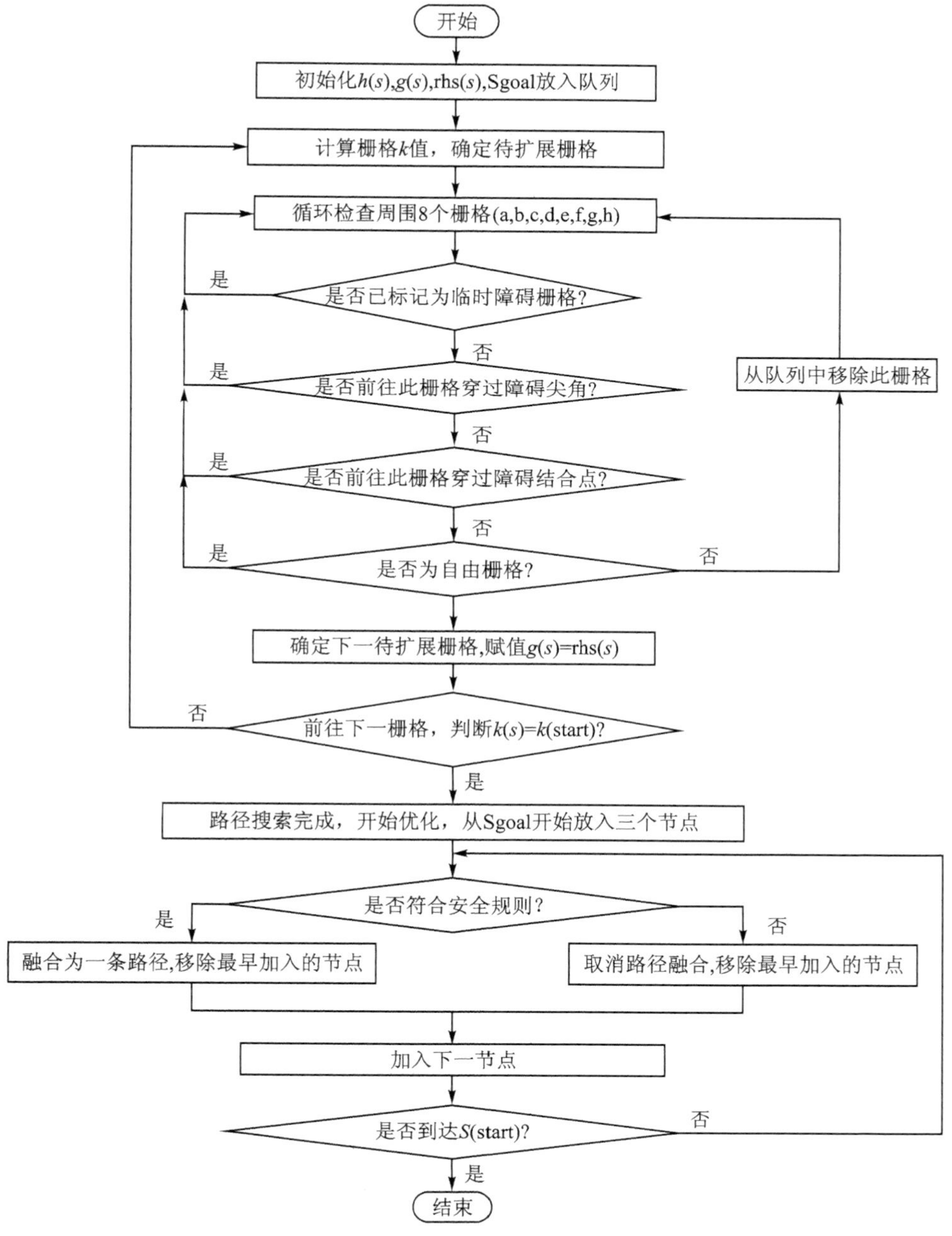

图 7-7　优化的 D* Lite 算法流程图

7.1.3　优化的 D * Lite 算法仿真

对提出的优化的 D * Lite 算法在 MATLAB 2013 中进行仿真，仿真界面如图 7－8 所示。一个方格单元表示一个栅格，出发栅格用空心圆表示；目标栅格位于右下方，用五角星表示。出发点栅格、终点栅格和障碍栅格采用手工输入坐标定义。

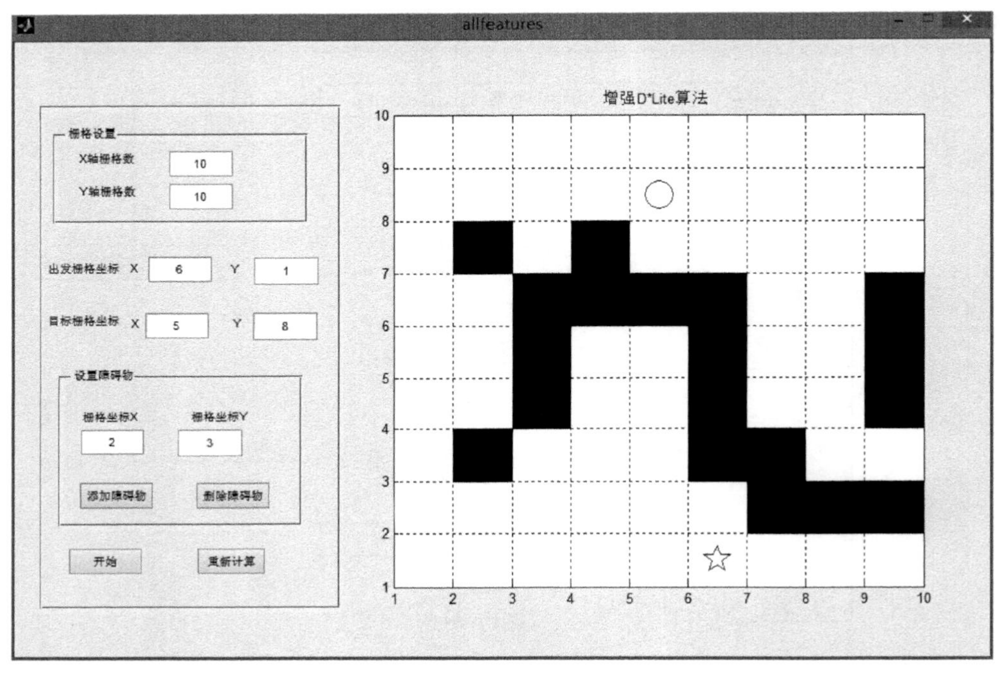

图 7－8　优化的 D * Lite 算法仿真界面

为了能够对优化的 D * Lite 算法在安全改进和路径优化两个方面做清晰的比较，首先验证优化的 D * Lite 算法对路径规划安全改进的结果，然后在安全改进后的路径规划的结果上进行路径优化。

优化的 D * Lite 算法在进行安全改进后的路径规划结果如图 7－9 所示。

机器人从目标栅格向出发栅格搜索的过程中，优化的 D * Lite 算法检测障碍尖角和障碍结合点并进行安全改进。图 7－9 中灰色栅格是标记的临时障碍栅格。比较图 7－9 中(a)和(b)可知，改进后的 D * Lite 算法改进了原算法的安全策略，规划的路径不会穿过障碍物的结合部分和障碍物的尖角边缘，路径中不安全的部分得到改进。但是，在进行安全路径改进的同时，路径的长度和转折次数因绕过障碍物而增加。采用安全策略改进后的 D * Lite 算法的转向次数、转向角度和行走距离与现有 D * Lite 算法的比较结果如表 7－1 所列。

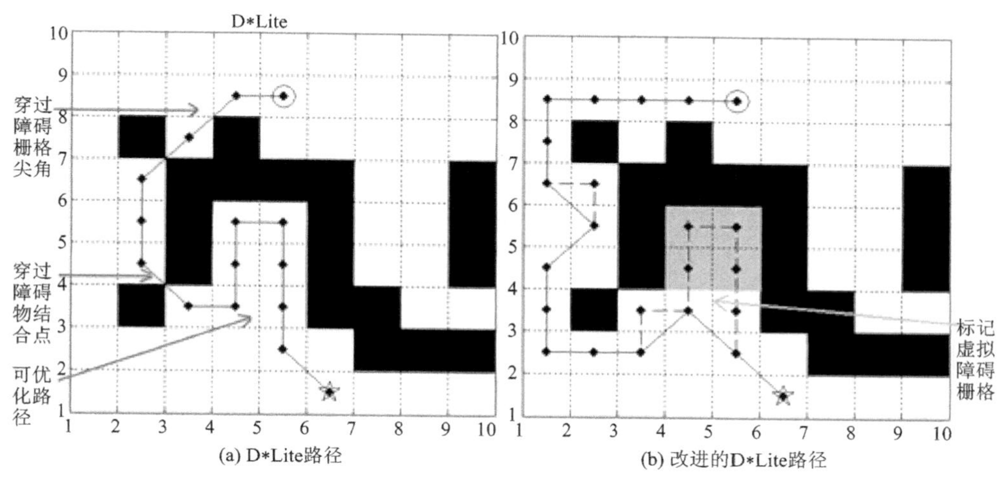

(a) D*Lite路径 (b) 改进的D*Lite路径

图 7-9 D*Lite 和改进的 D*Lite 路径比较

表 7-1 安全改进后的 D*Lite 算法和原算法规划路径的比较

评价参数	现有 D*Lite 算法	采用安全策略的 D*Lite 算法
转向次数	8	10
转向角度/(°)	495	675
路径长度	15.6	21.6

安全改进后的路径避免了上文提到的安全问题，但是在进行安全路径改进的同时，路径的长度和转折次数增加。根据实际应用中机器人可以实现任意转向角度的特点，在路径安全基础上采用反向连接的路径融合方法，从目标节点开始，每次选择三个节点判断是否可以融合为一条路径。融合后，三个路径节点将减少为两个路径节点，中间节点被移除。如原有的两个路径存在折转，那么融合后的路径将不再转折，减少了路径的转折次数和减小了路径长度，机器人在行走时根据融合后的路径转向度数转向，不再局限于45°角的整倍数。反向搜索连接方法优化从目标栅格到出发栅格的搜索路径结果，如图7-10所示。与图7-9比较可以看出，采用反向搜索连接方法优化后的路径长度明显减小，路径更加简捷，改善了原D*Lite算法曲折的路径。地面移动机器人按照优化后的路径行走，在保证机器人本体安全的基础上，缩短了行走时间，提高了行走效率。

从图7-10中可以看出，在路径的优化过程中仍然是按照安全路径的判断规则，如优化后的路径存在安全隐患，那么就不会执行路径融合和优化。反向路径搜索融合后的路径转向次数、角度和路径长度更小。表7-2对执行路径优化后的路径评价参数和原始D*Lite算法，以及安全改进后的D*Lite算法进行了比较。可以看出，在安全路径基础上的路径融合方法明显改善了现有D*Lite算法的路径结果。

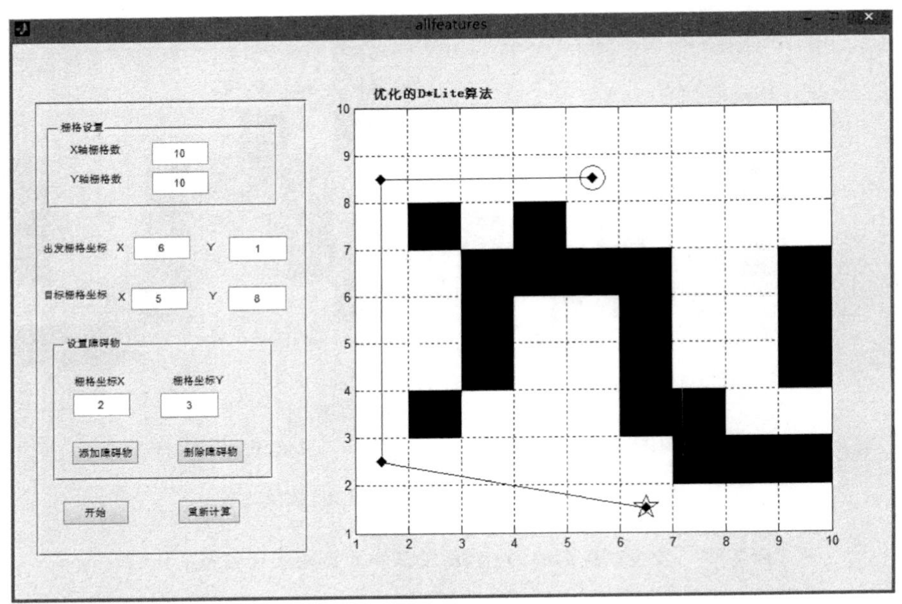

图 7-10　反向搜索连接路径优化后的路径

表 7-2　优化后的 D * Lite 算法和现有算法以及采用安全策略的路径结果比较

评价参数	现有 D * Lite 算法	采用安全策略的 D * Lite 算法	路径优化后的 D * Lite 算法
转向次数	8	10	2
转向角度/(°)	495	675	169
路径长度	15.6	21.6	15

最终的优化 D * Lite 路径规划算法采用安全策略，同时对路径结果执行反向搜索路径优化。表 7-2 中的数据表明，与现有 D * Lite 算法比较，优化的 D * Lite 算法转向次数和转向角度均明显减小，尤其是转向次数减小到仅 2 次，转向角度也减小至不到原算法的一半。路径长度因采用安全改进的路径，在障碍物结合的位置和障碍物尖角位置需要绕行，因此路径长度没有明显减小，略小于原算法的路径长度。

在实际应用中，地面移动机器人的行走路径长度、转向角度和转向次数都会影响到地面机器人前往目标的时间长短和能量消耗。因此，优化的 D * Lite 算法针对地面机器人的实际特点，对原 D * Lite 算法进行了有效的路径优化，可以明显提高现实应用中地面机器人移动的安全性和前往目标的效率。

7.2　基于改进蚁群算法的移动机器人路径规划算法

7.2.1　环境模型的建立

环境模型是指把不同环境系统中具体的事物以抽象的形式进行描述的一种模型，一般包括两种，分别是数学模型和图解模型。环境模型是解决环境建模问题的首要任务。实际上，环境建模通常涉及到对环境特征的提取，对于移动机器人所处的环境来说，主要是提取空间物体的位置及形状信息，如规则或不规则的障碍物。同时，环境模型构建是研究移动路径规划首要解决的问题，也是实现路径规划的基础条件。它主要用来描述各种空间物体（障碍物、路标等）在移动机器人所处环境内的准确位置，环境建模的目的是帮助移动机器人在建立好的含有障碍物的空间模型中能搜索一条起始点到目标点的最优路径，因此，合理的环境模型不仅易于移动机器人进行运算和理解，也有助于提高路径规划的质量，降低时空开销。目前，基于移动机器人路径规划的环境构建模型方法主要有几何特征图法、可视图法、栅格图法等。

（1）几何特征图法

几何特征图法是基于移动机器人根据自身传感器所感知到的周围环境信息并从中提取更为抽象的线段、曲线等有效的几何特征，然后利用这些几何特征构建环境地图。由于提取到的几何特征能精准地存储在地图中，且描述更加紧凑，故使得移动机器人能有效地估计自身的位姿及识别目标。然而，在非结构化环境或者大范围环境中，采用几何特征图法难以获得精度高的地图，并且如何提取环境中的几何特征信息以及如何把传感器检测的数据进行相应的关联是个难点。因此，该方法比较适合在结构化或局部环境中建立模型，且能够获取精度高的地图。几何特征图如图 7－11 所示。

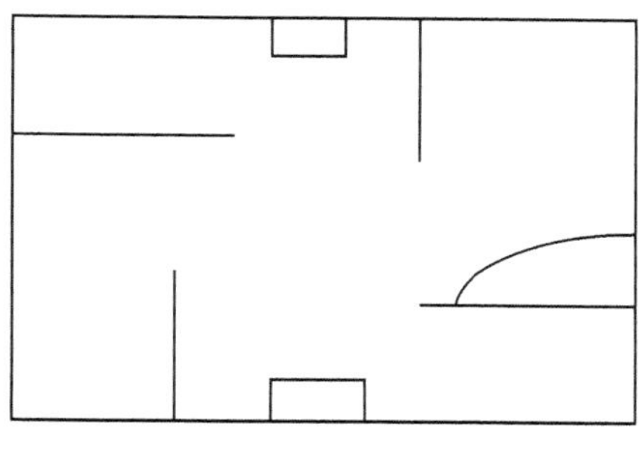

图 7－11　几何特征图

（2）可视图法

可视图法是将移动机器人看作一个活动点，把起始点、目标点及不同多边形障碍物之间的顶点进行连接（连接线段不能穿过障碍物内部），进而构成的一张可视图。采用可视图法建模实现比较简单，当障碍物为多边形时，基于可视图法能有效求解最优路径，但当障碍物个数以及顶点数量过多时，需要重新构造一张图，导致建模及路径寻优效率低下。相关学者对其进行改进，衍生了Voronoi图法和切线图法。可视图如图7-12所示。

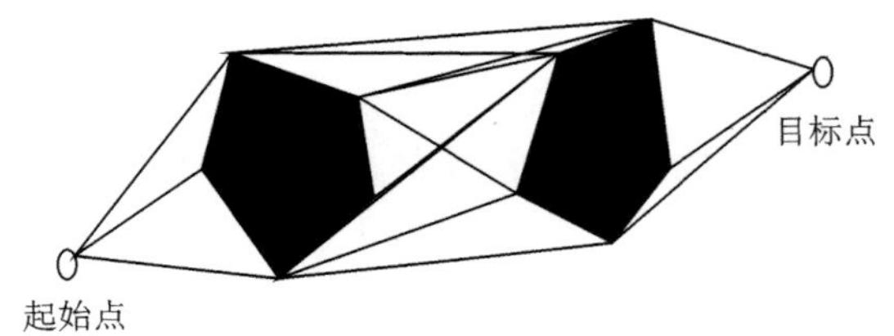

图7-12　可视图

(3) 栅格图法

栅格图法又称栅格法，它是把移动机器人所在环境划分成均匀且规则的矩形栅格，根据对应的环境信息对栅格分类，赋予栅格不同的数值来表示不同的状态。一般情况下，0表示栅格图中无障碍物，栅格为空白；1表示栅格图中有障碍物，栅格为黑色。栅格图法构造环境模型简便直观，易实现，能有效地保留环境中的各种信息；但其也存在一些问题，如栅格过大会导致地图精度低，栅格过小涉及的环境信息数量会导致计算复杂度增高。因此，采用栅格图法构建地图需要根据环境的情况，合理选择栅格大小。图7-13为栅格图。

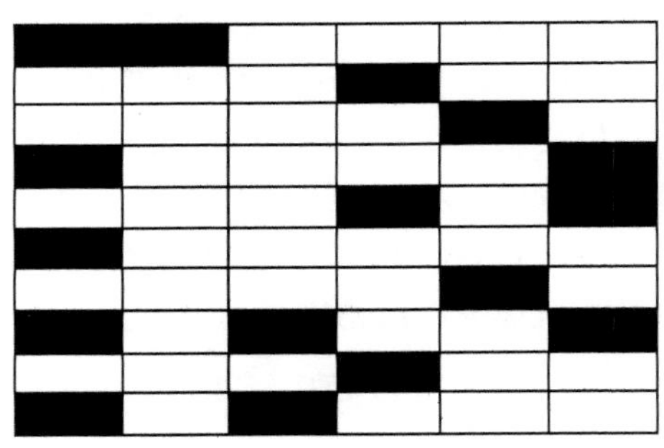

图7-13　栅格图

比较以上几种环境建模方法，本书最终采用栅格图法建立环境模型。

1. 栅格粒度的选择

栅格粒度决定着路径规划的精准度，粒度越小，栅格尺寸也就越小，对环境信息表达的精度就越高，但是减少了信息存储内存的容量，导致计算机处理数据速度变慢，同时，使得整个路径规划效率变低；而栅格粒度选择过大，对环境信息无法精确表达，当环境更加复杂时，就可能得不到有效的路径。

栅格粒度的选择很大程度上是根据环境中不同障碍物的疏密度决定的，通过计算障碍物占据的面积和整个环境的面积能获得栅格的粒度值。在计算形状不一的障碍物的面积时，计算方式也不同。一般情况下，当障碍物是凸形时，则把它分割成三角形计算；当障碍物为不规则圆形时，则按照矩形计算。最后，要比较获得的粒度与机器人尺寸的大小，取最大的粒度，才能使机器人在实际移动中顺利避开障碍物。通过下面 7 个步骤可以得到粒度值：

① 选择一个障碍物，判断其形状是否为凸形。

② 若是，则把多边形从某个顶点开始分割成多个不相交的三角形。

③ 若不是，则选出该障碍物在坐标系下的最大、最小的坐标，然后以两个坐标为对角点构成矩形，接着把该矩形从对角线分割成两个不相交的三角形。

④ 用公式 $s=\frac{1}{2}\times a\times b\times \sin\alpha$ 计算三角形面积，a 和 b 为两个三角形的边长，α 为两个边长的夹角。

⑤ 判断地图中的所有障碍物是否计算过，若否，则返回步骤①重新执行。

⑥ 累加所有障碍物的面积，用公式 $S_O=\sum_{r\subset\Omega}S_r$ 表示，Ω 为所有障碍物的集合，r 是集合中的一个元素。

⑦ 用公式 $d_t=\frac{S_O}{S_W}\times d_{max}$ 计算栅格的粒度值，可得下式：

$$d=\begin{cases}d_t, & d_t>d_{min}\\ d_{min}, & 其他\end{cases} \tag{7-1}$$

式中，S_W 是环境的总面积；d_{max} 是障碍栅格的最大边长，d_{min} 是障碍栅格的最小边长，d 是最终栅格的边长。

2. 栅格法环境建模

栅格法建模是由 W. E. Howden 于 1968 年提出的，他使用栅格占有率来表示环境中的障碍物。如今，栅格法环境建模已广泛应用到移动机器人的路径规划中。该算法建模是把移动机器人所在的运动环境划分成一系列均匀且规则的矩形栅格，并对每个矩形栅格进行编码，然后根据对应的环境信息对栅格分类，赋予栅格不同的数值来表示该栅格是障碍物区域还是自由通行区域。假设移动机器人在二维空间中行走，那么环境空间就可以用一个二维数组或者二进制矩阵来等价，移动机器人所走的轨迹就可用二维坐标表示。数组由 0、1 构成。0 表示栅格图中无障碍物，栅格为空白；1 表示栅格图中有障碍物，栅格为黑色。这样的表示降低了在处理障碍物边界时计算的复杂度。

本书中研究的移动机器人运行空间为二维空间，且空间内仅存在静态障碍物，采用栅格法建立移动机器人的运行环境模型。为了确保移动机器人运行环境建模的精确度，本文假设移动机器人工作区域中的起始位置 $S(x_{start},y_{start})$、目标位置 $G(x_{start},y_{start})$、区域中静态障碍物位置及大小已知，障碍物以移动机器人的半径大小向外膨胀且障碍物及膨胀边界占据某个栅格的局部，则认为占据整个此栅格。根据移动机器人运行空间的大小，将工作区域划分为等间隔的栅格且大小由移动机器人的尺寸决定。移动机器人在栅格环境移动中作为质点，栅格可分为自由栅格和障碍栅格，分别用白色和黑色表示。根据起始位置、目标位置和障碍物，建立一个新的栅格坐标系

(圆圈 S 表示起始点,圆圈 G 表示目标点),如图 7－14 所示。

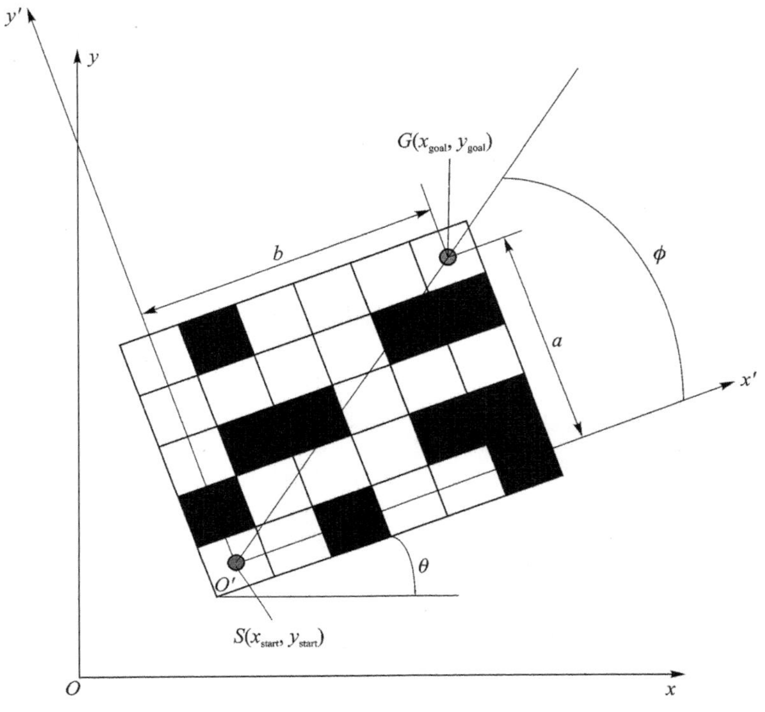

图 7－14　移动机器人运行环境

在新的坐标系 $x'O'y'$ 中,以 $S(x_{\text{start}}, y_{\text{start}})$ 为原点连接起始点与目标点,顺时针旋转角度 ϕ 作为 x' 轴,原坐标系下的位置 (x, y) 变换到新坐标系 $x'O'y'$ 下的位置。(x', y') 的变换式如下:

$$\begin{bmatrix} x' \\ y' \end{bmatrix} = \begin{bmatrix} \cos\theta & -\sin\theta \\ \sin\theta & \cos\theta \end{bmatrix} \times \begin{bmatrix} x \\ y \end{bmatrix} + \begin{bmatrix} x_{\text{start}} \\ y_{\text{start}} \end{bmatrix} \tag{7-2}$$

$$\phi = \arctan\frac{a}{b} \tag{7-3}$$

$$\theta = \arctan\frac{y_{\text{goal}} - y_{\text{start}}}{x_{\text{goal}} - x_{\text{start}}} - \phi \tag{7-4}$$

式(7－2)、式(7－3)和式(7－4)中:ϕ 为边 a 与边 b 的反正切角度,θ 为 x 与 x' 的夹角。

7.2.2　传统蚁群算法

1. 基本原理

传统蚁群算法是基于群体觅食的一种随机搜索智能方法,昆虫学家从蚂蚁觅食现象中发现,蚂蚁尽管没有视觉,但是它们在觅食来往的路径上会分泌一种特殊的化学物质来寻找路径。研究人员把这种分泌物质称为信息素。当蚂蚁在一个陌生的环境中寻找食物时，它会任意选择一条路径，并会一边行走一边释放与该路径长度相关的信息素。当其他的蚂蚁也选择这条路径行走时，该路径上的信息素浓度会增加，路径选择的概率就会变大，通过蚂蚁之间的信息素的重复反馈，形成了一种正反馈的机制，整个蚁群就会找到一条较优的路径；而且，蚁群可以通过这种机制在变化的环境中迅速地重新找到最短的路径。蚁群搜索路径原理如图 7－15 所示。

cd 为障碍物，ef 为目标位置，蚁群从 ab 行走，有两条通行路径，分别为 $abcef$ 和 $abdef$，长度比为 1∶2。在 $t=0$ 时刻，有 60 只蚂蚁前往目标位置，从概率学角度来说，蚂蚁选择两条通行路径的概率相同，此时有 30 只蚂蚁分别经过路径 $abcef$ 和 $abdef$，信息素浓度相同。在 $t=1$ 时刻，会有 40 只蚂蚁选择 bce 这条路，随着时间的推移，蚁群会选择信息素浓度大的路径，从而找到最短的路径。

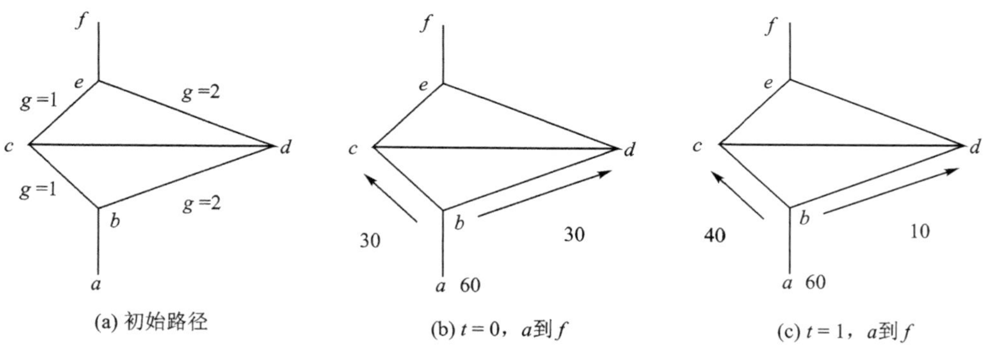

图 7－15　蚁群搜索路径原理

(1) 路径选择概率

本书假设位于栅格 i 上的蚂蚁 k 在栅格环境下移动，根据栅格环境中各条路径上的信息素 $\tau_{ij}(t)$ 及当前栅格 i 选择下一栅格 j 的启发信息 $\eta_{ij}(t)$，决定蚂蚁 k 下一步路径选择的概率 $P_{ij}^{k}(t)$，如下式所示：

$$P_{ij}^{k}(t)=\begin{cases}\dfrac{[\tau_{ij}(t)]^{\alpha}[\eta_{ij}(t)]^{\beta}}{\sum\limits_{s\in \text{allowed}_k}[\tau_{ir}(t)]^{\alpha}[\eta_{ir}(t)]^{\beta}}, & s\in \text{allowed}_k \\ 0, & \text{其他}\end{cases} \tag{7-5}$$

式中，$s\in \text{allowed}_k$ 表示蚂蚁 k 在当前栅格 i 可选后续栅格的集合；α 表示信息素增强系数，其值越大，对初始随机的信息素影响越深，从而会导致算法的全局搜索能力较差；β 表示期望启发式信息系数，其值越大，对蚂蚁 k 距目标近的栅格的倾向性就越高；$\tau_{ij}(t)$ 表示在 t 时刻当前栅格 i 到下一栅格 j 途中信息素的浓度；$\eta_{ij}(t)$ 表示在 t 时刻当前栅格 i 到下一栅格 j 路径上的启发信息，用下式表示：

$$\eta_{ij}(t)=\frac{1}{d_{(j,G)}} \tag{7-6}$$

式中，$d_{(j,G)}$表示栅格j到目标栅格G的欧式距离，用下式表示：

$$d_{(j,G)}=\sqrt{(x_j-x_G)^2+(y_j-y_G)^2} \tag{7-7}$$

(2) 信息素更新

由于蚂蚁是依赖信息素浓度和启发信息来选择路径的，就不可避免路径上的信息素随着时间的推移而减少，从而当蚂蚁从栅格i移到下一栅格j，就会更新局部信息素的大小，局部信息素按下式更新，即

$$\tau_{ij}(t)=(1-\lambda)\tau_{ij}(t)+\lambda\tau_0,\quad \lambda\in(0,1) \tag{7-8}$$

式中，λ为局部信息素挥发的速率，τ_0为一个小的正的常量。

当所有蚂蚁到达目标栅格G迭代完成一次搜索时，就会更新全局信息素值的大小。信息素全局更新公式用下式表示：

$$\tau_{ij}(t+1)=(1-\rho)\tau_{ij}(t)+\rho\Delta\tau_{ij}(t) \tag{7-9}$$

式中，ρ为全局信息素挥发的速率；$\Delta\tau_{ij}(t)$为全局信息素浓度，公式如下：

$$\Delta\tau_{ij}(t)=\begin{cases}\dfrac{Q}{L^k}, & ij\in L^k\\ 0, & \text{其他}\end{cases} \tag{7-10}$$

式中，Q为常量且大于0；L^k为蚂蚁k建立的最短路径。

2. 蚁群算法的优缺点

蚁群算法的优点主要包括：

① 蚁群算法具有正反馈的特性，依靠这种特性，蚂蚁在寻找路径时彼此之间可以交互路径上的信息，避免了较长路径的选择。

② 蚁群算法鲁棒性强，稍加改动，其模型就可应用于其他领域中。

③ 蚁群算法采用的是概率性的状态转移规则，作为一种全局搜索优化算法，可以提高算法的搜索能力。

④ 蚁群算法能够与其他算法相结合，扬长避短，提高算法的寻优能力。

蚁群算法的缺点主要包括：

① 搜索时间较长。由于每个蚂蚁寻找路径是随机的，在初始时刻，每条路径上的信息素大致相同，但随着搜寻的进行，较优路径上的信息素会增加。同时，较差路径上的信息素浓度也会随着时间的推移逐渐挥发，最终导致蚂蚁都选择信息素高的路径，而这一搜索过程需要大量的时间。

② 陷入局部最优。虽然蚂蚁会选择信息素浓度大的路径爬行，但在较为复杂的环境下，蚂蚁可能会选择局部最优的路径，导致算法停滞。

3. 算法验证

采用栅格法构建20×20的环境地图，起点为(1,1)，终点为(19,19)，算法的参数设置分别为$k=30$，$\alpha=1$，$\beta=5$，$\lambda=0.6$，$\rho=0.9$，$Q=2$，迭代次数为50。图7-16为蚁群算法仿真图，图7-17为平均路径和最小路径的收敛曲线图。从两幅图中可以看出，蚁群算法在求解路径规划时，可以得到一条全局路径，最小路径收敛曲线在迭

代次数为 25 左右时基本达到收敛，但是路径质量不佳。

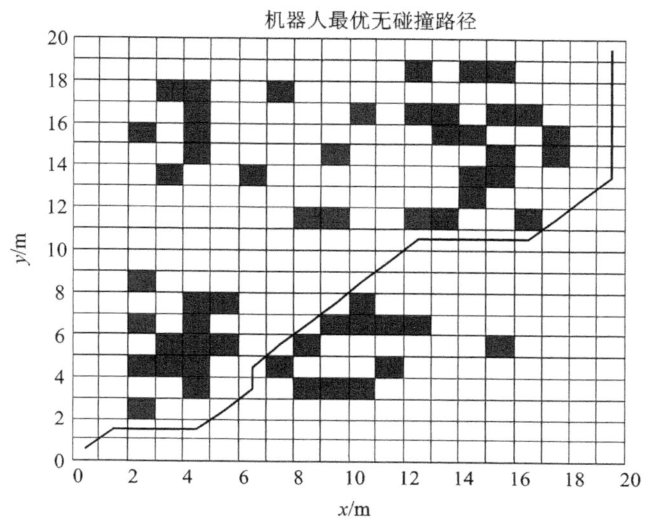

图 7－16　蚁群算法仿真图

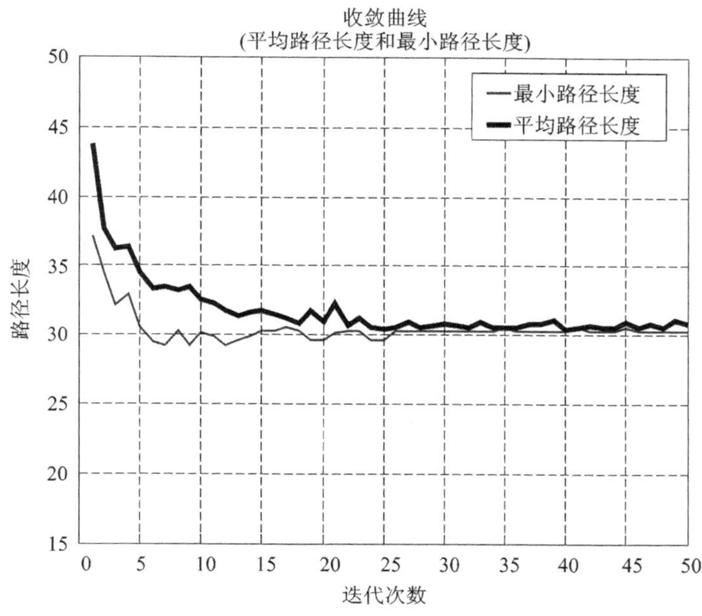

图 7－17　收敛曲线图

7.2.3　改进的蚁群路径规划算法

本书针对蚁群算法进行路径规划时具有收敛性差、局部最优和求解质量差等缺点，下面提出一种改进的蚁群算法。该算法引入一个障碍物排斥权重和新的启发因子到路径选择概率中，提高了路径避障能力，增加了路径选择的多样性；调整局部和全局信息素的更新方式，提高了路径搜索的效率、算法的收敛性和解的质量；为防止算法停滞，采用交叉操作获得新路径，使得算法的全局搜索效率更高。

1. 路径选择概率的改进

蚂蚁在移动期间仅依赖路径上的信息素浓度和启发信息，即依赖一种概率性的状态转移规则，然而这种转移规则仅考虑了自由栅格与目标栅格间的启发信息，没考虑栅格与障碍栅格间的启发信息。为了保证蚂蚁在搜索路径过程中，获取有效的无避障路径，现引入障碍物排斥权重到路径选择概率中；同时，为增加路径选择的多样性，新增一个启发式因子改变启发式信息。改进后的路径选择概率公式如下：

$$P_{ij}^{k}(t)=\begin{cases}\dfrac{[\tau_{ij}(t)]^{\alpha}[\eta_{ij}(t)]^{\beta}[\gamma_{ib}(t)]^{-k}}{\sum\limits_{s\in \text{allowed}_k}[\tau_{ir}(t)]^{\alpha}[\eta_{ir}(t)]^{\beta}[\gamma_{ib}(t)]^{-k}}, & s\in \text{allowed}_k \\ 0, & 其他\end{cases} \tag{7-11}$$

式中，$[\gamma_{ib}(t)]^{-k}$ 表示蚂蚁 k 在自由栅格 i 到障碍栅格 b 移动位置的权重倒数，该参数与路径选择概率 $P_{ij}^{k}(t)$ 成反比。用 $d(i,b)$ 表示自由栅格 i 到障碍栅格 b 的排斥距离，则有

$$[\gamma_{ib}(t)]^{-k}=\min d(i,b) \tag{7-12}$$

$$\eta_{ij}(t)=\frac{1}{d(i,G)}T_{j}^{k-1} \tag{7-13}$$

式中，T_j^k 表示蚂蚁 k 经历栅格 j 的次数，它随蚂蚁 k 每次遍历该栅格而递增。

2. 改进的信息素更新

针对局部信息素更新会降低算法的收敛性及全局信息素更新不能及时指引蚁群寻找最优解的问题，分别对这两种信息素的更新做出改进。

(1) 局部信息素更新

初期时，蚂蚁每次从当前栅格移动到下一栅格后，该路径含有的信息素值将会减少，从而降低其他蚂蚁走这条路径的可能。尽管这会增加未走路径的可能性，但随着时间的推移，会降低算法的收敛性。当蚂蚁找到一条路径后，对局部信息素更新进行改进。改进操作：设置信息素的阈值和限定范围；搜索 t 时间后，调节可能存在次优路径上信息素的阈值。局部信息素阈值调节公式和限定公式用下式表示：

$$\lambda(t)=\begin{cases}0.95\lambda(t), & 0.95\lambda(t)\geqslant \lambda_{\min} \\ \lambda_{\min}, & 其他\end{cases} \tag{7-14}$$

$$\tau_{ij}=\begin{cases}\tau_{ij}, & \tau_{\min}<\tau_{ij}<\tau_{\max} \\ \tau_{\min}, & \tau_{ij}\leqslant \tau_{\min} \\ \tau_{\max}, & \tau_{ij}>\tau_{\max}\end{cases} \tag{7-15}$$

式(7-14)和式(7-15)中，$0.95\lambda(t)$ 表示取 95 %的信息素大小值为上限；信息

素浓度 $\tau_{ij} \in [\tau_{\min}, \tau_{\max}]$，通过设置和调节阈值能防止信息素浓度过高或过低，使蚂蚁更有方向性地朝目标点移动，提高局部搜索的效率和算法的收敛性。

(2) 全局信息素更新

由于全局更新信息可能导致信息素调整的推迟，故不能使蚂蚁立刻找到最优解。但当蚂蚁遍历整个栅格图完成一次迭代后，会有最优解 L_{best} 和最差解 L_{worst}，用当前的两个解选择离最优解靠近的蚂蚁，更新满足当前最优解的蚂蚁经过的路径上的全局信息素。更新公式采用式(7-9)，其中，全局信息素浓度公式如下：

$$\Delta\tau_{ij}(t) = \begin{cases} \dfrac{Q}{L^k} \dfrac{L_{\text{B}} - L_{\text{G}}}{L_{\text{G}}} \dfrac{L_{\text{best}} + L_{\text{worst}}}{2}, & ij \in L^k \\ 0, & \text{其他} \end{cases} \tag{7-16}$$

式中，L_{B} 表示目前循环最优路径的长度；L_{G} 表示至今最优路径的长度。在蚁群对栅格图完成一次遍历后，迭代最优路径和至今路径的长度差值会变大，即经过至今最优路径的蚂蚁在蚁群中占比较小。根据式(7-9)，可以提高至今最优路径上信息素的值，吸引其他蚂蚁选择至今最优路径。引入最优解 L_{best} 和最差解 L_{worst}，来更新寻找接近当前最优解的蚂蚁所经过路径上的信息素，增强了蚂蚁间信息素的正反馈性，提高了解的多样性。

3. 路径交叉

一般地，如果蚁群在完成多次迭代后无法获得更优解，则认为蚁群算法可能处于停滞状态，陷入局部最优。针对此缺点，本书在改进蚁群算法的基础上，通过对来自不同节点的路径进行交叉操作获得新路径，使算法的全局搜索效率得以提高。

7.2.4 改进算法流程

Step1　采用栅格法对移动机器人运行环境建模，设置起始位置 S、目标位置 G、迭代计数器 NC=0 和最大迭代次数 $\text{NC}_{\max}$，对蚂蚁数量 M、信息素增强系数 a 等其他参数进行初始化。

Step2　把 M 只蚂蚁放到起点上，并添加到禁忌表中。

Step3　按式(7-12)计算栅格与障碍栅格的权重，根据式(7-11)选择下一可行栅格并将其添加到禁忌表中，T_j^k 自加 1，如此循环，直到所有蚂蚁到达目标栅格。

Step4　蚂蚁每找到一条路径，按式(7-14)和式(7-15)分别调节信息素阈值和设置信息素范围，用式(7-8)进行信息素局部更新。

Step5　对当前局部最优路径与邻近路径做交叉操作，经一次迭代后，若每只蚂蚁都找到一条路径，则执行 Step6，否则循环执行 Step3 和 Step4。

Step6　按式(7-9)和式(7-16)更新当前最优解的蚂蚁所经过的路径上的全局信息素。

Step7　迭代计数器自增，若 NC 超过 $\text{NC}_{\max}$，则输出最优路径，流程结束；否则，循环执行 Step2 到 Step6。

7.2.5　仿真实验及分析

为验证改进算法的可行性与正确性，作者在 PC 上进行两次仿真实验，处理器为 Intel(R) Core(TM) i3－3240，主频为 3.4 GHz，内存为 4 GB，仿真软件为 MATLAB R2014a。

① 仿真环境 1 为 20×20 的二维静态栅格图，点(1,1)为机器人的起点，点(19,19)为终点。本书改进算法中的参数取值设为 $M=50,\alpha=1,\beta=5,\lambda=0.6,\rho=0.8$，NC=0，最大迭代次数 $\mathrm{NC}_{\max}=100$，$Q=2$。为对比改进算法与其他算法的差异，在同一仿真环境下，分别采用蚁群算法和相关文献* 提出的改进算法进行路径规划仿真。三种算法的仿真结果如图 7－18 所示，粗折线为本书改进算法规划的路径，细折线为蚁群算法规划的路径，虚线为相关文献提出的改进算法规划的路径。

从图 7－18 中可以看出，采用蚁群算法和相关文献算法对路径规划会出现较多的“转折点”，可能会影响移动机器人在转弯时整体的平衡性；而本书改进算法规划的路径“转折点”较少，搜索能力和所找路径质量优于其他两种算法。

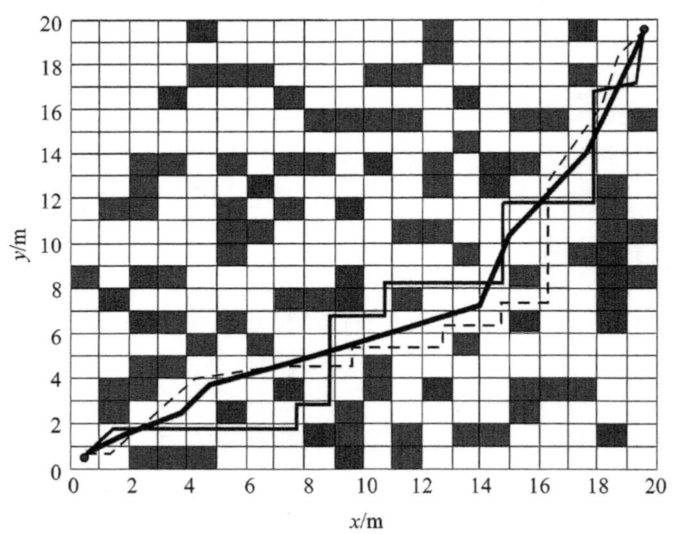

图 7－18　三种算法的仿真结果

图 7－19 为三种算法收敛比较结果，从图中可看出，本书改进算法在迭代多次后就开始收敛，相比其他两种算法可以较早避免算法陷入局部最优，改变局部信息素浓度的大小使得算法方向性更加明确，提高了算法的收敛性。

---

* Sheng J, He G, Guo W, et al. An improved artificial potential field algorithm for virtual human path planning[M]. Entertainment for Education. Digital Techniques and Systems. Springer Berlin Heidel-berg, 2010:592-601.

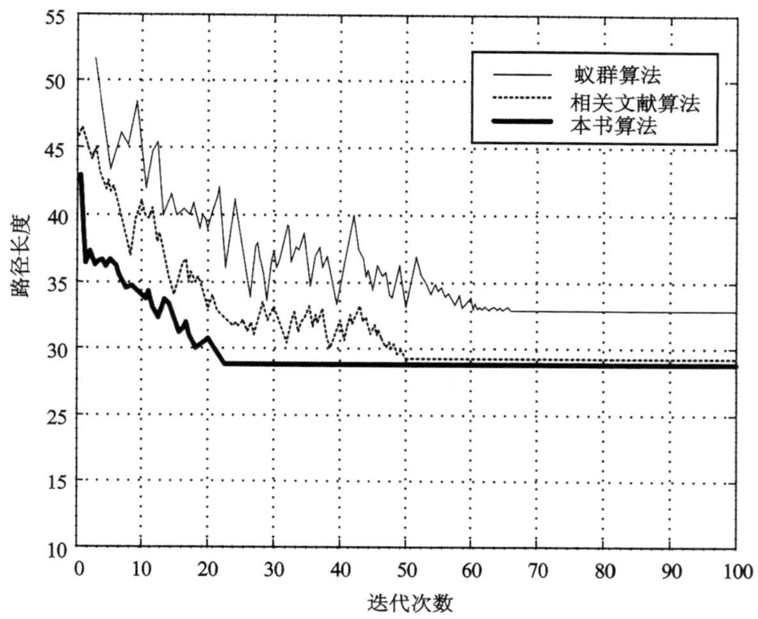

图 7-19　三种算法收敛比较结果

表 7-3 为三种算法在 MATLAB 中运行 10 次后的仿真结果，从表 7-3 可知，本书算法能够及时有效地找到最优路径，比蚁群算法和相关文献中的算法规划路径的长度分别减少了 18 % 和 5.7 %，收敛速度相对其他两种算法更快，提高了全局优化能力，搜索速度更快，减少了算法时间。

表 7-3　三种算法仿真结果对比

算　法	最优路径长度	迭代次数	运行时间/s
蚁群算法	33.170	65	3.032
相关文献算法	28.714	50	1.246
本书算法	27.089	21	0.352

② 为说明本书改进算法在更复杂环境下的性能，采用 PSO 算法与本书改进算法对路径进行规划，仿真环境 2 为 30×30 的二维静态栅格图。改进算法参数：蚂蚁数量 $M=100$，$\lambda=0.75$，$\rho=0.9$，$Q=5$，其他参数取值与仿真环境 1 相同。PSO 参数取值设为：种群规模 $M=50$，迭代循环次数 $k_{max}=100$，粒子速度 $v_{max}=15$，加速因子 $c_1=c_2=2$，固定权重算子 $\omega=0.7$，最大惯性权重算子 $\omega_{max}=0.9$，最小惯性权重算子 $\omega_{min}=0.4$。

图 7-20 为本书改进算法和 PSO 算法路径规划仿真结果图，粗折线为本书改进算法规划的路径，细折线为 PSO 算法规划的路径。从图 7-20 可看出，在仿真环境

规模较大的情况下，本书改进算法规划的路径比 PSO 算法更优。对两种算法运行 10 次，比较平均路径、最小路径及收敛性，图 7－21 为两种算法收敛曲线比较图。从图 7－21 中可看出，尽管本书改进算法在迭代初期，平均路径和最小路径都要大于 PSO 算法规划的路径，但随着算法迭代数量的增加，收敛性、平均路径和最小路径方面整体优于 PSO 算法。具体算法指标比较如表 7－4 所列。

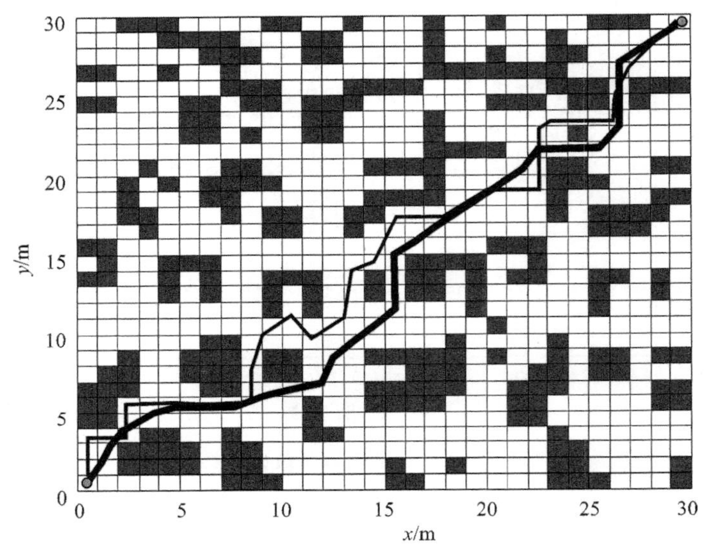

图 7－20　两种算法规划结果

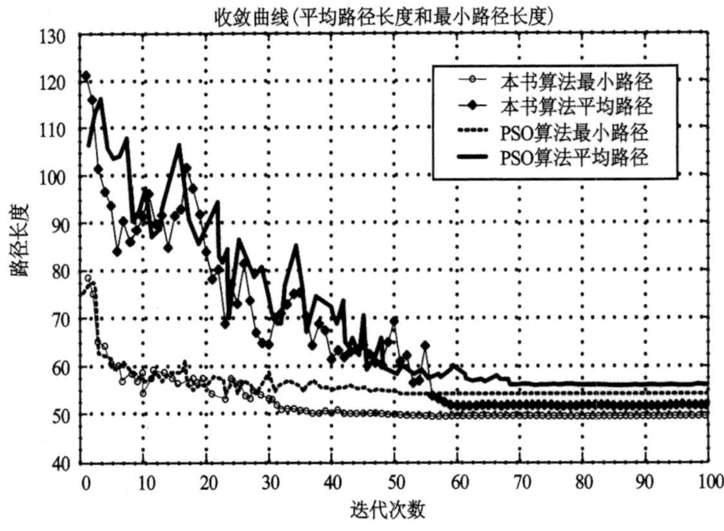

图 7－21　两种算法收敛曲线比较图

表 7-4　两种算法指标对比

算　法	最优路径长度	平均路径长度	迭代次数（平均路径）	迭代次数（最小路径）	运行时间/s
本书算法	48.425	63.472	59	40	5.560
PSO 算法	54.607	68.076	68	51	7.063

从表 7-4 可以看出，当移动机器人运行环境范围更大时，本书改进算法能够找到一条最优路径。相比较 PSO 算法，最优路径长度缩短了 11 %，算法迭代次数更少，收敛性更优。

7.3　基于改进人工势场法的移动机器人路径规划算法

7.3.1　传统人工势场法

机器人路径规划中采用的人工势场法（APF）最早由 O. Khatib 提出，它是在运动空间中引入一个虚拟场，目标点对机器人表现出引力，引力大小随机器人距目标点距离单调递增，方向为机器人指向目标点；障碍物对机器人表现出斥力，斥力大小随机器人距障碍物距离单调递减，方向为障碍物指向机器人，机器人在斥力与引力的作用下保持运动状态。

势场法因为具有易于实现、计算简单等优点而被广泛应用。传统人工势场法如下：

引力场势函数为

$$U_{\mathrm{att}}(X)=\frac{1}{2}k_{\mathrm{att}}(X-X_{\mathrm{g}}) \tag{7-17}$$

对应的引力函数为

$$F_{\mathrm{att}}(X)=-\nabla U_{\mathrm{att}}(X)=-k_{\mathrm{att}}\left|X-X_{\mathrm{g}}\right| \tag{7-18}$$

式中，k_{att} 表示引力场正比例增益系数，X 表示机器人目前所处位置，X_{g} 表示目标点所处位置，$|X-X_{\mathrm{g}}|$ 为机器人距离目标点的距离。引力随机器人距离目标点越近而越来越小。

斥力场势函数为

$$U_{\mathrm{rep}}(X)=\begin{cases}\frac{1}{2}k_{\mathrm{rep}}\left(\frac{1}{X-X_{\mathrm{obs}}}-\frac{1}{\rho_0}\right), & X-X_{\mathrm{obs}}\leqslant\rho_0\\ 0, & X-X_{\mathrm{obs}}>\rho_0\end{cases} \tag{7-19}$$

对应的斥力函数为

$$F_{rep}(X)=-\nabla U_{rep}(X)=\begin{cases}k_{rep}\left(\dfrac{1}{X-X_{obs}}-\dfrac{1}{\rho_0}\right)\dfrac{1}{(X-X_{obs})^2}\dfrac{\partial(X-X_{obs})}{\partial X}, & X-X_{obs}\leqslant\rho_0\\0, & X-X_{obs}>\rho_0\end{cases}\tag{7-20}$$

式中，k_{rep} 为斥力系数，X_{obs}、ρ_0、$X-X_{obs}$ 分别为障碍物的位置、障碍物影响的最大距离、机器人距离障碍物的距离。

故移动机器人在势力场中的合势场为

$$U(X)=U_{att}(X)+U_{rep}(X)\tag{7-21}$$

合力为

$$F(X)=F_{att}(X)+F_{rep}(X)\tag{7-22}$$

将目标点设计为整个运动空间中合势场最小的点，理论上说机器人在合势场的作用下，从高势场向低势场运动，能够到达目标点。APF 算法结构简单，容易计算和实现，但它存在一些缺点，比如在狭窄通道等特殊环境中容易出现振荡现象，在 U 字形障碍物中易陷入死区等。针对传统 APF 法的缺陷，有学者提出在虚拟弹簧模型下，机器人在局部环境中实现路径最优；Jaradat 等提出模糊人工势场法，将模糊理论与人工势场法相结合。但由于势场法结构简单，容易计算和实现，很多学者对此方法提出改进。后面的章节中将提出一种结合机器人位置、速度、加速度及障碍物位置等信息的改进人工势场法。

运用 APF 对机器人路径规划，没有达到目标点就停止运动的根本原因是，移动机器人在接近目标点的过程中，目标点对机器人的引力逐渐变小，障碍物对机器人的斥力逐渐变大，引力场和斥力场的平衡点不确定，所以机器人不能到达目标点。针对此问题，本节对 APF 做出修改，为了便于分析研究，假设：机器人、目标和障碍物的位置、速率、加速度已知或可以在线测量，且机器人和目标点看作质点。在移动机器人运动过程中，如果机器人和目标点的相对加速度为零，则表示机器人到达目标点或者机器人和目标点以相同的速度运动；如果相对加速度不为零，则机器人在到达目标点的过程中已脱离目标点。

7.3.2 修改引力场函数

改进的引力场势函数为

$$U_{att}(q,v,a)=\xi_q\parallel q_{goal}(t)-q(t)\parallel^m+\xi_v\parallel v_{goal}(t)-v(t)\parallel^n+\xi_a\parallel a_{goal}(t)-a(t)\parallel^l\tag{7-23}$$

式中，$\parallel q_{goal}(t)-q(t)\parallel$、$\parallel v_{goal}(t)-v(t)\parallel$、$\parallel a_{goal}(t)-a(t)\parallel$ 分别为 t 时刻机器人和目标点间的欧几里得距离、相对速率以及相对加速度；ξ_q、ξ_v、ξ_a 表示引力场正比例增益系数；m、n、l 为正常数。

对应引力函数为

$$\begin{aligned}\boldsymbol{F}_{\text{att}}(q,v,a) &= -\nabla U_{\text{att}}(q,v,a) \\ &= -\nabla_q U_{\text{att}}(q,v,a) - \nabla_v U_{\text{att}}(q,v,a) - \nabla_a U_{\text{att}}(q,v,a)\end{aligned} \tag{7-24}$$

若机器人未到达目标点，则 $q \neq q_{\text{goal}}$、$v \neq v_{\text{goal}}$ 和 $a \neq a_{\text{goal}}$ 总有一项成立，将式(7－23)中相关参数替换为式(7－24)可得

$$\boldsymbol{F}_{\text{att}}(q,v,a) = \boldsymbol{F}_{q\text{att}}(q) + \boldsymbol{F}_{v\text{att}}(v) + \boldsymbol{F}_{a\text{att}}(a) \tag{7-25}$$

式中

$$\boldsymbol{F}_{q\text{att}}(q) = m\xi_q \| q_{\text{goal}}(t) - q(t) \|^{m-1} \boldsymbol{X}_{\text{qrg}}$$

$$\boldsymbol{F}_{v\text{att}}(v) = n\xi_v \| v_{\text{goal}}(t) - v(t) \|^{n-1} \boldsymbol{X}_{\text{vrg}}$$

$$\boldsymbol{F}_{a\text{att}}(q) = l\xi_a \| a_{\text{goal}}(t) - a(t) \|^{l-1} \boldsymbol{X}_{\text{arg}}$$

式(7－25)中需省去不可微分项。式中 $\boldsymbol{X}_{\text{qrg}}$、$\boldsymbol{X}_{\text{vrg}}$、$\boldsymbol{X}_{\text{arg}}$ 分别表示机器人相对目标点的位置、速率、加速度的单位向量。

7.3.3　修改斥力场函数

APF 造成的问题部分原因是由斥力场函数只考量机器人和障碍物的相对位置造成的，改进的斥力场函数通过引进目标与移动机器人相对距离的因子 $(q-q_{\text{rg}})^n$、移动机器人和障碍物的相对速度 $v_{\text{ro}}(t)$ 和相对加速度 $a_{\text{ro}}(t)$，从而使移动机器人处于目标点的合力为零。

斥力场势函数可以定义如下：

$$U_{\text{rep}}(q,v,a) = \begin{cases} \dfrac{\eta_1}{2}\left[\dfrac{1}{\rho(q)-\rho_{\min}} - \dfrac{1}{\rho_0}\right]^2 (q-q_{\text{rg}})^2 + \eta_2 v_{\text{ro}}(t) + \eta_3 a_{\text{ro}}(t) \\ \rho(q) \leqslant \rho_0, \quad v_{\text{ro}}(t) > 0, \quad a_{\text{ro}}(t) > 0 \\ 0, \qquad \rho(q) \geqslant \rho_0 \end{cases} \tag{7-26}$$

式中，当 $a_{\text{ro}}(t) \leqslant 0$ 时，$\eta_3 a_{\text{ro}}(t)$ 省去。其中 η_1、η_2、η_3 为斥力系数，是正常数；$\rho_{\min}$、ρ_0 分别为移动机器人最小避障安全距离和障碍物的最大影响半径。

故斥力函数为

$$F_{\text{rep}}(q,v,a) = F_{q1\text{rep}} + F_{q2\text{rep}} + F_{v\text{rep}} + F_{a\text{rep}} \tag{7-27}$$

式中

$$F_{q1\text{rep}} = \eta_1 \left[\frac{1}{\rho(q)-\rho_{\min}} - \frac{1}{\rho_0}\right] \frac{q-q_{\text{rg}}}{\rho^2(q)}$$

$$F_{q2\text{rep}} = \frac{\eta_1}{2}\left[\frac{1}{\rho(q)-\rho_{\min}} - \frac{1}{\rho_0}\right]^2$$

$$F_{v\text{rep}} = \eta_2 X_{\text{or}}$$

$$F_{a\text{rep}} = \eta_3 X_{\text{or}}$$

7.3.4　局部极小值分析

本小节分析在实际应用过程中可能会出现的几种局部极小值问题，并给出其通用的解决方法。

如图 7-22 所示为移动机器人、障碍物、目标点在一条直线上，且障碍物在目标点与移动机器人之间，三者共同以同一方式运动。在这种情况下，机器人与目标点有引力，与障碍物之间有斥力，机器人向目标点运动靠近障碍物是由于斥力和引力的共同作用，机器人可能会停止运动。

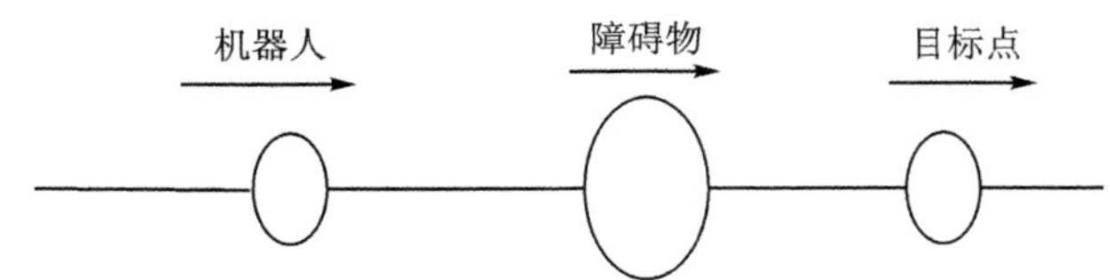

图 7-22　三者共线示意图

解决以上问题的办法通常有两种：一种是机器人维持原来的运动状态，等待障碍物或者目标点的运动状态发生改变，使三者不共线，从而改变整个机器人在环境中的运动状态；另一种是沿着障碍物行走的方式，即绕过障碍物，朝向目标点运动。

另一种陷入局部极小值的情况是，若机器人未到达目标点形成合力为零，则调整引力或斥力函数中的相关参数，使系统运动状态发生改变。

7.3.5　仿真实验及分析

按照本节提出的修改引力场函数、修改斥力场函数以及解决局部极小值的方法，在 MATLAB 环境下仿真验证应用此方法的路径规划。本小节仿真实验共做两组，仿真结果表明 7.3.1 小节提出的算法是有效的。

仿真实验一：

仿真实验一共有两组实验，第一组实验环境设置为无障碍环境。目标点以初始速度 $\boldsymbol{v}_{\text{goal}}=(0.2,-0.03)^{\text{T}}$ 从点 $\boldsymbol{q}_{\text{goal}}=(10,2)$ 开始运动，加速度 $\boldsymbol{a}_{\text{goal}}=(0.3,-0.03)^{\text{T}}$；机器人以加速度、速度为零的状态从起始位置 $\boldsymbol{q}=(4,3)^{\text{T}}$ 运动。人工势场法中的势场函数参数设置为 $m=n=l=2$，$\xi_q=4$，$\xi_v=\xi_a=1$，仿真结果如图 7-23 所示。

由仿真图可以看出，机器人在向目标点运动的过程中能够跟随目标点运动，但是即使与目标点相遇，机器人也不能同目标点一起运动，按照此前提出的逃出局部最小值的方法，改变参数做第二组仿真实验。

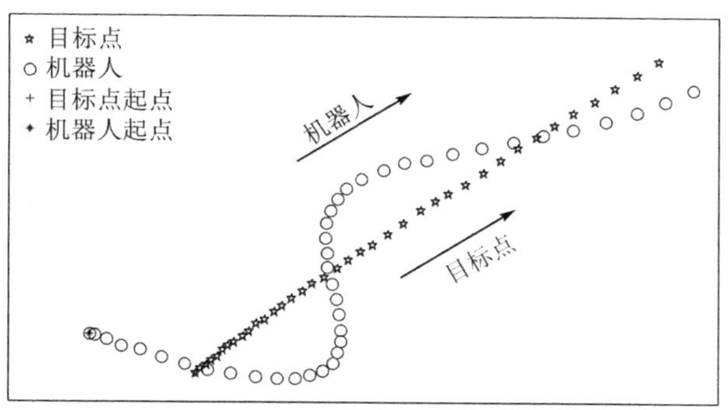

图 7-23　参数调整前路径规划

第二组仿真实验环境与第一组相同，机器人、目标点状态同第一组实验相同，改变势场函数参数，将势场函数参数设置为 $m=n=l=2,\xi_q=3,\xi_v=4,\xi_a=1$，观察机器人运动到目标点的情况，仿真结果如图 7-24 所示。

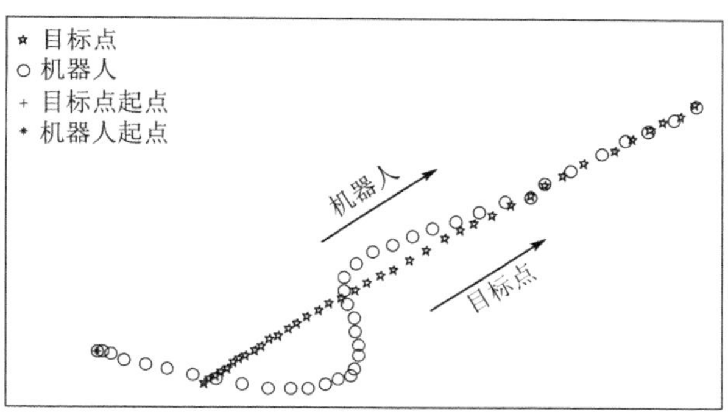

图 7-24　参数调整后路径规划

第一组实验和第二组实验对比可以分析出，在经过势场函数参数调整后，机器人能够向目标点移动，并且追踪到目标后同目标点一起运动，仿真实验证明本小节提出的方法是有效的。

仿真实验二：

仿真环境设置为 30×30 的自由状态空间，内设部分障碍物。移动机器人避障的最小安全距离是 0.4，障碍物最大影响半径是 0.5。势场函数参数设置为 $m=n=l=2,\xi_q=3,\xi_v=4,\xi_a=1$，仿真结果如图 7-25 所示。

仿真实验表明，改进的人工势场法能够完成路径规划，但是规划线路较长，不平滑。

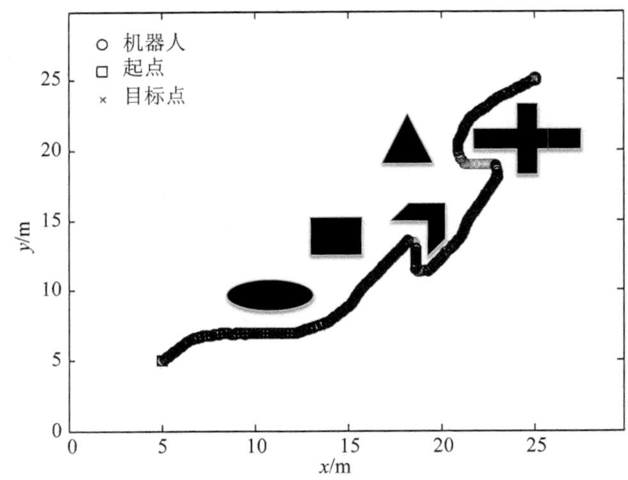

图 7-25　改进人工势场法路径规划仿真图

7.4　本章小结

首先，本章对现有 D * Lite 算法规划的路径存在的不安全路径和需要优化的路径问题，给出基于 D * Lite 算法的改进和完善策略，在现有 D * Lite 算法基础上对算法进行补充，给出优化的 D * Lite 算法执行步骤和在 MATLAB 2013 中的仿真结果。优化的 D * Lite 算法避免了出现不安全的路径，对现有 D * Lite 算法规划的路径进行平滑处理，减少机器人的转向次数并缩短其移动距离，更适合于地面机器人的实际应用。

其次，本章针对全局路径规划，介绍了栅格法建立移动机器人空间地图模型，以及栅格粒度的选取；叙述了传统蚁群算法的原理，总结了蚁群算法的优缺点，给出了仿真结果；针对蚁群算法求解路径规划出现的缺点，提出了一种改进的蚁群算法，为了验证改进算法的可行性、优越性，采用 MATLAB 对其及不同算法进行仿真比较。该结果表明，改进的蚁群算法可以规划一条最优的全局路径。

最后，重点分析传统的人工势场法，找出传统人工势场法在部分情况下无法完成路径规划的原因，提出一种结合机器人位置、速度、加速度及障碍物位置等信息的改进人工势场法。在移动机器人运动过程中，如果机器人和目标点的相对加速度为零，则表示机器人到达目标点或者机器人和目标点以相同的速度运动；如果相对加速度不为零，则机器人在到达目标点的过程中或者机器人已脱离目标点，并且给出了几种常见的解决局部最小问题的方法。

第8章 未知环境下基于滚动窗口与多层Morphin的局部路径规划算法

8.1 问题描述

移动机器人的运动空间为二维空间，且该空间中存在部分未知的静、动态障碍物。动态障碍物运动的轨迹和位置，可通过移动机器人自身传感器系统检测出来。为了研究方便，假设障碍物移动的速度不能大于移动机器人正常的移动速度，并且移动机器人可以在任何状况下停止移动，改变行驶速度。把动态障碍物和移动机器人在栅格环境中分别看成直径小于栅格边长的黑色实心圆形和质点，静态障碍物以移动机器人的半径大小向外膨胀，且障碍物及膨胀边界占据某个栅格的局部，则认为占据整个此栅格。移动机器人起点和终点分别用红色圆点和绿色圆点表示。

8.2 滚动窗口规划基本原理

滚动窗口规划是在滚动优化原理的基础上形成的一种规划方法，其理论思想主要来自于工业控制中的预测控制。通常，预测控制在处理未知复杂环境中难以精准构建的控制模型问题时，可以把整个控制优化过程分解成若干个时间段的滚动优化，以代替传统优化不适用的复杂时变的环境。预测控制内容包括模型预测、滚动优化和反馈调节。移动机器人在动态不确定环境下的路径规划问题与预测控制紧密相连，它们都是在无法获知环境模型的条件下，采用优化加反馈的方式，把系统整个优化过程划分成若干个局部优化的过程，滚动窗口规划就是基于预测控制原理的思想所提出的一种局部路径规划。

8.2.1 滚动规划的方法

移动机器人的工作环境大多是未知、复杂的，并且移动机器人在运动过程中可能会突然遇到未知的动态和静态障碍物。将滚动优化原理应用到机器人的局部路径规划中，不仅可以使移动机器人能适应所处环境的变化，完成规划任务，还可以减少规划的时间。滚动规划就是指移动机器人依靠自身的传感器检测环境信息，通过滚动窗口的不断更新，获取地图信息来引导移动机器人进行路径规划。移动机器人每移动一步，就会在窗口中生成子目标点，并给出到达子目标点的最优路径；随着窗口内信息的更新，移动机器人获取一条可行路径，实现信息优化与反馈的完美结合。滚动路径规划算法的基本原理包括以下三个内容：

① 环境预测。移动机器人每走一步，就会根据其窗口内的环境信息构建环境模型，并对环境中的动态障碍物运动方向做出预测，判断机器人是否与障碍物相碰。

② 滚动窗口优化。在环境预测的基础上，根据移动机器人预测的结果，选择适合的局部路径规划算法，确定朝子目标点移动的局部路径，机器人按照规划好的路径每走一步，窗口也要随之向前滚动。

③ 反馈校正。滚动窗口内环境信息的不断更新，为滚动后下一步的局部路径规划提供最新的环境信息。

8.2.2　滚动窗口的构造

移动机器人在二维空间中进行局部路径规划，不考虑机器人车轮容易滑动所导致的运动误差，同时对环境中的障碍物以机器人尺寸大小为标准，进行膨化处理且膨化边界是安全的。移动机器人事先不知道全局环境信息，定义 W 为当前机器人姿态空间，即所有机器人位置和状态的集合，令 $W_0=\{x\in W\mid \text{vehicle}(x)\cap \text{obstacle}\neq\varnothing\}$ 表示位姿空间的障碍物；$W_{\text{free}}=W/W_0$ 表示自由空间，$T(X_{\text{int}},X_{\text{goal}})$ 表示路径规划的约束条件，$\tau:[0,T]\rightarrow W_{\text{free}}$ 表示连续的路径轨迹。

然而，在实际环境中，移动机器人往往会碰到未知或者已知的静态障碍物和动态障碍物，此时只能依靠观测的环境信息数据进行下一步操作。设移动机器人从初始节点到局部目标子节点所需的时间为一个周期，在移动的下一个节点，以机器人这一时刻所在的位置为中心，并以机器人的传感器探测的距离范围为半径所构成的区域作为优化窗口。$\text{Win}(p_R(t))=\{p\mid p\in W,d(p,p_R(t))\leqslant r\}$ 表示移动机器人在 $p_R(t)$ 能观测到的范围，也就是在该点处的滚动窗口，r 为探测的半径。移动机器人只需要考虑滚动窗口内是否存在障碍物，而不用计算障碍物边线的解析式。因此，这样不但节省了内存空间，还提高了运算速度。

滚动窗口区域的环境空间模型，一方面反映了全局环境信息向窗口范围内一一映射的关系，另一方面补充了机器人传感系统没有检测到的原来未知的障碍物。以当前目标节点为起始位，根据先验的全局环境信息判断滚动窗口区域内是否有局部子目标点，并根据当前窗口提供的信息预测进行规划，找出一条合适的局部路径，移动机器人根据此路径行走，直到发现下一个子目标点。

8.3　局部子目标点的选取

移动机器人进行局部路径规划时，可能会遇到静态和动态障碍物，在无法得知全部环境信息的情况下，只能利用传感器系统检测周围局部的环境，并通过滚动窗口重复地进行局部优化取代一次完成的全局优化；而且在每次局部优化规划的过程中，都要充分利用窗口内当前时刻的局部环境信息，直到发现最优的局部子目标点进行局部路径规划。同时，由于滚动窗口内不一定存在全局目标点，在知道全局目标点位置和窗口内有局部子目标点的前提下，就要求把每次规划的局部子目标点与全局目标点结合起来。

移动机器人可以依靠全局先验信息知道全局目标点的位置和相对机器人移动的方向。在滚动窗口内把全局目标点对应到当前滚动窗口视野区内，可以得到相应的子目标点。子目标点选取方法如下：

在某一时刻，如果在移动机器人滚动窗口范围内，有 $D(V(x_i, y_i), G(x_g, x_g)) \leqslant R$，则目标点在窗口内，新节点 x_n 和全局目标点 x_g 一样；否则，在当前滚动窗口边界线上的子目标点为 $g_s(x_g, y_g)$，两者之间的距离为 $D(V(x_i, y_i), g_s(x_g, x_g))$，然后根据启发式公式确定窗口边界上的子目标点，就需要满足 $l(x_n) = \min l(D(V(x_i, y_i), g_s(x_g, x_g))$，此时子目标点一定在移动机器人与终点全局目标点的连线与窗口可视区的交点上，然而，这种方式的子目标点会使移动机器人在进行局部路径规划中产生局部极小点。针对这种缺点，可做以下改进：

① 在满足子目标点不在障碍物上及移动机器人与局部目标点的连线上没有障碍物的条件下，则把该子目标点认为是当前窗口内的子目标点。

② 若不满足上述条件，则有两种解决办法：

- 若移动机器人能检测到障碍物边界上的点，则引入一个临时的子目标点。具体内容是：若窗口可视范围内只有一部分障碍物，则添加一个子目标到能看见的障碍物的那一端；若窗口可视区内包含完整的障碍物，则把局部路径最短的一端设为子目标点。
- 若移动机器人无法检测到窗口内障碍物边界上的点，则让移动机器人转动一定的角度，通过绕行子目标的方式避免机器人陷入局部极小点。

8.4　障碍物预测模型及避碰策略

8.4.1　障碍物预测模型

移动机器人每行走一步，都需要用传感器检测局部环境信息，判断是否有动态障碍物。为了能够使移动机器人事先知道动态障碍物下一时刻的精准状态，本书采用线性预测模型。设移动机器人检测到了当前动态障碍物的位置，且能够在某一时刻预测到动态障碍物的运动轨迹。定义 (x, y) 为时间 t 的线性函数，用下式表示：

$$\left.\begin{aligned} x &= at + b \\ y &= ct + d \end{aligned}\right\} \tag{8-1}$$

式中，a、b、c、d 为需要估计的未知参数，这 4 个参数是由 n 个不同时刻的预测数据 x_l 进行估计的，$l = 1, 2, \cdots, n$。由 n 个预测数据可得 n 个线性方程，即

$$\left.\begin{aligned} x_l &= at_l + b \\ y_l &= ct_l + d \end{aligned}\right\} \tag{8-2}$$

式(8-2)的矩阵形式为

$$\left.\begin{aligned} \boldsymbol{X}_n &= \boldsymbol{T}_n \cdot \boldsymbol{A}_m \\ \boldsymbol{Y}_n &= \boldsymbol{T}_n \cdot \boldsymbol{A}_m \end{aligned}\right\} \tag{8-3}$$

式中

$$\boldsymbol{X}_n = [x_1, x_2, \cdots, x_n], \quad \boldsymbol{Y}_n = [y_1, y_2, \cdots, y_n]^{\mathrm{T}}, \quad \boldsymbol{T}_m = \begin{bmatrix} t_1 & t_2 & \cdots & t_m \\ 1 & 1 & \cdots & 1 \end{bmatrix}^{\mathrm{T}}$$

$$\boldsymbol{A}_m = [a, b]^{\mathrm{T}}, \quad \boldsymbol{B}_n = [c, d]^{\mathrm{T}}$$

误差向量可定义为

$$\boldsymbol{E}_n = [e_1, e_2, \cdots, e_n]^{\mathrm{T}} \tag{8-4}$$

对任意一个待估计的矩阵，都有

$$\boldsymbol{E}_n = \boldsymbol{X}_n - \boldsymbol{T}_n \cdot \boldsymbol{A}_n \tag{8-5}$$

此时，误差解析式为

$$J_n = \sum_{l=1}^{n} \lambda^{n-l} \mathrm{e}^{l^2} \tag{8-6}$$

式中，$0<\lambda<1$。在实时最小二乘法中，最优估计矩阵 $\hat{\boldsymbol{A}}_n$ 使误差方程最小。误差平方随时间变化而呈指数规律变化，这种变化对靠近当前时刻的误差影响较大，反之影响较小。因此，这种误差值更加符合局部避障模型的特性。

接着定义 $\boldsymbol{P}_{n-1}$：

$$\boldsymbol{P}_{n-1} = (\boldsymbol{T}_{n-1}^{\mathrm{T}} \boldsymbol{T}_{n-1})^{-1} / \lambda \tag{8-7}$$

可得

$$\hat{\boldsymbol{A}}_n = \hat{\boldsymbol{A}}_{n-1} + \gamma_n \boldsymbol{P}_{n-1} \bar{\boldsymbol{t}}_n (\boldsymbol{x}_n - \bar{\boldsymbol{t}}_n^{\mathrm{T}} \cdot \hat{\boldsymbol{A}}_{n-1}) \tag{8-8}$$

$$\boldsymbol{P}_n = (\boldsymbol{P}_{n-1} - \gamma_n \cdot \boldsymbol{P}_{n-1} \cdot \bar{\boldsymbol{t}}_n \cdot \bar{\boldsymbol{t}}_n^{\mathrm{T}} \cdot \boldsymbol{P}_{n-1}) / \lambda \tag{8-9}$$

式中

$$\bar{\boldsymbol{t}}_n = [t_n, 1]^{\mathrm{T}}, \quad \gamma_n = 1/(1 + \bar{\boldsymbol{t}}_n^{\mathrm{T}} \cdot \boldsymbol{P}_{n-1} \cdot \bar{\boldsymbol{t}}_n) \tag{8-10}$$

根据式(8-8)和式(8-9)建立递推公式，可以得出估计值$\hat{\boldsymbol{A}}_n$，而不需要通过观测值计算。采用相同的估计方法，可以计算出 c、d 的最优估计值即矩阵 $\boldsymbol{B}_n$。综合并应用上述方法即最小方差预测方法，可以得出估计局部障碍物的运动轨迹。

设动态障碍物在 n 个不同时刻已给出 n 个观测数据，可得如下方程组：

$$\left.\begin{aligned} x_l &= at_l + b, \\ y_l &= ct_l + d, \end{aligned} \quad l = 1, 2, \cdots, n \right\} \tag{8-11}$$

a、b、c、d 四个参数可以用上式得出，然后利用机器人以周期方式每移动一步所探测得到的障碍物信息，并且更新预测估计参数，就能预测到障碍物在下一时刻所在的位置。

8.4.2　避碰预测及策略

在动态不确定环境下，移动机器人不仅要避开静止的障碍物，也要避开动态障碍物，这就要求机器人要能够及时避障。移动机器人可以根据传感器对窗口内的动态障碍物的方向、速度和位置进行探测。首先分析移动机器人与动态障碍物的运动方向，如图 8-1 所示。

移动机器人与动态障碍物是否相碰，可根据二者运动轨迹是否相交来判断。在一定预测时间内，如果二者运动轨迹没有相交，如图 8-1 中 A、B、F 所示，则机器人继续以事先规划的路径移动；如果二者运动轨迹相交，且运动方向正面相对，则发生碰撞，如图 8-1 中 E 所示，机器人需要重新规划路径；如果二者运动轨迹相交，且都是侧向运动，则也会碰撞，如图 8-1 中 C、D 所示，则此时机器人在原地停留一会儿，等障碍物离开，再继续按照原来的路径移动。

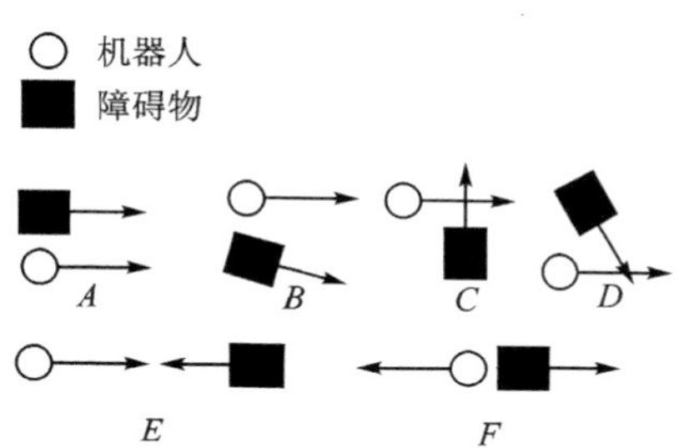

图 8-1　机器人与障碍物的运动方向

针对所述的碰撞预测，可采取以下相应的局部动态障碍物碰撞策略。

① 如果移动机器人预测到要与动态障碍物正面相碰，则机器人需要放弃原来规划好的路径，然后利用局部路径规划算法进行避障，规划一条新的路径；

② 如果移动机器人预测到要与动态障碍物侧面相碰，则机器人需要在原地停留一定时间，然后根据事先规划的全局路径继续移动；

③ 如果移动机器人预测到与动态障碍物不会相碰，那么直接按照事先规划的路径移动。

8.4.3　算法流程

基于滚动窗口的路径规划算法是依靠移动机器人对动态时变环境下所探测的局部信息，采用滚动的方式进行规划。移动机器人每滚动一步，就会根据滚动窗口内的局部环境信息，如未知的静态和动态障碍，确定当前窗口内的优化子目标，并进行局部路径规划，随着窗口的每次滚动来不断更新环境信息，获取一条从起点到终点的无碰撞路径。该路径规划算法步骤如下：

Step1　初始化所有参数，如起始点、目标点、工作环境，并设置滚动窗口的大小及机器人每次移动的步长。

Step2　若到达目标点，则算法结束，否则返回 Step3。

Step3　对当前滚动窗口的环境信息不断地更新，若窗口内存在动态障碍物，则根据其线性预测模型预测障碍物的下一时刻的运动状态；若没有动态障碍物，则移动机器人根据窗口内生成的局部最优子目标点，规划一条朝其方向移动的局部最优路径。

Step4　根据碰撞预测，做出相应的避障策略。

Step5　移动机器人根据相应的避障策略，停止一定的时间或改变速度找出一条与动态障碍物无碰撞的局部路径。

Step6　按照设定的步数，向规划好的路径移动，且步长不能大于窗口半径。

Step7　返回 Step2。

8.4.4　仿真实验及分析

为了验证本章节局部路径规划算法能够对临时添加的静态和动态障碍物进行很好的避障，采用 MATLAB 软件进行仿真。仿真环境为 20×20 的栅格地图，移动机器人的起点用点(1,1)表示，终点用点(19,19)表示，机器人的步长为 0.3，传感器探测的距离为 3。添加临时静态障碍物路径规划仿真图如 8-2 所示。

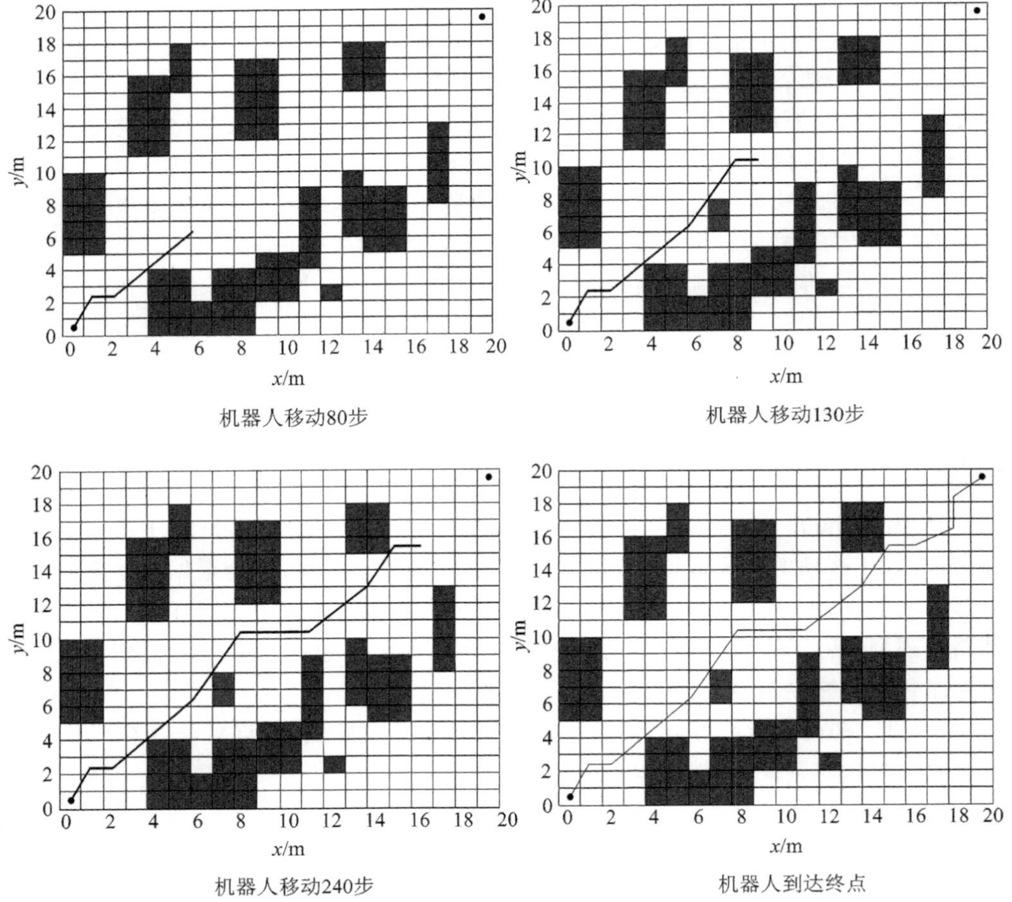

图 8-2　添加临时静态障碍物的路径规划

由图 8－2 可知，当移动机器人根据传感器探测到局部环境中突然出现临时的静态障碍物时，在窗口内生成局部子目标点，移动机器人朝着这个子目标点，避开静态障碍物，向目标点移动。

然而实际环境中不全都是静态障碍物，对于环境中存在的动态障碍物，移动机器人只能依靠自身的传感器系统去不断地实时感知局部环境信息，当动态障碍物出现在当前滚动窗口内时，移动机器人需要采用局部路径规划算法进行动态避障，直至到达目标点。

从图 8－3 中可以看出，移动机器人依靠传感器探测当前窗口的动态障碍物，在移动到 80 步时，发现滚动窗口内有动态障碍物，此时移动机器人预测动态障碍物 Ob1 的运动轨迹，并预测到两者会在某一时刻发生侧面碰撞，移动机器人采用侧面避障策略，在原地停留一会儿，待动态障碍物离开后，移动机器人更新当前窗口内的环境信息，生成下一个局部最优子目标点，并朝该点移动；当移动机器人移动 180 步时，发现前方有动态障碍物 Ob2，并且预测两者在某一时刻发生正面碰撞，则采取正面避障策略，在窗口内生成局部子目标点，并朝该点移动，每移动一步，更新当前滚动窗口信息，直到发现窗口内有目标点，完成局部路径规划任务。

仿真结果表明，基于滚动优化理论的动态局部路径规划算法可以使移动机器人在部分未知环境下对未知的静态障碍物和动态障碍物进行有效的避障，并且能够到达目标点。采用局部路径规划算法可以规划一条由局部路径叠加而成的全局路径，但是由于局部路径规划缺少对全局环境的先验信息，因此导致规划的路径不是最优的。

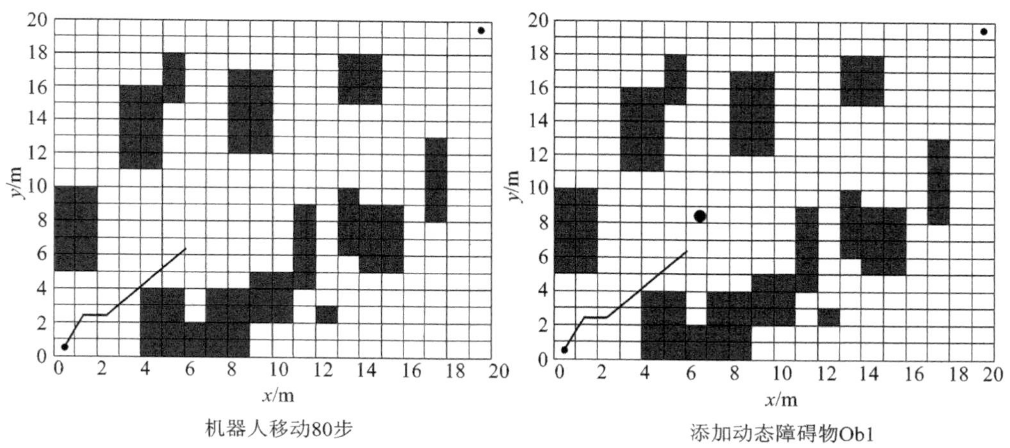

图 8－3　添加临时动态障碍物的路径规划

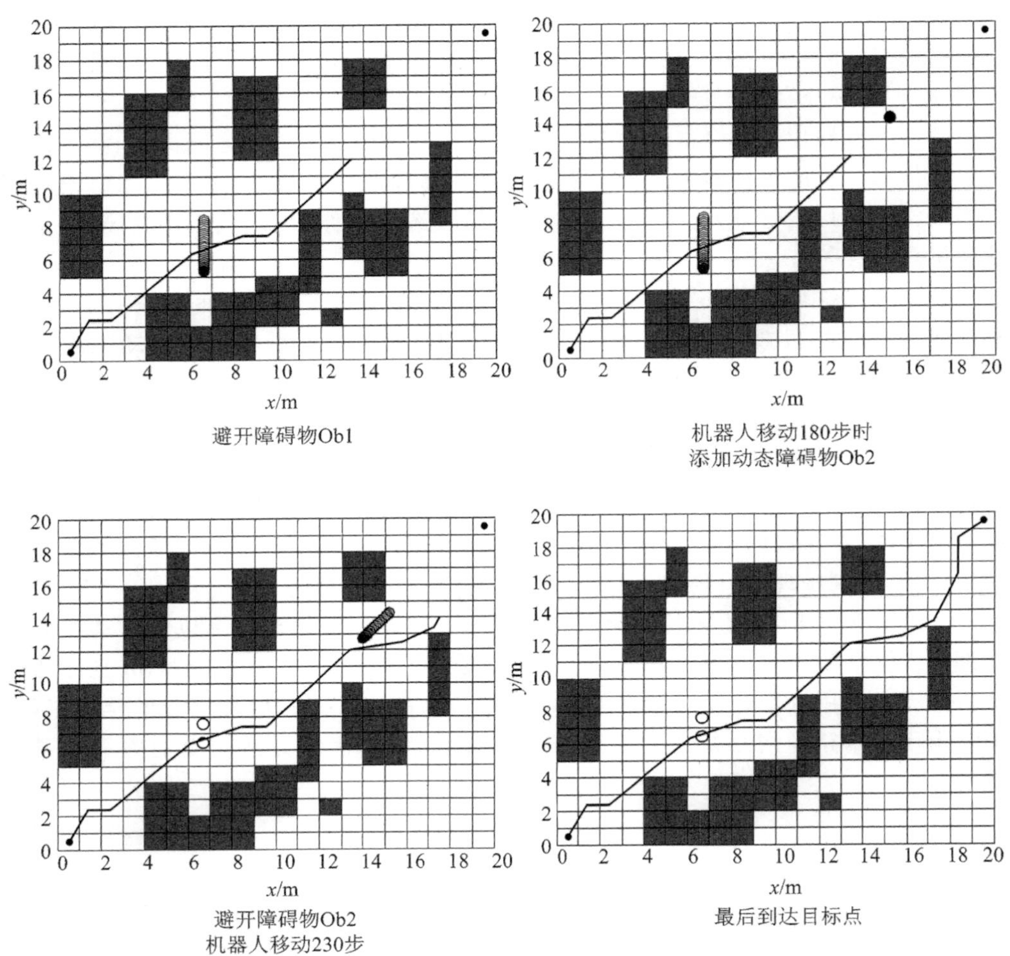

图 8-3　添加临时动态障碍物的路径规划(续)

8.5　未知环境下基于多层 Morphin 的局部路径规划算法

采用 APF 进行路径规划时，通常将障碍物假想为一个质点，这样在复杂环境中机器人会出现不能越过庞大障碍物或者在小障碍物周围绕路的情况，因此会使路径规划失败或不能选择最佳路径。

8.5.1　移动机器人运动学模型

移动机器人运动学模型如图 8-4 所示，$\boldsymbol{X}_{t-1}=(x_{t-1},y_{t-1},\theta_{t-1})^{\mathrm{T}}$ 表示移动机

器人在 $t-1$ 时刻的位置姿态，$(x_{t-1},y_{t-1})^{\mathrm{T}}$ 表示位置，θ_{t-1} 表示以 x 轴正方向为 0°的角度。t 时刻的控制量为 $\boldsymbol{U}_t=(v_t,\varphi_t)^{\mathrm{T}}$，所以移动机器人的运动学模型可用以下矩阵表示：

$$\boldsymbol{X}_k=\begin{bmatrix}x_k\\y_k\\\theta_k\end{bmatrix}=\begin{bmatrix}x_{t-1}+v_t\cos(\theta_{t-1}+\varphi_t)\mathrm{d}t\\y_{t-1}+v_t\sin(\theta_{t-1}+\varphi_t)\mathrm{d}t\\\theta_{t-1}+\dfrac{v_t\tan(\varphi_t)\mathrm{d}t}{l}\end{bmatrix}\tag{8-12}$$

$$\boldsymbol{r}_2=\frac{1}{\rho}=\frac{l}{\tan\varphi}\tag{8-13}$$

式(8-12)、式(8-13)中，v_t、φ_t 分别表示 t 时刻机器人的瞬时速度和机器人的转角速度；$\mathrm{d}t$ 表示两次更新的时间间隔；ρ、l 分别表示机器人运动曲率及轮式机器人前后轮轴距。

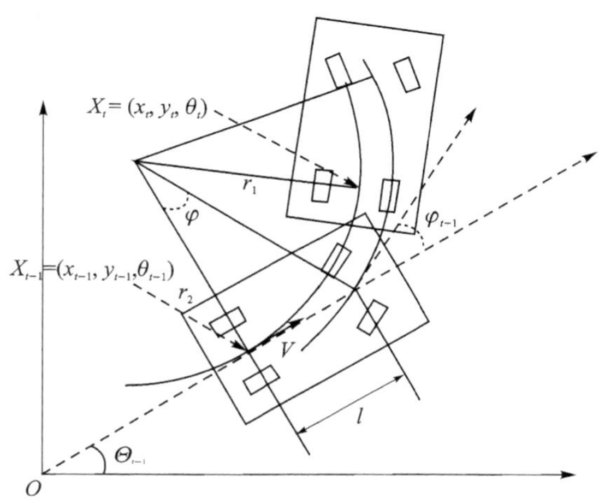

图 8-4　移动机器人运动学模型

8.5.2　Morphin 算法原理

Morphin 算法是机器人在移动过程中在它的前进方向上按照一定的间隔、不同的偏转角生成一组离散路径集合，其中偏转角受到机器人机械结构的限制。机器人在固定时间内的转向角度是固定的，设为 $\Delta\varphi$，假定在 t 时刻机器人的转向角为 φ_t，那么在 t 时刻机器人的转向角范围是 $[\varphi_t-\Delta\varphi,\varphi_t+\Delta\varphi]$，在此周期内机器人会构造出一组轨迹。

8.5.3　多层 Morphin 搜索树

传统 Morphin 算法的搜索路径为没有障碍物的最优方向，能够有效地避开障碍物，但每个线路对应一个相对固定角度进行搜索，缺少灵活性，且这样会导致线路过于冗长，如图 8－5 所示。在复杂环境中，由于传统 Morphin 算法仅对最近的障碍物避障，并不会考虑远端的障碍物，因此，有可能对于评价函数比较高的路径不是最优路径，甚至可能出现无法完成路径规划的情况。多层 Morphin 搜索树算法相当于在每一个搜索线路末端再增加 Morphin 搜索树，这样相当于在一次搜索结束后对未知区域进行预测，如图 8－6 所示。相比较传统的 Morphin 算法，多层 Morphin 搜索树增加了对未知环境的预测范围，路径的局部规划也更加合理。

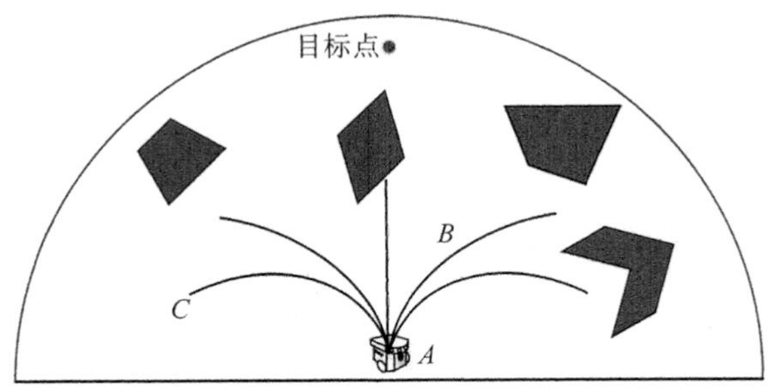

图 8－5　传统 Morphin 算法

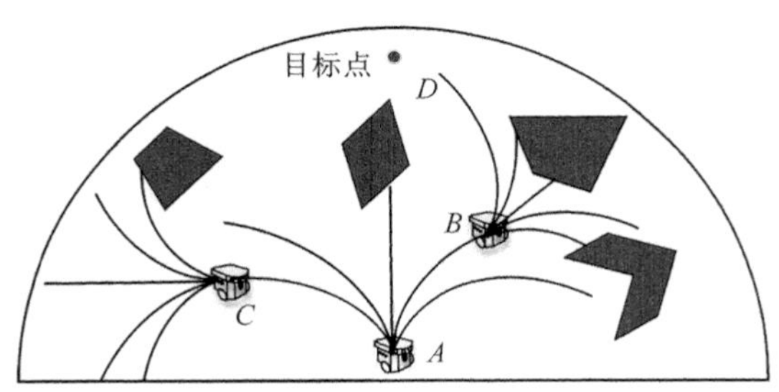

图 8－6　多层 Morphin 搜索树

由图 8－5 可以看出，传统 Morphin 算法用于机器人获得最佳路径时为了避开障碍物，会选择最小几率接触障碍物的路径，因此选择 AC 路径舍弃 AB 路径，但 AC 路径到达目标点会导致路线繁杂；多层 Morphin 搜索树在设置好搜索路径长度后再次增加 Morphin 搜索树，由此得到的路径更加合理，ABD 路径为最优路径。当机器人在地图中运动时，设速度为 v，制动距离为 d，制动最大加速度为 a，则机器人制动距离为 $d=v^2/2a$。因此 Morphin 搜索树的路径长度应满足 $l \leqslant d$。

8.5.4　路径评估函数

移动机器人路径规划的目标是保证机器人安全、高效地穿过障碍物区域，因此路径评估函数应综合考虑这两个方面的影响。安全性函数可以评估路径的安全性，安全性函数是指搜索路径和障碍物距离与最小安全距离之比；高效性函数可以评估路径的高效性，高效性函数是指搜索路径到目标点的趋向性。

1. 安全性函数

安全性函数表示移动机器人通过搜索路径时的安全程度，与障碍物的距离、行走的安全距离是其涉及的两个变量。

基于机器人避障的最小安全距离 $\rho_{\min}$、障碍物最大影响半径 ρ_0 与障碍物位置，设立以障碍物为中心、安全距离 $\rho_{\min}$ 为半径的区域 $A_{\min}$ 为禁止行走区域，以障碍物最大影响半径 ρ_0 为半径的区域 A_0 为危险区域，则机器人在第 i 条路径任一点 q_{ij} 的安全性函数可以表示为

$$f_{ij}(q_{ij})=\begin{cases}0, & q\in A_{\min}\\ \dfrac{\rho(q)}{\rho_{\min}}, & q\in A_0\\ 1, & q\notin A_0\end{cases} \tag{8-14}$$

式中，一般 $\rho_{\min}$ 取机器人最大宽度，$f_{ij}(q_{ij})$的值介于[0　1]之间。数值为0表示机器人不能行走此路径，数值为1表示此路径是安全路径，否则表示路径有一定危险性。

在Morphin搜索树路径长度 $l(q_{ij0},q_{ij\infty})$相同的前提下，整段搜索路径的安全性函数为

$$f_{\mathrm{sa}}(q_{ij0},q_{ij\infty})=\frac{\int_{q_{ij0}}^{q_{ij\infty}} f_{ij}(q_{ij})\mathrm{d}q}{l(q_{ij0},q_{ij\infty})} \tag{8-15}$$

式(8-15)函数的值域为[0　1]，函数值越高，表示搜索路径安全性越好。

2. 高效性函数

高效性函数表明路径对目标点的趋向性和持续性，涉及到偏转角 θ_{goal}。

设定机器人起点与目标点连线为横坐标轴，则起点与目标点连线间任意处偏转角为0°，偏转角范围为(－180°,180°]，负数表示路径在连线右侧，正数表示路径在连线左侧。该数据可以从机器人传感器中直接得到。

因此，高效性函数可定义为

$$f_{\mathrm{ec}}(q_{ij0},q_{ij\infty})=\frac{|\theta_{\mathrm{goal}}|}{360^\circ} \tag{8-16}$$

式(8-16)的函数值介于[0　1]之间，数值越小，表明对目标趋近性越好，高效性越高。

3. 综合评估函数

对多层Morphin搜索路径进行搜索需要对安全性和高效性作出综合评估，每条搜索路径可以建立如下评估函数：

$$f(q_{ij0},q_{ij\infty})=c_1\times f_{\mathrm{sa}}(q_{ij0},q_{ij\infty})+c_2\times f_{\mathrm{ec}}(q_{ij0},q_{ij\infty}) \tag{8-17}$$

式中，c_1、c_2 为加权系数且 $c_1+c_2=1$，c_1 和 c_2 取值的不同，代表了不同的路径模式，c_1 的提高表示选择更安全的路径，c_2 的提高表示选择更快捷的路径。此函数值越

大，则选取的路线越合理。

在对选择路径进行评估时，由于需要考虑远端障碍物对路径的影响，因此对当前路径应先从极远端的叶节点开始评估，再追溯到近端根节点。通过不断更替当前位置，就可以完成实时路径的更替。

8.6　本章小结

本章首先主要介绍了混合路径规划中的局部路径规划——滚动窗口法，详细叙述了常用的局部路径规划算法及各自的优缺点，介绍了滚动窗口规划的基本原理，分析了局部子目标点如何选取，并根据其缺点，采用一种新的选取方法；介绍了障碍物预测模型，分析了移动机器人与动态障碍物相碰的可能情况，基于此又提出了相应的避障策略；通过仿真实验，验证了该算法具有很好的避障性。其次重点分析了移动机器人的路径规划相关算法。在复杂环境中，机器人会出现不能越过庞大障碍物或者在小障碍物周围绕路的情况；提出了改进一种多层 Morphin 搜索树算法；提出了一种将改进人工势场法和多层 Morphin 搜索树算法相结合的混合算法，在人工势场法进行路径规划的同时，利用多层 Morphin 搜索树对附近障碍物进行搜索，保证整个机器人路径规划过程中路径的平滑性和完成路径规划的效率。最后对提出的算法进行了仿真对比。

第9章　移动机器人混合路径算法及编队控制

9.1　基于改进量子粒子群和Morphin算法的混合路径规划算法

9.1.1　基于改进QPSO的全局路径规划

粒子群优化算法(PSO)因粒子速度的局限性而不能在整个可行空间进行搜索，从而无法保证算法全局收敛。量子粒子群算法(QPSO)虽然可以有效地解决PSO的缺陷问题，同时也具有良好的全局搜索性能，但它存在“早熟”的现象以及容易陷入局部最优的不足。为了避免这种现象和提高算法的性能，通过引入自适应局部搜索策略和交叉操作对QPSO进行改进，可有效地获得全局最优路径。

1. 建立适应度函数

适应度函数用来评价粒子是否达到最优解，可以选择的种类有粒子走过路径的长度、完成路径的时间或运动中消耗的能量。本书选用粒子完成路径的长度作为适应度函数，并通过下式对第 i 个粒子的适应度值进行计算：

$$F_i(x)=\sum_{j=1}^{D}\sqrt{(x_j-x_{j-1})^2+(y_j-y_{j-1})^2} \tag{9-1}$$

2. 量子粒子群算法

QPSO是由孙俊等提出的一种在经典PSO进化搜索策略中加入量子物理思想的改进算法，它通过建立 δ 势阱模型和具有量子行为的粒子群并引入平均最好位置对粒子位置进行更新。

在量子空间中，粒子根据聚集性在整个可行解空间中进行搜索并利用波函数 $\varphi(\boldsymbol{X},t)$ 描述粒子状态，其中 $\boldsymbol{X}$ 表示粒子的位置向量。

在空间中的某一点，波函数的强度满足下式：

$$|\varphi(\boldsymbol{X},t)|^2\mathrm{d}x\mathrm{d}y\mathrm{d}z=Q\mathrm{d}x\mathrm{d}y\mathrm{d}z \tag{9-2}$$

式中，Q 为概率密度函数，且满足归一化条件，如下式所示：

$$\iiint|\varphi(\boldsymbol{X},t)|^2\mathrm{d}x\mathrm{d}y\mathrm{d}z=\iiint Q\mathrm{d}x\mathrm{d}y\mathrm{d}z \tag{9-3}$$

同时，在量子空间中运动的粒子也满足薛定谔方程，如下式所示：

$$ih\frac{\partial}{\partial t}\varphi(\boldsymbol{X},t)=\hat{H}\varphi(\boldsymbol{X},t) \tag{9-4}$$

$$\hat{H}=-\frac{h^2}{2m}\nabla^2+V(X) \tag{9-5}$$

式中，$\hat{H}$ 称为哈密顿函数算子，h 称为普朗克常数，m 表示粒子质量，$V(X)$表示粒子所在的势场。

在一维 δ 势阱内，由薛定谔方程计算得出粒子出现在某一点位置的概率密度函数，如下式所示：

$$Q(X)=|\varphi(X,t)|^2=\frac{1}{L}e^{\frac{2|x-p|}{L}} \tag{9-6}$$

式中，p 为粒子吸引子，$L=\frac{1}{\beta}=\frac{h^2}{m\gamma}$为 δ 势阱的长度。同时采用蒙特卡罗模拟方法得出粒子运动的位置方程，如下式所示：

$$X=p+\frac{L}{2}\ln\left(\frac{1}{u}\right) \tag{9-7}$$

在 D 维搜索空间下，对于粒子 i，吸引子 $p_i=(p_{i1},p_{i2},\cdots,p_{iD})$，位置方程可变换为下式：

$$X_{i,j}(t+1)=p_{i,j}(t)\pm\frac{L_{i,j}(t)}{2}\ln\left[\frac{1}{u_{i,j}(t)}\right] \tag{9-8}$$

$L_{i,j}(t)$的选择是关键问题，本书采用基于 δ 势阱和平均最好位置相结合的方法来获得 $L_{i,j}(t)$。

个体最好位置 $P_i(t)$：第 t 次迭代时第 i 个粒子的当前最佳位置用下式表示：

$$P_i(t)=\begin{cases}X_i(t), & F[X_i(t)]<F[P_i(t-1)]\\ P_i(t-1), & F[X_i(t)]\geqslant F[P_i(t-1)]\end{cases} \tag{9-9}$$

全局最好位置 $P_g(t)$：第 t 次迭代时所有粒子中的最佳位置，用下式表示：

$$P_g(t)=\begin{cases}P_g(t), & F[P_g(t)]<F[G(t-1)]\\ G(t-1), & F[P_g(t)]\geqslant F[G(t-1)]\end{cases} \tag{9-10}$$

平均最好位置 $\text{mbest}_j(t)$：第 t 次迭代时所有粒子当前最佳位置的平均值，用下式表示：

$$\text{mbest}_j(t)=\frac{1}{N}\sum_{i=1}^{N}P_{i,j}(t) \tag{9-11}$$

则 $L_{i,j}(t)$可通过下式得出，即

$$L_{i,j}(t)=2\alpha\cdot|\text{mbest}_j-X_{i,j}(t)| \tag{9-12}$$

式中，α 为收缩-扩张系数。一般地，α 值从 1 线性降到 0.5，能够获得较好的效果。

由此粒子位置更新方程可用下式表示：

$$X_{i,j}(t+1)=p_{i,j}(t)\pm\alpha\cdot|\text{mbest}_j-X_{i,j}(t)|\ln\left[\frac{1}{u_{i,j}(t)}\right] \tag{9-13}$$

式中

$$p_{i,j}=f_j(t)\cdot P_{i,j}(t)+|1-f_j(t)|\cdot P_{gj}(t) \tag{9-14}$$

$$f_j(t) \sim U(0,1)$$

3. 改进 QPSO

由于 QPSO 存在陷入局部最优的可能，这里提出一种自适应局部搜索的改进策略，同时通过引入交叉操作，提高算法性能。

算法开始阶段，粒子搜索到的位置不一定是最好的位置，粒子需要较大的搜索空间；随着算法不断迭代，在粒子搜索的范围内可能包含最优位置，此时粒子只需在附近搜索即可。因此，研究人员提出一种利用粒子的搜索状态自适应地调整局部搜索空间大小的自适应局部搜索策略。对局部吸引子的每一维添加一个随机变量，并按下式进行修正：

$$p'_{i,j} = p_{i,j} + \eta \tag{9-15}$$

$$\sigma = \frac{A}{t} \left| F(p_g) - \overline{F(p)} \right| \tag{9-16}$$

式中，$p'_{i,j}$ 表示 $p_{i,j}$ 的邻域解，η 表示修正值，取$(-\sigma,\sigma)$区间内的任意值。t 为当前迭代次数，$F(p_g)$表示第 t 次迭代中全局最好位置的适应值，$\overline{F(p)}$表示第 t 次迭代中所有粒子的平均适应值，A 为已知的实数。

另一方面，由于每次迭代都是对粒子整体维信息同时进行的更新，可能会丢失上次迭代时粒子较优的单维信息，因此，在粒子群中选择一定比例 λ 的粒子进行多点交叉操作，将不同粒子中优秀维信息相结合从而保留粒子中优秀维的信息，产生新的粒子进行下次迭代。

4. 全局路径规划算法流程

基于改进 QPSO 的全局路径规划步骤如下：

Step1 创建栅格地图，建立环境模型。

Step2 设置参数：粒子数 N、粒子维度 D、最大迭代次数 M、扩张-收缩系数 α 以及参与交叉操作的粒子比例 λ。

Step3 初始化粒子群，设置初始个体最好位置为 $P_i(0)$，全局最好位置为 $P_g(0)$，计算得出初始平均最好位置 mbest(0)。

Step4 迭代次数加 1，根据式(9-1)、式(9-9)计算每个粒子的适应度值 $F_i(x)$，并将本次迭代粒子的 $X_i(t)$与上一次迭代的 $P_i(t-1)$进行比较来更新个体最好位置 $P_i(t)$。

Step5 选择所有粒子中适应值最小时对应的 $P_i(t)$作为本次迭代的全局最好位置 $P_g(t)$，再根据式(9-10)将本次迭代的 $P_g(t)$和上次迭代的 $G(t-1)$进行比较来更新全局最好位置。

Step6 根据式(9-11)得出本次迭代中的平均最好位置 mbest_j，再根据式(9-12)计算 $L_{i,j}(t)$。

Step7 采用自适应局部搜索算法，根据式(9-15)和式(9-13)对粒子位置进行更新。

Step8　选定一定比例的粒子进行多点交叉操作产生新的粒子，并和其他粒子组合成新的粒子群进行下次迭代。

Step9　判断条件：判断全局收敛或迭代次数是否满足设定值，如果不满足，则迭代次数加 1，返回 Step5 继续。当满足条件时，结束算法，并记录最优解。

9.1.2　基于 Morphin 算法的局部路径规划

1. 算法描述

Morphin 算法是一种基于地面分析以及对先验栅格地图进行可行性统计分析的局部路径避障算法。如图 9-1 所示，机器人根据自身携带的传感器实时探测当前环境中各种障碍物的信息，在探测到障碍物的同时，机器人会在位置前设置数条避开障碍物的备选路径，再根据机器人当前状态以及备选路径的评价函数选出一条最优避障路径。该算法计算量小，实时性好，能很好地运用于具有动态障碍物的路径规划问题；另外，它能与全局规划算法有效地结合，对解决诸如室内等较复杂的环境下的路径规划也可获得较满意的效果。

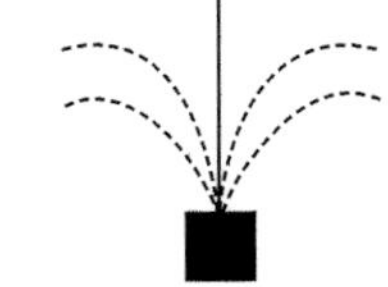

图 9-1　Morphin 算法备选路径

通常选取全局路径上距离障碍物较近的某一点确定为子目标点，并以机器人当前位置和子目标点的连线作为 Morphin 算法的中心弧线，其方向始终朝向子目标点；同时，在中心弧线左右两侧各画若干条弧线，并采用下式对每条弧线进行评价。

$$y=\begin{cases}\infty, & \text{障碍物位于弧线之上}\\ \varepsilon_1 D+\varepsilon_2 M+\varepsilon_3 \Delta L+\varepsilon_4 W, & \text{其他}\end{cases} \tag{9-17}$$

式中，D 表示每条弧线路径的长度；M 表示每条弧线路径的拐点参数；ΔL 表示弧线所经过的每个栅格点到子目标点距离的平均值；W 表示弧线终点与子目标点连线与障碍物栅格相交的次数；ε_1、ε_2、ε_3、ε_4 表示各个参数的权值。当障碍物位于弧线上时，评价函数 y 的值为无穷大，y 值最小的那条弧线表示局部最优路径。

2. 局部路径算法流程

机器人通过自身携带的传感器实时检测一些未知静态或者动态障碍物，每隔一定的时间利用探测到的信息更新地图，并可以预测动态障碍物的运动轨迹与速度。

基于 Morphin 算法的局部路径规划步骤如下：

Step1　机器人根据探测障碍物信息以一定信息更新栅格地图。

Step2　确定子目标点。

Step3　以机器人当前位置为起点，画一条指向子目标点的直线，在直线两侧以一定半径各画 2 条弧线，其中，弧线利用经过的或附近的栅格点表示。

Step4　根据评价函数 y 从备选的弧线中选择值最小且可行的弧线作为最优路径，跳到 Step6；当几条路径都不可行时，执行 Step5。

Step5　可将所画的备选路径在原子目标方向旋转一定角度进行尝试，如果不行，则选择 y 值最小的弧线进行 2 重 Morphin 搜索树操作（即在弧线终端分别向左右两侧画 2 条备选弧线）；如果还是不行，则终止局部路径规划，重新调用 QPSO 进行全局规划，返回 Step1。

Step6　机器人成功避开障碍物后立即回到全局路径上继续行走至目标点。

9.1.3　仿真实验及分析

本书算法流程如图 9-2 所示。根据现有的环境信息，构建栅格地图并选定起始点和目标点，首先采用改进的 QPSO 规划出一条最优的全局路径，机器人沿着全局路径行走，当机器人探测到未知障碍物时，调用 Morphin 算法避开障碍物并回到全局路径上继续行走；若局部算法始终无法找到可行路径，则将机器人检测到障碍物时的位置作为起始点，重新调用改进的 QPSO 进行全局路径规划。

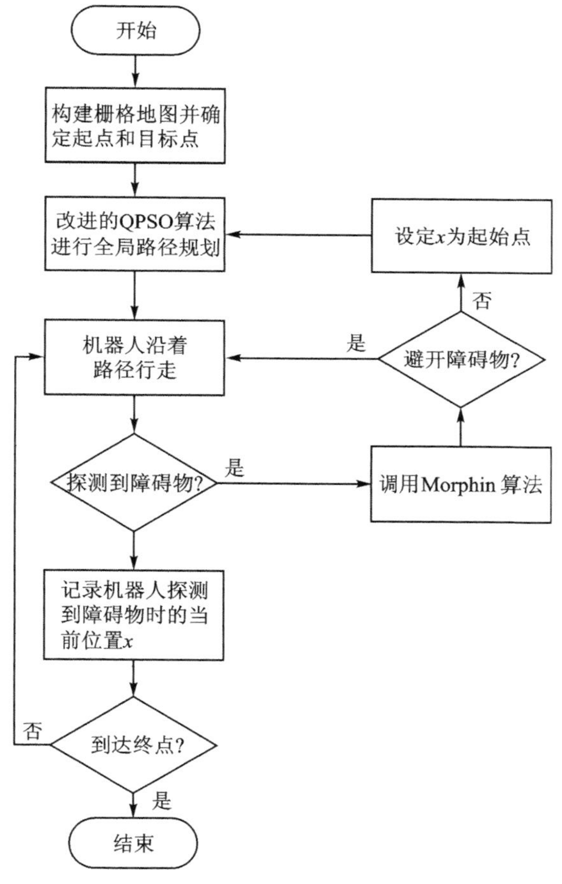

图 9-2　混合算法流程图

为了验证本文算法的有效性，利用 MATLAB 平台进行仿真分析。实验中，栅格地图的大小为 20×20。首先利用改进的 QPSO 规划出一条全局最优路径，其中算法参数分别为 $N=10$、$D=10$、$M=100$、$\lambda=0.6$。同时，为了说明改进的 QPSO 算法的优越性，将其与经典 PSO、QPSO 得出的全局路径进行对比。如图 9-3 所示为三种算法得出的全局最优路径。其中，直线对应改进的 QPSO 的路径，虚线对应 QPSO 的路径，点线对应 PSO 的路径。

从图 9-3、图 9-4 和表 9-1 可以看出，PSO 和 QPSO 虽然也可以找到一条路径，但无论算法的收敛性、执行时间还是路径长度等，均不如改进的 QPSO 的效果好。

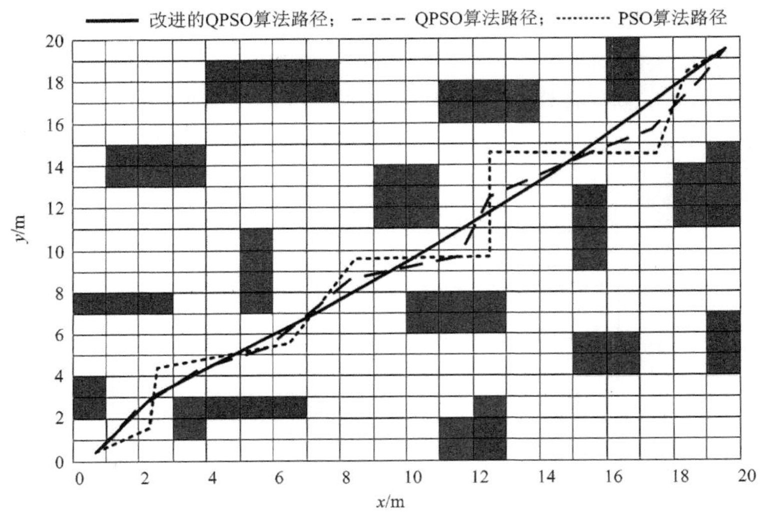

图 9-3　三种算法路径规划结果

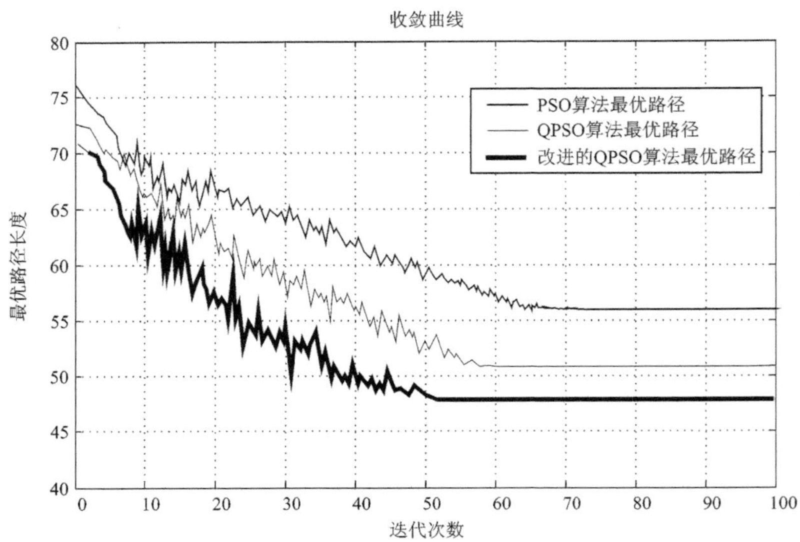

图 9-4　三种算法收敛比较

表 9-1　三种算法仿真数据

算　法	最优路径长度/m	迭代次数	运行时间/s
本书算法	47.85	51	1.054
QPSO 算法	50.89	59	1.763
PSO 算法	56.07	67	2.762

当全局路径规划之后，机器人会按照此路径行走，同时，机器人利用携带的传感器实时地检测障碍物，并调用 Morphin 算法及时躲避，然后再回到原路径。如图 9-5 所示是针对机器人在行走过程中可能探测到的不同障碍物进行避障行为的仿真分析。

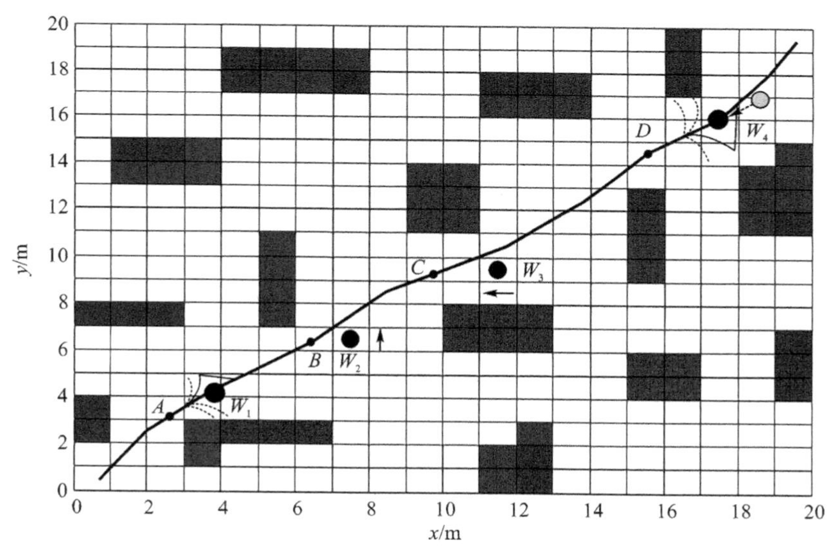

图 9-5　不同障碍物下机器人避障行为仿真

首先机器人根据全局路径行走至 A 点，探测到静态障碍物 W_1，调用 Morphin 算法生成 4 条弧线，选择 y 值最小的弧线作为局部避障的最优路径（W_1 周围的实线部分），然后回到全局路径继续行走。当到达 B 点时，机器人探测前方有动态障碍物 W_2，并分析得出 W_2 的运动方向和速度，在预测不会与障碍物相撞后，继续行走。机器人到达 C 点时，探测到前方有动态障碍物 W_3，同时预测两者在某处发生碰撞，机器人将停留几秒等待障碍物离开。在 D 点时，机器人探测到对向而来的动态障碍物 W_4，两者相撞不可避免，此时机器人会预测发生碰撞的位置并在此处调用 Morphin 算法进行避障。

以上是针对移动机器人行走过程中遇到不同障碍物进行避障的仿真分析，下面讨论局部避障算法不可用时重新规划全局路径的情况。

如图 9-6 所示，移动机器人在到达 F 点前探测到有一个较大的动态障碍物，预测在 F 点与之发生碰撞，并立即调用 Morphin 算法避障。图中所画出的弧线都接触到障碍物，而且不论将弧线在原子目标点旋转还是进行 2 重搜索树操作，都找不到可行的路径，此时只能终止局部避障，同时以当前点作为起始点重新调用改进 QPSO 进行全局路径规划。图中虚线为重新规划后的全局路径。

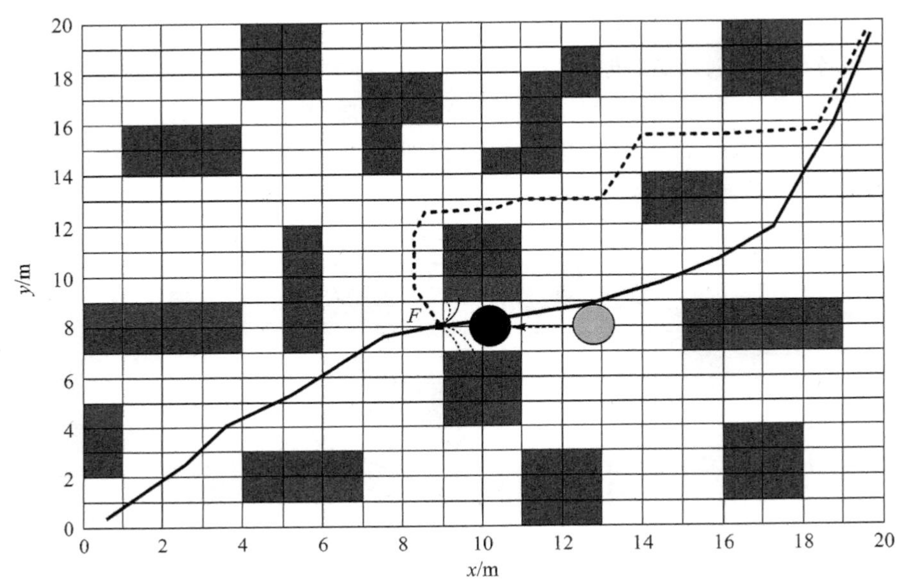

图 9-6　重新全局规划

9.2　基于人工势场的多移动机器人系统编队控制

9.2.1　多移动机器人编队控制算法

多移动机器人系统的编队控制是目前研究的一个热点问题。编队控制问题是指多个移动机器人组成的系统为完成指定任务，朝特定目标点移动过程中，既要保持预定队形的稳定，又要适应环境造成的约束。通常多移动机器人系统的编队控制是借助机器人之间的信息交互来实现多机器人系统的集体行为，从而完成指定任务的。它在军事、航空、工业等领域有着大量的需求和广阔的应用前景。多移动机器人系统的编队控制的优点有：可分工协作，能够迅速感知周围环境信息，群体资源利用率较高；可增强系统抗干扰的能力；可完成更高难度的任务；完成任务的效率更高。

多移动机器人系统编队控制的内容通常如下：

① 队形生成　即多移动机器人系统以何种队形运动，并如何形成这种队形；

② 队形保持　即多移动机器人系统运动过程中如何保证队形的稳定；

③ 队形切换　即多移动机器人系统在遇到环境变换或自身需要的情况下，如何顺利地由一种队形变换为另一种队形；

④ 编队避障　即多移动机器人系统在运动过程中遇到障碍物，如何改变运动规划或队形以避开障碍物；

⑤ 自适应　即多移动机器人系统如何在动态未知环境下，为更好地适应环境自动保持或改变队形。

当前编队控制的主要方法分为四类：Leader - Follower 控制法、基于行为的控制法、虚拟结构控制法、基于图论的控制法。

可以通过三个指标评价多移动机器人系统编队控制的优劣：

① 编队完成情况，即多移动机器人系统能不能完成指定队形；

② 编队完成时间，即多移动机器人系统完成指定队形所耗时间的长短，该指标评价多移动机器人系统的效率；

③ 能否完成避障，即在环境有障碍物，机器人朝向目标点移动时，能不能以一定的队形完成多移动机器人系统的避障。

1. Leader - Follower 控制法

Leader - Follower 控制法即领航跟随者法是由 Wang 提出并用于多移动机器人系统对形控制的。顾名思义，其基本思想是：在多移动机器人系统中，指定某一移动机器人作为系统的领航者，其余移动机器人跟随领航者的行为而做出自身下一步行为。这种控制方法将编队控制问题转化成了跟随机器人跟踪领航机器人的方向和位置问题，改变领航机器人与跟随机器人的位置关系，就可以得到不同的编队队形，从而转化为分析和稳定跟踪误差。

这种编队方法的优点是：领航机器人是整个系统的主导者，仅依靠自身的运动便可以控制整个系统的运动。但该方法也有很大的缺点：① 如果领航机器人自身的行动路线发生错误，则所有跟随机器人就会发生错误的行为；② 如果领航机器人的速度超过跟随机器人的跟踪范围，那么跟随机器人就会从系统中掉队，影响整个系统的任务执行；③ 当系统中需要处理的信息过多时，会加大领航机器人的负担，从而影响整个系统的运行甚至会导致系统瘫痪。针对以上问题，国内外众多学者提出了自己的解决方案。

宾夕法尼亚大学 Kumar 教授领导的 GRASP 团队提出了 $l-\varphi$、$l-l$ 两种编队模式，在此模型基础上使用图理论，建立基于 $l-\varphi$、$l-l$ 控制的多移动机器人编队控制图，实现了队形间的随意切换。

2. 基于行为的控制法

基于行为的编队控制法是前述的基于行为的路径规划法在多移动机器人系统中的应用与发展。基于行为的编队控制法是根据整个系统所产生的期望行为，设计每一个单移动机器人的行为以及局部控制方案。基于行为的控制方法由一系列简单的基本动作组成。每一个行为都有自己的任务，它的动作是由其他机器人的动作通过信息交互引起的；每个移动机器人的动作都会影响其他机器人的运动，或者作为其他机器人的输入，这样就构成了一个交互的网络。基于行为的编队控制方法的核心在于设计什么样的基本行为以及如何选择各种相互影响行为。基于行为的编队控制法的优点有：① 自然地整合了多移动机器人系统中的多个目标；② 每个机器人间能够进行信息交互；③ 单个机器人的行为不会影响系统的行为。该方法的缺点同样明显：① 移动机器人的基本行为具有涌现性，无法从数学上定量地描述和分析系统的稳定性、收敛速度等特性；② 一个机器人接收到多种行为时难以做出选择。

针对以上问题，目前大致有三类解决方法：

① 优先级法。它的思想是，事先给每一个行为设定一个优先级，当多种行为发生冲突时，按照优先级选择行为模式。该方法的表现方式就是高优先级的行为抑制低优先级的行为。该方法的缺点是在复杂多变的环境下，各模式间的切换会导致控制结果产生较大的误差。

② 加权法。它和优先级法的类似之处在于事先设定一个权值，但它在行为发生冲突时直接按照权值进行加权运算，最后经过正则处理后作为机器人的行为输出。这种方法的优点是快速方便，但各种行为之间会因为权值相同而难以明确行为，从而破坏整个系统的运行效果。

③ 模糊逻辑法。它将模糊逻辑引入到基于行为的编队控制中，通过对模糊值和模糊规则的选择，根据不同的输入确定机器人的行为输出。这就相当于是对加权法中的权值选择视情况而定。

3. 虚拟结构控制法

虚拟结构控制法的主体思想是将每个移动机器人看成一个点，由多个单移动机器人组成的多移动机器人系统编队可看成是由这些点组成的虚拟刚性结构；队形移动时，机器人则跟踪虚拟刚体上的虚拟点移动。多机器人系统在移动时，单个机器人相对于整体的坐标没有改变，保证系统能以一定的队形前进。如果需要切换队形，则让机器人跟踪刚性结构上非机器人所在点。

虚拟结构法的主要优点在于，它采用虚拟的刚体，能够准确地整体描述系统的运动行为，自然地利用编队中信息的反馈来设计控制方案，所以能够以较高精度控制编队队形。但它的缺点是利用刚性结构编队，在障碍物较多或者环境变化太多的情况下，缺乏对环境的适应性。基于这种情况，现在虚拟结构法大多用于航天业的卫星编队中。

4. 基于图论的控制法

多移动机器人编队通常由于数量决定其具有较大规模，这导致其感知、通信、控制结构比较复杂，在每个机器人之间有彼此关联的网络，因此这就自然地建立了一个图。用图的顶点表示单个机器人，用图的边来表述机器人之间的关联关系，比如两个机器人之间存在通信关系，在图中就存在相对应的边。系统建模完成后，可以利用成熟的图论知识对多移动机器人的性质进行研究。

图论可以用来设计多机器人系统的编队队形，以及在此队形上的编队控制策略。但基于图论的控制方法主要适用于仿真，实现起来较为复杂。Guo 等提出一个用于包括内部避碰和通信网络的连通性维护在内的动态约束移动机器人系统的分布式合作运动和任务控制方案，利用嵌入式图形作为主要工具指定本地交互规则和机器人之间的切换控制模式，然后结合 model - checking - based 任务规划模块。

9.2.2　基于群集理论的多移动机器人系统运动控制模型

群集理论最先是由 Reynolds 模仿动物聚集而提出的，它由避免与周围环境（包括环境障碍物及周围成员）发生碰撞、与邻近的成员保持速度一致、与邻近的成员靠近这三条规则组成。在整个系统中，群体内部存在着相对运动，群体相对于环境也存在相对运动，从而使得整个系统可完成某些单个个体无法完成的复杂任务。

基于 Reynolds 提出的群集理论，移动机器人的运动控制模型可设定为

$$u_i = u_i^{\alpha} + u_i^{\beta} + u_i^{\gamma} \tag{9-18}$$

式中，i 表示为机器人序号，u_i^{α}、u_i^{β}、u_i^{γ} 分别表示速度一致程度、队形保持程度、目标跟随紧密度。

如果将机器人看成一个质点，那么定义它的结构动力方程为

$$\Sigma_1:\quad \left.\begin{aligned} \dot{x} &= v \\ \dot{v} &= -\nabla V(x) - \hat{L}(x)v \end{aligned}\right\} \tag{9-19}$$

9.2.3　多移动机器人编队控制中的势场函数

为了使多移动机器人群体能够以群集形式顺利完成任务，现需要针对不同情况定义不同的势场函数。在多移动机器人系统中，在机器人的感应范围内，两个机器人相距太近则相互排斥，相距太远则相互吸引，最终稳定在一个相对距离；对于机器人和障碍物之间，在障碍物感应范围内，机器人距离障碍物太近则相互排斥，两者不相互吸引；对于机器人和目标点之间，在目标点感应范围之内，机器人和障碍物之间存在引力，二者之间不存在斥力。

定义机器人的感应半径为 r，达到机器人相互感应范围时两者距离为 r_d，机器人的半径为 r_q，则 $r_d = r - 2r_q$。当两个机器人之间的距离小于 r，即 $\| q_j - q_i \| \leqslant r$ 时，两机器人之间可以相互作用，否则两机器人之间没有相互作用。定义障碍物 o_k 的中心点为 q_k，半径为 r_k，机器人对障碍物的感应半径为 r'，当 $\| q_k - q_i \| \leqslant r'$ 时，表示机器人 i 能够感应到障碍物的存在；达到机器人感应到障碍物时，障碍物到机器人的距离为 $r'_d = r' - r_q$。多移动机器人系统中机器人之间相对稳定的距离为 $d_d \in (0, r_d]$，当两机器人相对稳定时，为两机器人之间势场函数值最小的点，此时两机器人中心点距离定义为 $d = d_d + 2r_q$。

1. 机器人之间的势场函数

令 $z = \| q_j - q_i \|$，根据前述可知，在 $\| q_j - q_i \| \in (2r_q, d)$ 时，机器人之间的势

场函数 $\psi_a(z)$ 单调递减，即两个机器人紧挨时(不会发生)两者斥力无穷大，势场函数值无穷大；随着两个机器人之间距离增大，斥力逐渐减小，势场函数值逐渐减小，直到两机器人达到相对稳定的距离；当 $\| q_j - q_i \| \in (d, r]$ 时，$\psi_a(z)$ 单调递增，即两机器人逐渐远离相对稳定距离时，二者之间的引力增大，势场函数值逐渐增大，直到两机器人之间的距离超出机器人感应范围；当 $\| q_j - q_i \| = d$ 时，两机器人达到相对稳定的状态，此时势场函数取得唯一的极小值。

由以上叙述可知，当 $\| q_j - q_i \| \to 2r_q$ 时，机器人之间的势场函数值 $\psi_a(z) \to \infty$，定义机器人之间势场函数为

$$\begin{aligned}\psi_a(z) &= \int_d^z f_a(s)\mathrm{d}s = k_1\left[\ln\left(\frac{z}{d}\right) + \frac{d-z}{z}\right] \\ &= \int_{d_d+2r_q}^z f_a(s)\mathrm{d}s = k_1\left[\ln\left(\frac{z}{d_d+2r_q}\right) + \frac{d_d+2r_q-z}{z}\right]\end{aligned} \tag{9-20}$$

式中

$$f_a(z) = \begin{cases} \dfrac{k_1(d-z)}{z^2} = \dfrac{k_1(d_d+2r_q-z)}{z^2}, & z \in (2r_q, r] \\ 0, & z \in (r, +\infty] \end{cases} \tag{9-21}$$

势场函数是对机器人 i、j 之间的相对距离 $z = \| q_j - q_i \|$ 可微分、非负且没有极大值、有极小值的函数。

2. 机器人与障碍物之间的势场函数

令 $z' = \| q_k - q_i \|$，根据本小节开始的描述，机器人与障碍物之间的距离 $\| q_k - q_i \| \to r_q$ 时，$\psi_\beta(z) \to \infty$，即机器人无限接近障碍物时，障碍物对机器人的斥力无穷大，势场函数值也无穷大；当 $\| q_k - q_i \| \in (r_q, r']$ 时，$\psi_\beta(z)$ 单调递减，即当机器人与障碍物之间的距离没有超出机器人对障碍物的影响距离时，随着机器人远离障碍物，障碍物对机器人的斥力减小，势场函数也随之减小；当 $\| q_k - q_i \| \geqslant r'$ 时，势场函数值为0，即障碍物对机器人没有影响。

构建机器人与障碍物之间的势场函数为

$$\psi_\beta(z') = \int_{r'}^{z'} f_\beta(s)\mathrm{d}s = \frac{k_2}{z'} \tag{9-22}$$

式中，$f_\beta(z') = \begin{cases} -\dfrac{k_2}{z'^2}, & z' \in (r_q, r'] \\ 0, & z' \in (r', +\infty] \end{cases}$，势场函数是对障碍物与机器人的距离 $z' = \| q_k - q_i \|$ 可微分、非负且没有极大值的函数。

9.2.4 基于人工势场的多移动机器人编队形成

由9.2.3小节可知，多移动机器人系统的运动模型可以定义为

$$u_i = u_i^\alpha + u_i^\beta + u_i^\gamma \tag{9-23}$$

式中

$u_i^\alpha = -\sum_{j=1}^{N} a_{ij} \| v_i - v_j \|$，表示所有机器人速度趋于一致性的项；

$u_i^\beta = -\sum_{j=1}^{N} q_i \phi_\alpha \| q_i - q_j \|$，表示机器人系统队形保持程度的项；

$u_i^\gamma = -c_i \| v_i - v_d \|$，表示机器人趋于期望速度的项。

由 9.3.3 小节建立势场函数时的分析可知，当 $\| q_j - q_i \| = d$ 时，两机器人达到相对稳定状态，此时势场函数取得唯一的极小值。式 $\| q_j - q_i \| = d$ 为一个圆形，所以其他移动机器人在到达局部极小点的情况下都将趋于这个圆周，两机器人之间趋于稳定的相对距离为 d_d。如图 9-7 所示为四移动机器人所组成的系统趋于稳定时的队形和信息交互图。

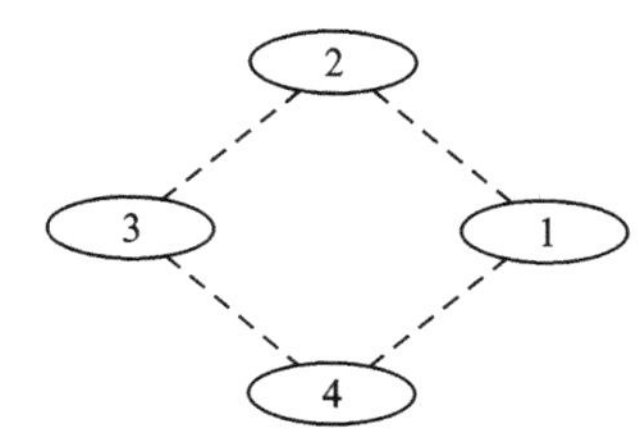

图 9-7 四移动机器人系统信息交互图

9.2.5 仿真实验及分析

第一个仿真实验验证是由三移动机器人系统组成的多移动机器人系统，系统队形期望及系统信息交互拓扑图如图 9-8 所示。

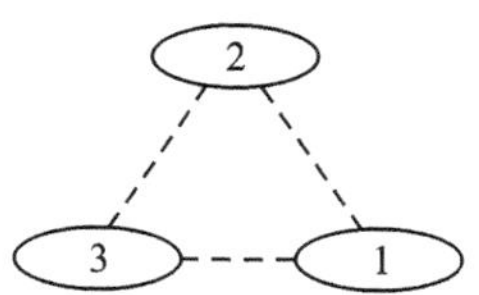

图 9-8 三移动机器人系统信息交互图

图 9-8 中包含速度和目标信息，由下式可以得出完整的结构动力方程：

$$\left.\begin{aligned} &\dot{x}_1 = v_1 \\ &\dot{v}_1 = -a_{12}\tanh(v_1 - v_2) - a_{13}\tanh(v_1 - v_3) - k\tanh(\| x_{12} \| - d)\frac{x_{12}}{\| x_{12} \|} \\ &-k\tanh(\| x_{13} \| - d)\frac{x_{13}}{\| x_{13} \|} - a_{d1}\tanh(v_1 - v_d) \end{aligned}\right\} \tag{9-24}$$

同理，可得其余两个机器人与其他机器人的关系。

设定机器人之间达到稳定状态时的期望距离为 $d=1$，机器人的初始速度为 0，起始位置从[−2,2]间的随机位置开始，多移动机器人系统的移动速度为 $v=[0,2]$，仿真结果如图 9-9 所示。

通过仿真实验，由图 9-9～图 9-11 可看出，人工势场法能够完成三个机器人的编队控制，并且能完成所期望的三角形编队，在 20 s 时系统中的多机器人就能达到

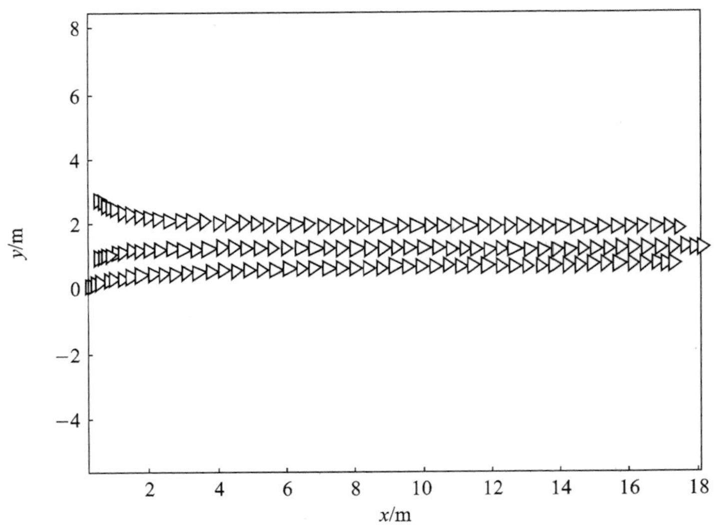

图 9-9　三移动机器人系统运动轨迹

互相相对稳定的距离，系统中的机器人速度也能快速达到所期望的值，说明基于人工势场的编队是有效的。

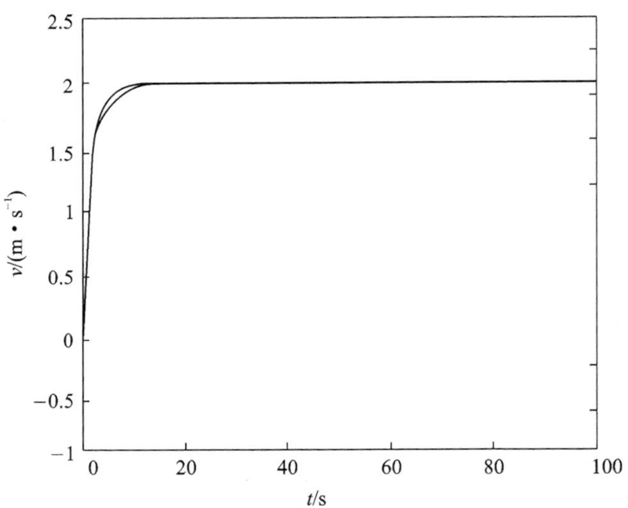

图 9-10　移动机器人速度变化曲线

第二个仿真实验验证是由四个机器人系统组成的多移动机器人系统，系统队形期望及系统信息交互拓扑图如图 9-7 所示，它的结构动力方程为

$$\left.\begin{aligned}&\dot{x}_1 = v_1\\&\dot{v}_1 = -\nabla_{r_{12}} V_{12}(x_1, x_2) - \nabla_{r_{14}} V_{14}(x_1, x_4) - a_{12}(v_1 - v_2) - a_{14}(v_1 - v_4)\end{aligned}\right\} \tag{9-25}$$

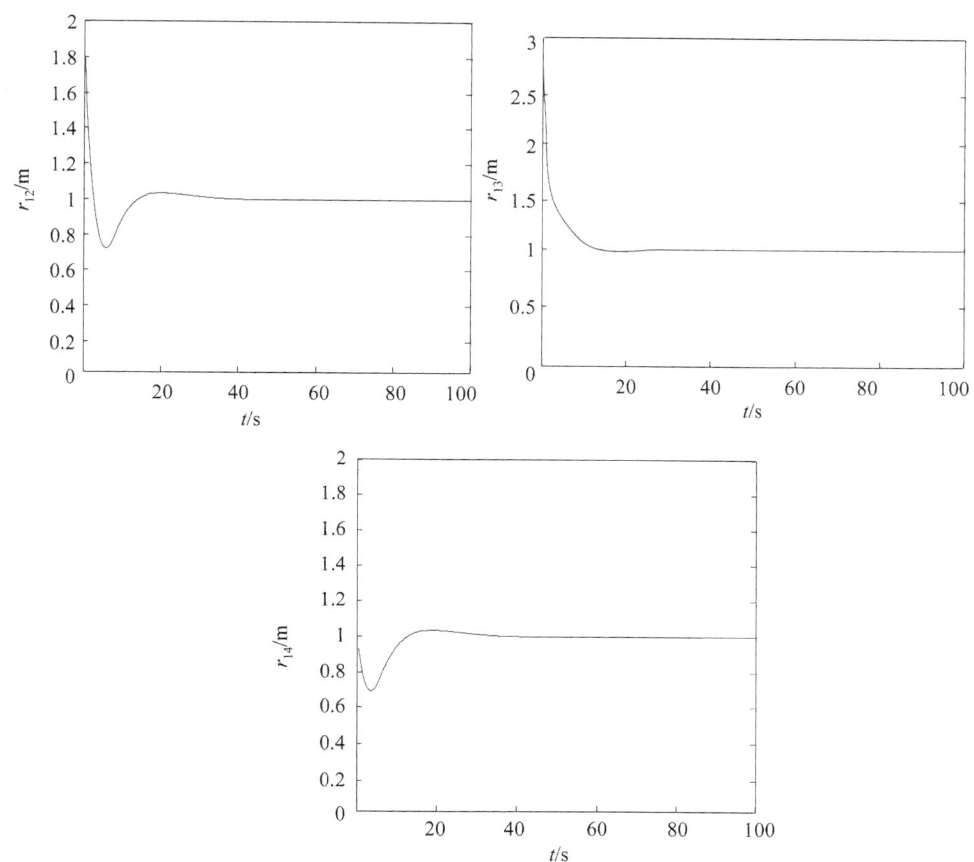

图 9-11　移动机器人相互距离曲线

同理可得其余三个机器人同其他机器人的关系。

设定机器人之间达到稳定状态时的期望距离为 $d=1$，机器人的初始速度为 0，起始位置从[−2,2]间的随机位置开始，多移动机器人系统的移动速度为 $v=[0,2]$，仿真结果如图 9-12 所示。

通过仿真图 9-12 可以得到，利用人工势场法也能够完成四个机器人的编队控制，并且能达到所期望的四边形编队，这进一步证明基于人工势场的编队是有效的。

但是从仿真结果图 9-9 以及图 9-12 可看出，利用人工势场法进行编队控制，只能让机器人以图 9-13 或图 9-13 中一部分的形状，形成一种固定的队形，这也和前文的分析相吻合，基于人工势场的编队缺乏灵活性。

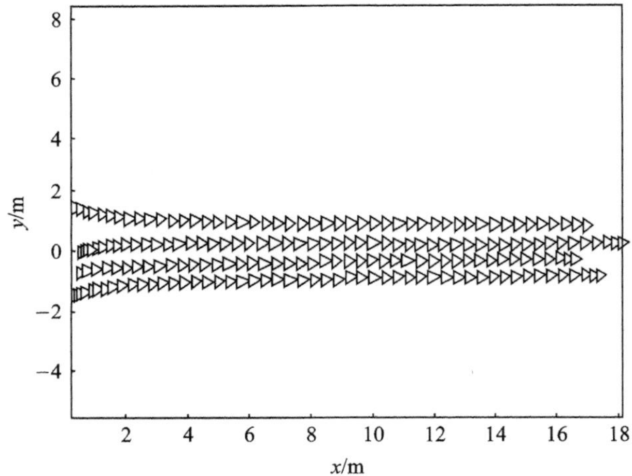

图 9－12　四移动机器人系统运动轨迹

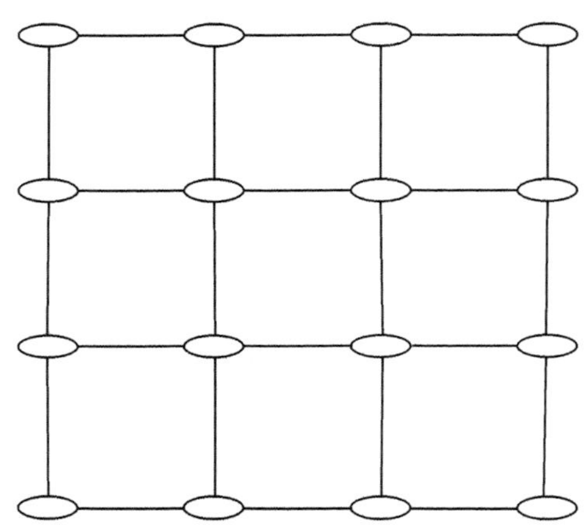

图 9－13　人工势场多移动机器人编队队形

9.3　基于虚拟领航和人工势场的编队控制

9.3.1　基于虚拟领航者的机器人运动方程

虚拟领航者编队控制法是对 Leader－Follower 控制法的发展，是指在多移动机器人系统中引入虚拟的领航者，虚拟领航者在势场中的作用和真实机器人相同。

在多移动机器人系统运动过程中，我们在系统中设置一个参考点 0，设置一系列虚拟体 $m(m=1,2,3,\cdots,k)$，系统中的所有移动机器人和虚拟体都跟随参考点运动，这个参考点 0 就被称为虚拟领航者。在设定好虚拟领航者的速度和方向后，利用各机器人相对虚拟领航者的距离和方向角，即可得出每个机器人的速度和方向，从而可以计算出整个系统的运动状态，如图 9－14 所示。

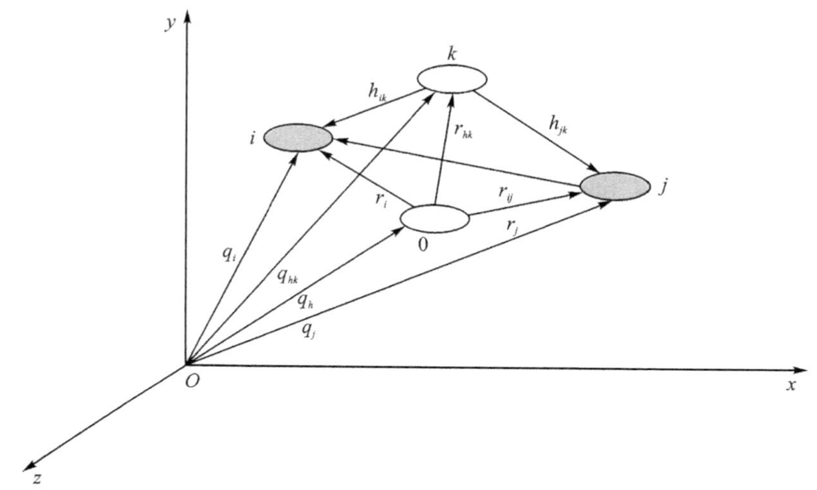

图 9－14　虚拟领航者与机器人坐标系

假设第 i 个机器人在坐标系中的位置为 $\boldsymbol{q}_i$，定义 $\boldsymbol{v}_i=\dot{\boldsymbol{q}}_i$ 为第 i 个机器人的速度，则机器人在完全运动的情况下，移动机器人的运动方程为

$$\left.\begin{aligned}\dot{\boldsymbol{q}}_i&=\boldsymbol{v}_i\\ l\dot{\boldsymbol{v}}_i&=\boldsymbol{f}\end{aligned}\right\}\tag{9-26}$$

式中，$\boldsymbol{f}$ 为机器人的合力，l 为正常数，假设第 i 个机器人的合力为 $\boldsymbol{f}_i$；系统中移动机器人跟随虚拟领航者的速度为 $\boldsymbol{v}_0(t)$。以图 9－14 中参考点 0 为原点，建立坐标系，用 $\boldsymbol{q}_i$ 表示第 i 个机器人相对原点的位置矢量，所以它的速度可以表示为 $\dot{\boldsymbol{q}}_i=\boldsymbol{v}_i-\boldsymbol{v}_0$。

可以用如下方程描述机器人在坐标系中的运动状态：

$$\frac{\mathrm{d}}{\mathrm{d}t}\begin{bmatrix}\boldsymbol{q}_i\\ \dot{\boldsymbol{q}}_i\end{bmatrix}=\begin{bmatrix}\dot{\boldsymbol{q}}_i\\ \boldsymbol{v}_i-\dot{\boldsymbol{v}}_0\end{bmatrix}\tag{9-27}$$

又矢量 $\boldsymbol{q}_{ij}=\boldsymbol{q}_i-\boldsymbol{q}_j$，矢量 $\boldsymbol{q}_{ik}=\boldsymbol{q}_i-\boldsymbol{q}_k$，合力 $\boldsymbol{f}_i$ 可以表示为

$$\begin{aligned}\boldsymbol{f}_i&=-\sum_{i\neq j}^{n}\frac{\partial\psi_\alpha(z)}{\partial\boldsymbol{q}_i}-\sum_{k=0}^{m-1}\frac{\partial\psi_\beta(z')}{\partial\boldsymbol{q}_i}+\boldsymbol{f}_{v_i}\\&=-\sum_{i\neq j}^{n}\frac{f_\alpha(z)}{z}\boldsymbol{q}_{ij}-\sum_{k=0}^{m-1}\frac{f_\beta(z')}{z'}\boldsymbol{q}_{ik}+\boldsymbol{f}_{v_i}\end{aligned}\tag{9-28}$$

规定 $\boldsymbol{q}_{i0}=\boldsymbol{q}_i$，这样可以针对不同的虚拟领航者的人工势场得到不同的机器人合力。

9.3.2　基于虚拟领航的群集算法实现

多移动机器人系统运动要求为：机器人之间要相互联系，不能发生碰撞；所有机

器人需要完成避障；机器人之间的速度要保持一致，向一定目标运动。所以多移动机器人的控制输入可以定义为

$$\boldsymbol{f}_i = \boldsymbol{f}_i^{\alpha} + \boldsymbol{f}_i^{\beta} + \boldsymbol{f}_i^{\gamma} \tag{9-29}$$

式中，$\boldsymbol{f}_i^{\alpha}$ 为机器人的控制力，$\boldsymbol{f}_i^{\beta}$ 为障碍物的控制力，$\boldsymbol{f}_i^{\gamma}$ 为导航的反馈力。机器人在追踪虚拟领航者的过程中，用$(\boldsymbol{q}_r, \boldsymbol{p}_r)$表示机器人的状态，用$(\boldsymbol{q}_k, \boldsymbol{p}_k)$表示障碍物的状态，障碍物的半径设定为 r_k。

$$\boldsymbol{f}_i^{\alpha} = \sum_{j \in N_i} a_{ij}(z)\phi_{\alpha}(z)\boldsymbol{n}_{ij} + c_1 a_{ij}(z)(\boldsymbol{p}_j - \boldsymbol{p}_i) \tag{9-30}$$

$$\boldsymbol{f}_i^{\beta} = \sum_{j \in N_i} b_{ik}(z')\phi_{\beta}(z')\boldsymbol{n}_{ik} + c_2 b_k(z')(\boldsymbol{p}_{i,k} - \boldsymbol{p}_i) \tag{9-31}$$

$$\boldsymbol{f}_i^{\gamma} = -c_3(\boldsymbol{q}_i - \boldsymbol{q}_r) - c_4(\boldsymbol{p}_i - \boldsymbol{p}_r) \tag{9-32}$$

式(9-30)、式(9-31)、式(9-32)中，c_1、c_2、c_3、c_4 为正常数，$\boldsymbol{n}_{ij} = \dfrac{\boldsymbol{q}_j - \boldsymbol{q}_i}{\sqrt{1+\varepsilon \|\boldsymbol{q}_j - \boldsymbol{q}_i\|^2}}$，$\boldsymbol{n}_{ik} = \dfrac{\boldsymbol{q}_k - \boldsymbol{q}_i}{\sqrt{1+\varepsilon \|\boldsymbol{q}_k - \boldsymbol{q}_i\|^2}}$。

由式(9-29)可知，机器人之间的作用力可表示为$\boldsymbol{f}_i = \boldsymbol{f}_i^{\alpha} + \boldsymbol{f}_i^{\gamma}$，它的动力方程可以由下式表示：

$$\Sigma_1:\left.\begin{aligned} \dot{x} &= v \\ \dot{v} &= -\nabla V(x) - \hat{L}(x)v \end{aligned}\right\} \tag{9-33}$$

这使得所有机器人能趋向以相同的速度运动。

定义机器人与障碍物之间的作用力为

$$\boldsymbol{f}_i^{d} = \sum_{k \in N_i^{\beta}} b_k(\boldsymbol{p}_i - \boldsymbol{p}_{i,k}) \tag{9-34}$$

令 $K_r = \dfrac{1}{2}\sum_i \|\boldsymbol{p}_i\|^2$，$\dot{\boldsymbol{p}}_i = \boldsymbol{f}_i^{d}$，将式(9-34)代入 K_r，对 K_r 微分可得

$$\dot{K}_r = \sum_{i \in V_{\alpha}} \sum_{k \in N_i^{\beta}} b_k \langle \boldsymbol{p}_i, \boldsymbol{p}_k - \boldsymbol{p}_i \rangle \tag{9-35}$$

障碍物的速度与 $\boldsymbol{p}_i$ 有以下关系：$\boldsymbol{p}_k = \mu(I - \boldsymbol{\alpha}_k \boldsymbol{\alpha}_k^{\mathrm{T}})\boldsymbol{p}_i$，所以

$$\begin{aligned} \langle \boldsymbol{p}_i, \boldsymbol{p}_k - \boldsymbol{p}_i \rangle &= \mu \boldsymbol{p}_i^{\mathrm{T}}(I - \boldsymbol{\alpha}_k \boldsymbol{\alpha}_k^{\mathrm{T}})\boldsymbol{p}_i - \boldsymbol{p}_i^{\mathrm{T}}\boldsymbol{p}_i \\ &= -\{\mu(\boldsymbol{\alpha}_k^{\mathrm{T}}\boldsymbol{p}_i)^2 + (1-\mu)\|\boldsymbol{p}_i\|^2\} \leqslant 0 \end{aligned}$$

又 $b_k \geqslant 0$，所以 $\dot{K}_r \leqslant 0$。

这表明 f_i^{β} 的项 $c_2 b_k(z')(\boldsymbol{p}_{i,k} - \boldsymbol{p}_i)$为有效的阻尼力。当机器人靠近障碍物时，控制输入 $c_2 b_k(z')(\boldsymbol{p}_{i,k} - \boldsymbol{p}_i)$使机器人速度下降，并在$\boldsymbol{f}_i^{\beta}$ 的影响下绕过障碍物。

下面讨论在有不同数量的移动机器人和虚拟领航者的情况下，移动机器人系统集群运动的实现。同上文设定相同，设定机器人相互感应的半径为 r，机器人初始速度为 0，整个系统最终运动速度要达到 v_d。

当机器人和虚拟领航者的数量都为 1 时，由上文的分析可知，当二者达到相对稳

定状态时，二者距离为 $d=d_d+2r_q$。这说明机器人只要在以虚拟领航者为圆心、半径为 d 的圆周上以和虚拟领航者相同的速度运动，则整个系统都稳定。如图 9－15 所示的两种情况都满足系统稳定的要求，但移动机器人的位置有不确定性。

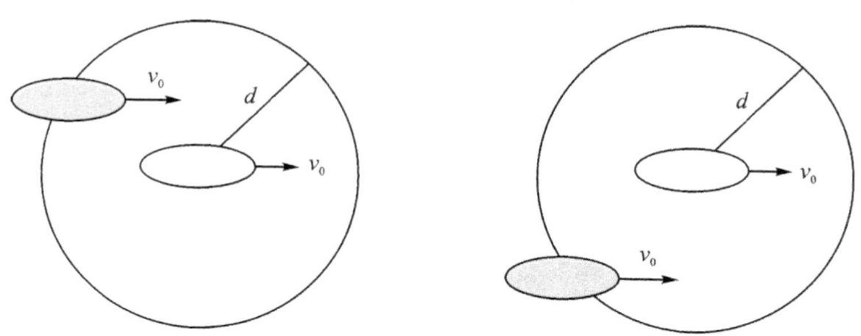

图 9－15　一个机器人和一个虚拟领航者运动示意

当系统中存在两个机器人和一个领航者时，由上文分析可知，两个移动机器人之间保持距离为 d，在以虚拟领航者为圆心、半径为 d 的圆周上以和虚拟领航者相同的速度运动，整个系统就可以达到稳定状态。在一个领航者的状态下，可以保证两个机器人之间的距离以及它们的相对位置，但机器人位置不唯一，机器人的位置具有不确定性，如图 9－16 所示。

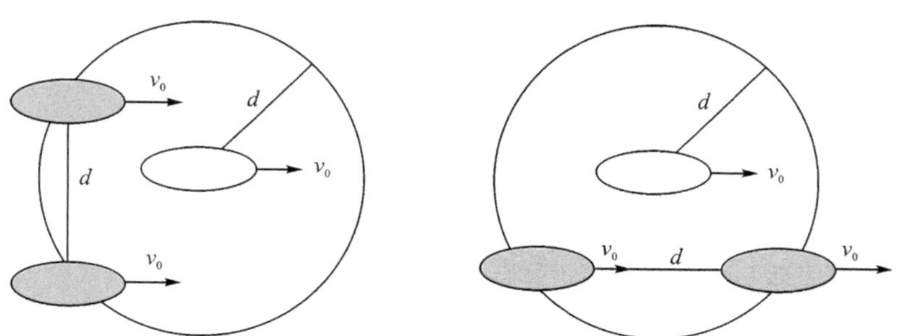

图 9－16　一个机器人和两个虚拟领航者运动示意

当系统中有两个移动机器人和两个虚拟领航者时，由于两个领航者都可以对机器人作用，两个机器人必须以距离为 d 的状态，在两个领航者形成的圆周上运动。由于两个领航者与移动机器人作用达到稳定状态的范围所形成的圆周有交集，故两个机器人只能在两个圆周的交点上跟随虚拟领航者一起运动，如图 9－17 所示。

当系统中有三个移动机器人和一个虚拟领航者时，三个移动机器人保持正三角形，在以虚拟领航者为圆心、d 为半径的圆周上运动，这样机器人也不能保持固定的角度。要使机器人保持固定角度运动，再添加一个虚拟领航者即可固定队形，如图 9－18 所示。

由以上分析可以得出，若要使多移动机器人保持固定队形运动，或者变换队形，则在机器人后方增加虚拟领航者即可。

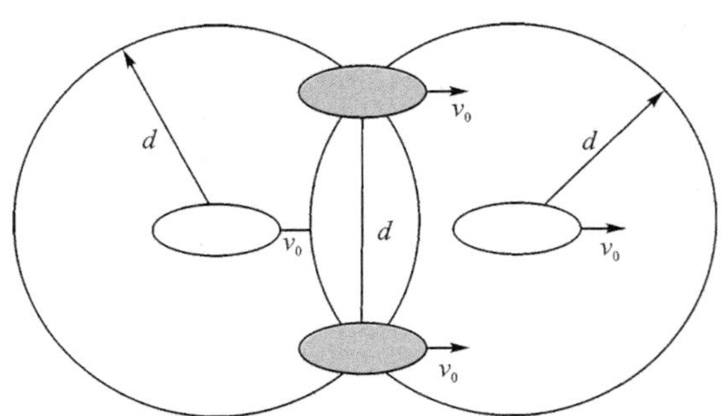

图 9-17　两个机器人和两个虚拟领航者运动示意

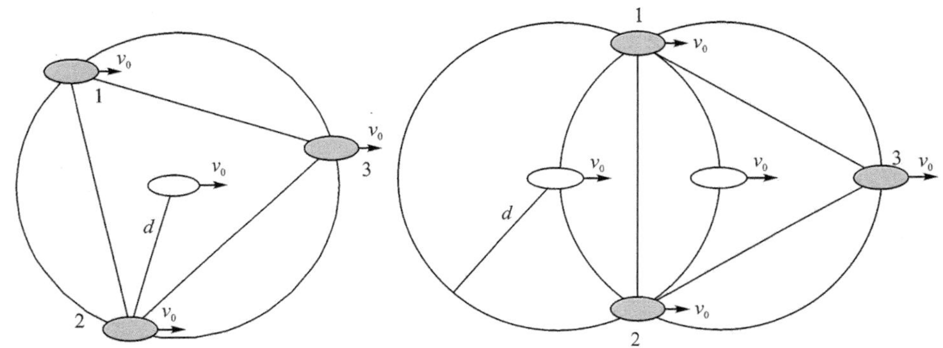

图 9-18　两个机器人和三个虚拟领航者运动示意

9.3.3　算法稳定性分析

假设多移动机器人系统中有 n 个移动机器人，它的运动方程是式(9-33)，运动规则是式(9-29)。用(q_r, p_r)表示机器人的状态，用(q_k, p_k)表示障碍物的状态，障碍物半径设定为 r_k。用以下函数表示多移动机器人的动能函数：

$$H(q,p)=V(q)+T(q,p)=V(q)+\frac{1}{2}\sum_{i=1}^{n}\|p_i\|^2 \tag{9-36}$$

对 $H(q,p)$求微分可得

$$\begin{aligned}\dot{H}(q,p)=&\langle\nabla V(q),p\rangle+\langle v_q V_\beta(q),p\rangle+\langle\nabla V_\gamma(q),p\rangle+\langle\nabla_q V_\alpha(q),p\rangle+\\&\sum_{i\in V_\alpha}\langle\dot{p}_i,f_i^\alpha+f_i^\beta+f_i^\gamma\rangle\\=&\langle\nabla_q V_\alpha(q),p\rangle+c_1\sum_{(i,j)\in\varepsilon_\alpha(q)}a_{ij}(q)\langle p_i,p_j-p_i\rangle+\\&c_2\sum_{i\in V_\alpha}\sum_{k\in N_i^\beta}b_k\langle p_k,p_k-p_i\rangle-c_4\sum_{i\in V_\alpha}\langle p_i,p_i-p_d\rangle\end{aligned}\tag{9-37}$$

又式(9-37)中 $\hat{p}_k$ 方向为障碍物边缘的切向方向，而法向量垂直于障碍物边缘，

因此

$$\langle \nabla_q V_\alpha(q), p \rangle = \sum_{i \in V_\alpha} \sum_{k \in N_i^\beta} \langle \nabla_{qk} V_\beta(q), p_k \rangle = \sum_{i \in V_\alpha} \sum_{k \in N_i^\beta} \phi_\beta(\| q_j - q_i \|) \langle n_{i,k}, p_{i,k} \rangle = 0 \tag{9-38}$$

将式(9－38)代入式(9－37)可得

$$\dot{H}(q,p) = c_1(p^T \hat{L}(q) p) + c_2 \sum_{i \in V_\alpha} \sum_{k \notin N_i^\beta} b_k \langle p_k, p_k - p_i \rangle - 2c_4\left(T(q,p) - \frac{n}{2}(p_d^T \cdot p_c)\right), \quad \forall t \geqslant t_0 \tag{9-39}$$

假设 $T(q,p) - \frac{n}{2}(p_d^T \cdot p_c) \leqslant 0, \forall t \geqslant t_0$，则当 $t \geqslant t_0$ 时，$\dot{H}(q,p) \leqslant 0$，即多移动机器人系统的能量是局部单调递减且渐进稳定的。

9.3.4　仿真实验及分析

1. 队形形成仿真验证

在第一组实验中，设立两小组对比试验，第一小组设置一个虚拟领航者，第二小组设置两个虚拟领航者。每一小组有两个机器人构成的多移动机器人系统，两组出发位置相同。仿真结果如图 9－19、图 9－20 所示。

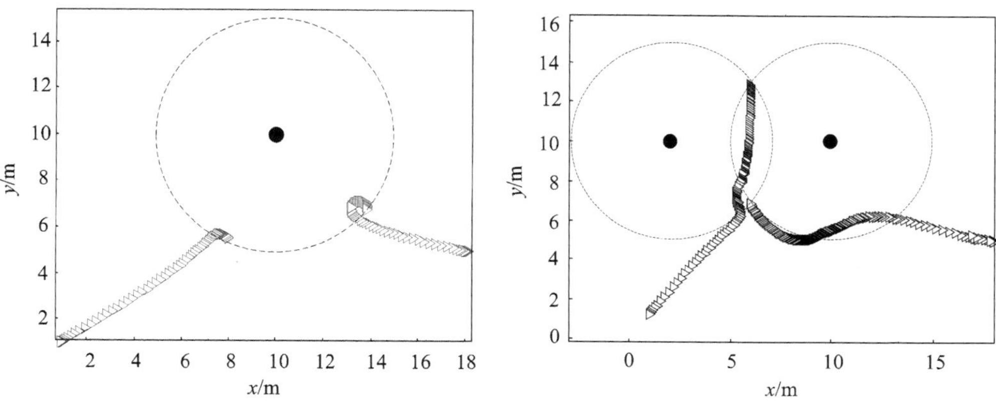

图 9－19　一个虚拟领航者、两个移动机器人系统运动仿真图

在第二组实验中，实验环境和第一组相同，但是机器人出发位置发生改变。

由以上两组实验可以看出，只有一个虚拟体的时候，机器人向虚拟体在以 d 形成的圆周上运动，最后二者以距离为 d 的形态稳定在圆周上，但是稳定的位置具有不确定性。增加一个虚拟体后，两个机器人的稳定位置可以确定，能够形成固定队形。这验证了上文理论的正确性。

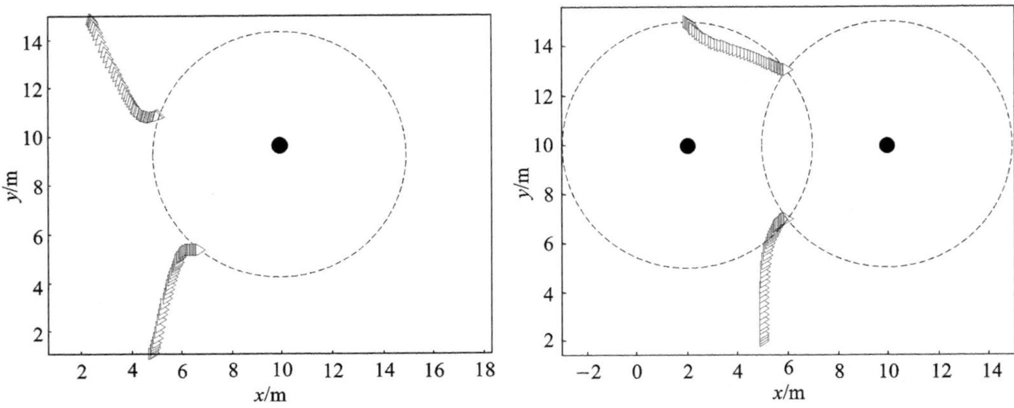

图 9-20　两个虚拟领航者、两个移动机器人系统运动仿真图

2. 多移动机器人队形控制与避障仿真

下面通过 MATLAB 仿真实验来验证本章所提算法的有效性。机器人数量为 10 个，机器人半径为 $r_q=2$，机器人之间稳定距离为 $d_d=4$，机器人中心点距离为 $d=d_d+2r_q$，机器人之间感应距离为 $r=14$，追踪目标的状态为 $(q_r,p_r)=([20,0],[3,3])$，障碍物的状态为 $(q_k,p_k)=([120,100],[0,0])$，障碍物的半径为 10，$k_1,k_2$；$c_1,c_2,c_3,c_4$ 的取值分别为 150，250，1，1，2，2。仿真图 9-21 中圆形实线为机器人，圆形虚线为虚拟领航者，虚线表示机器人信息交互示意线，黑色"*"为追踪目标，10 个机器人的起始位置随机选择，速度范围为[-2,2]之间的任意值。仿真结果如图 9-21 所示。

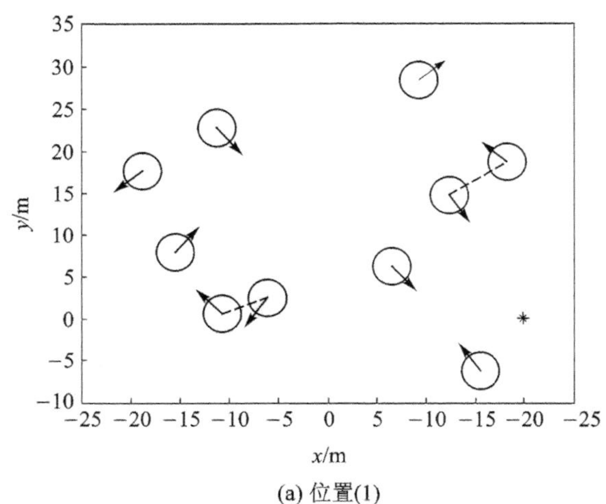

(a) 位置(1)

图 9-21　10 个机器人系统编队避障仿真图

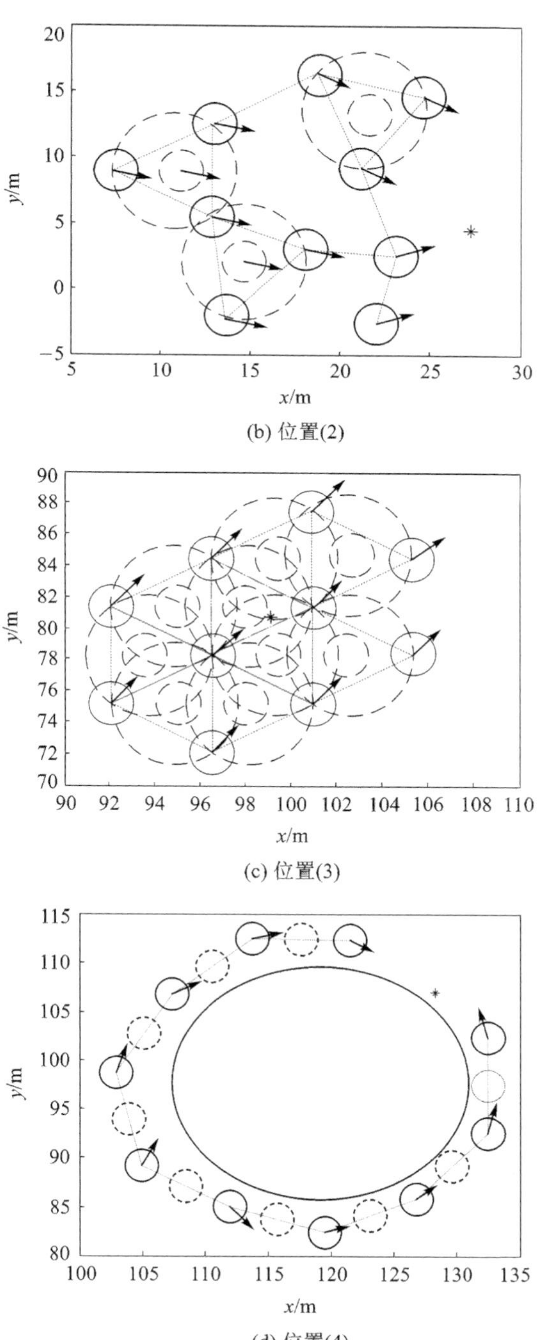

(b) 位置(2)

(c) 位置(3)

(d) 位置(4)

图 9－21　10 个机器人系统编队避障仿真图(续)

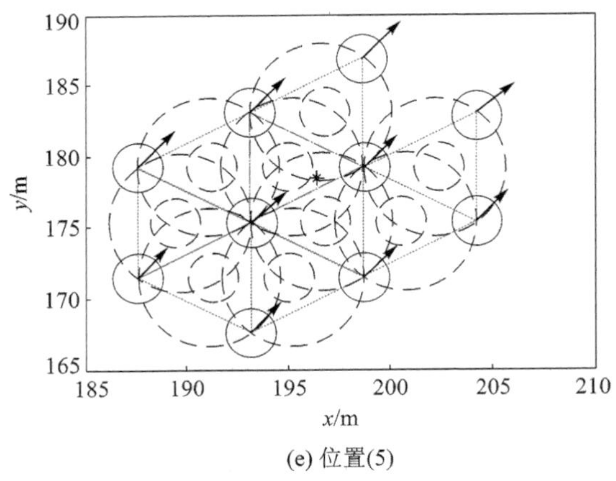

(e) 位置(5)

图 9-21　10个机器人系统编队避障仿真图(续)

图(a)为起始状态机器人的位置,可以看出机器人的位置是杂乱无章的。经过一段时间后,从图(b)看到,随着虚拟导航者的加入,部分机器人之间开始连通,形成稳定队形。再经过一段时间,由图(c)可看出随着虚拟导航数量的增加,机器人开始实现群集,速度基本达到一致,朝同一方向运动。图(d)中在遇到障碍物时,机器人沿着障碍物成链状分散,从而顺利躲避障碍物。躲避障碍物后,机器人再次向群集运动,最终达到稳定,如图(e)所示。

9.4　本章小结

针对全局环境总体已知,但还存在未知障碍物的复杂环境,本章首先提出了一种全局路径与局部路径结合的路径规划方法,即改进量子粒子群和Morphin算法,引入了自适应局部搜索策略和交叉操作,对量子粒子群算法进行改进并规划出一条全局路径。机器人在行走过程中遇到障碍物会及时调用Morphin算法进行局部避障,同时通过仿真和实际应用,使机器人有效地完成从起始点行走到目标点的任务。

其次,本章在全局静态环境下,针对传统蚁群算法在移动机器人路径规划时出现的不足,提出一种改进的蚁群算法。该算法引入障碍物排斥权重和新的启发因子到路径选择概率中,提高了路径避障能力,增加了路径选择的多样性;改进了局部和全局信息素的更新方式,提高了路径搜索的效率、算法的收敛性和解的质量;为防止算法停滞,采用交叉操作获得新路径,使算法的全局搜索效率更高。综合实验仿真结果,本书改进算法能更有效地找到最优路径。路径规划是自主移动机器人完成给定任务的主要环节。本章提出了IAPF结合多层Morphin搜索树的混合算法,该算法利用IAPF进行初步路径规划,在障碍物附近用多层Morphin搜索树算法避障。通过两种算法的融合,使得机器人获得最佳行走路程,时间更短,有效地提升了机器人路径规划的工作效率和安全性。在以后的工作中，如何缩短机器人路径规划所需时间以及如何利用本算法在动态环境中快速、安全地完成路径规划，将是研究重点。

最后，本章又分析了多移动机器人的编队算法，在部分算法间进行了横向比较，得出这些算法的优劣；描述了多移动机器人系统的运动控制模型，改进了多机器人编队中机器人之间的势场函数、机器人与障碍物之间的势场函数，实现了既能对障碍物进行避障，又能稳定多移动机器人系统的队形；基于多移动机器人系统的运动控制模型以及多机器人编队中的两种势场函数，对机器人的编队形成进行了分析，而且针对人工势场法的队形控制只能形成一种固定队形，不能随意变换队形的问题，本章引入了虚拟领航者的概念，提出了基于人工势场和虚拟领航者的多移动机器人系统控制；描述了基于虚拟领航者的机器人运动模型，基于第 8 章的势场函数，以及本章的运动模型，用数学方法证明了本书所提算法的稳定性，并用 MATLAB 仿真实验验证了算法的有效性和稳定性；利用 MATLAB 对基于人工势场和虚拟领航者的方法在队形形成、队形变换以及多移动机器人避障环节进行了仿真验证。通过仿真结果可以验证该算法的有效性。

第 10 章　基于鼠类脑细胞导航机理的移动机器人仿生 SLAM 算法

10.1　源于自然的机器人导航

从简单重复的劳动中解放出来一直是人类追求的梦想，也是人类创造发明机器人的主要目的之一。机器人具有可移动性，可以进一步扩大其使用范围并能更好地提高其使用效率，但移动机器人在复杂环境中如何模仿人类进行自我导航和路径规划一直是难以解决的问题。

20 世纪中后期，人们进行了对人类智能与移动机器人关联的第一次探索，标志着在人工智能领域一个多产时代的到来。21 世纪初，“移动机器人学”被定义为研究感知与行动之间智能连接的一门学科。当前，移动机器人正从制造业，到医疗保健、交通运输以及对空间深海的探索，移动机器人正在对现代生活的许多方面产生着巨大的影响，为先进技术的发展与社会的进步做出了卓越的贡献。

仅仅用了几十年，移动机器人已经经历了爆炸式的发展，它可以代替人类完成一些危险和繁重的工作任务，减轻了人类的劳动强度，提高了生产力水平，显示出了极大的优越性。然而限制移动机器人复杂应用的主要因素是 SLAM 问题，为了能够主动适应实际环境中的各种情况，不必事先设定好导航路径，机器人必须知道它所在的实时位置，实时进行定位与构图。目前移动机器人主要采用的 SLAM 方法包括基于自身携带加速度计、陀螺仪等传感器的自定位构图法，通过激光测距、超声测距的 SLAM 定位法，以及基于视觉的图像匹配 SLAM 法等。

传感器总存在难以克服的精度问题，以测距和图像匹配 SLAM 法为例，移动机器人本身所携带的传感器有测距、畸变等问题。例如，移动机器人轮子上的里程计可以精确测量轮子的移动距离，但因轮子滑动等因素的存在，测量结果不能准确反映机器人实际的移动距离，并且随时间的延长，这种累积误差变得无法忽略，这种现象在移动机器人行驶于崎岖不平的路面上时会更严重。进一步分析，实际环境中测量值可能是错误的，例如激光可以穿透玻璃墙，激光光束在反射回探测器前可能经过了多次反射等。图像传感器也有其应用的局限性，例如，照相机在区分图像标准色方面表现很差，若采用灰度的方式表示图像，光强的改变又很难表现出来；若采用全景相机或广角镜头采集图像，采集到的图像会产生严重畸变，所以科学家开始寻找更加可靠的定位导航方式。

10.1.1 鼠类相关导航脑细胞

飞鸽传书，老马识途。当人类还处在原始时代的时候，人们就已经意识到，很多动物都具有出类拔萃的导向能力，纵使万水千山，无论阴晴雨雪，动物总能知道路在何方。经过多年的研究，2014 年诺贝尔生理学或医学奖获得者发现了基于动物导航机制的大脑定位系统细胞。

像人们熟知的 GPS 系统一样，大脑定位系统也是通过采集自身运动的时间、位置信息进行定位导航的。经常作为实验动物模型的秀丽隐杆线虫，仅有 302 个神经细胞，却可以单纯依靠某种分子的浓度变化，追寻着环境中的嗅觉信号来判断方向。而对于神经系统更为复杂的动物，如蚂蚁和蜜蜂，它们利用神经细胞实时监测自身相对于初始位置的运动方向和速度变化，加以计算，获得当前所在的位置，这种方法称为“路径整合”。通过这种方法，动物完全可以不依赖于路标等外界因素，仅依靠自身神经系统进行导航。

对于哺乳类动物，辨识方向的方法更为先进。人类作为高级的哺乳动物，由于受到伦理的约束无法进行大量的实验研究。与人较为接近的哺乳动物，如猩猩、狒狒等，由于数量和国家保护的因素一般也不选用。在生物地图构建和导航领域，人们通常选用哺乳纲中的鼠类动物作为实验模型，由于实验环境和场合广泛，为研究动物的导航性能奠定了良好的基础。此外，鼠类大脑也是动物研究领域使用最多的一块区域。

大脑中不同的神经细胞由于受到刺激产生兴奋导致膜电位的变化，这些同时产生兴奋的神经细胞所组成的图案恰能反映外界环境的空间布局和自身在环境中所处的位置[1]。鼠类大脑中存在五种主要导航细胞：位置细胞绘制所处地点的地图；头方向细胞指明方向（将位置细胞和头方向细胞合并形成的一个新细胞类型，位姿细胞）；网格细胞通过标记被激活细胞的位置对场景进行重定位；此外，在内嗅皮层还存在边界细胞、速度细胞这样能够进行辅助导航的细胞，如图 10－1 所示。

在哺乳类动物中枢神经系统的大脑皮质中，存在一种形状类似于海马，功能上负责短期记忆储存和学习的区域，被称为海马体。在日常中的一个记忆片段，比如一个电话号码在短时间内被重复提及，经过海马体可以将其转存入大脑皮层，成为永久记忆。1971 年伦敦大学学院（University College London）的美国科学家 O′Keefe 等在海马脑区发现了一种特殊的神经细胞，这种细胞在鼠类经过空间某特定位置时其中的一些细胞会产生兴奋作用，而经过另一个位置时另一些细胞会产生兴奋作用，他将这种细胞命名为位置细胞[2]。1984 年纽约大学的 James Ranck 等发现一组与动物的方向感知直接相关的神经并命名为头方向细胞[3]，头方向细胞能够辨别头部的朝向。当头部朝向北方的时候，一组细胞会兴奋；而当头部转向南方时，另一组细胞会兴奋，通过这两种细胞的兴奋状态能够准确判断出在某一时间老鼠所处的精确位置。除此之外，内嗅皮质也参与整个信号的传递过程，内嗅皮质层从网格细胞处将有关方

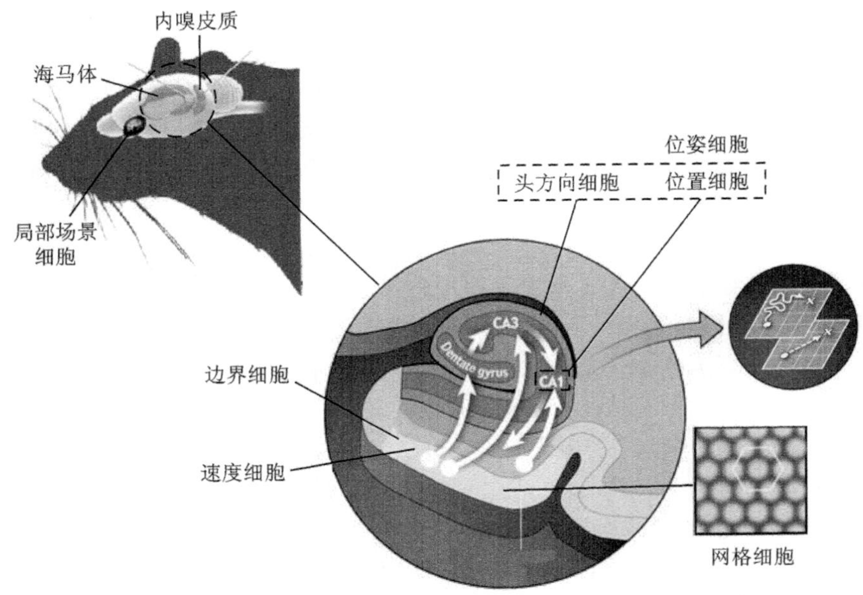

图 10-1　海马体和内嗅皮质构成的系统生物模型

向和移动距离的信息传递给海马体，如图 10-2 所示。内嗅皮质将关于动物运动的方向和距离信息通过不同的神经通路传递至海马体中的齿状回（Dentate Gyrus，DG）、CA3 和位置细胞所在的 CA1 等区域，由此产生的大脑认知地图可以帮助动物更好地规划未来的“旅程”。其中，草绿色部分表示位置细胞所在的海马体，黄色部分表示内嗅皮质。

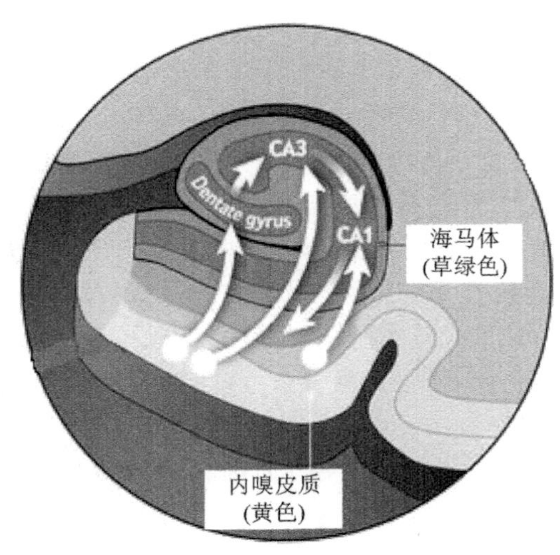

图 10-2　海马体和内嗅皮质横截面

老鼠通过各种感官从环境中获取外界的特征信息，而位置细胞则能够和海马体中其他细胞合作，将输入的特征信息与过往记录到的特征信息加以比对。一旦信息能够匹配成功，与匹配位置相对应的特定位置细胞就会变得活跃。通过这种方法，大脑能够将特定的特征信息与特定的空间位置联系起来，形成空间位置记忆，再通过与头方向细胞协作，可以构建位置细胞和头方向细胞所表征的海马神经人工模型。图 10－3 表示老鼠在空旷房间的运动轨迹，黑色圆锥形表示老鼠，浅橙色圆斑表示理论上细胞的活跃位置，橙色点表示记录下的某一批位置细胞活跃时的位置。实验表明，分离的位置细胞和头方向细胞所表征的海马神经人工模型无法长期跟踪老鼠的位置，而将位置细胞和头方向细胞合并形成的一个被称为位姿细胞的新细胞类型，能在老鼠中起到良好的导航作用。

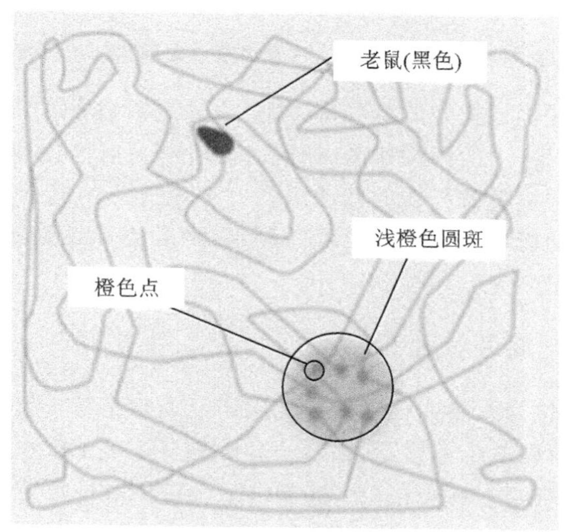

图 10－3　老鼠运动轨迹和海马体位置细胞分布

2005 年挪威大学科学与技术学院的 May－Britt Moser 和 Edvard Moser 夫妇在海马区以外的内嗅皮质的脑区里发现了一种全新的神经细胞并将其命名为网格细胞[4-5]。图 10－4 为老鼠在空旷房间中运动时，老鼠运动轨迹和某一个网格细胞的活跃位置，可以看出这些被激活细胞的位置呈现出均匀六边形分布。也就是说，任意一个网格细胞的发放场在空间中均匀分布，并且呈现出一种蜂巢式的六边形网格状。虽然网格细胞的活跃也和动物所处的位置有关，但是与位置细胞不同，网格细胞的活跃并不依赖于外界输入的特征信息。

2008 年，研究者们从内嗅皮质中发现了一种新的细胞类型，当动物接近墙壁、围场边缘或是其他隔断时，这些细胞就会放电，这种细胞能够通过细胞活性计算自身到达边界的距离，研究者们将其命名为边界细胞。2015 年，在获得诺贝尔生理学或医学奖后，May－Britt Moser 和 Edvard Moser 夫妇继续发现了一些神经细胞能够随

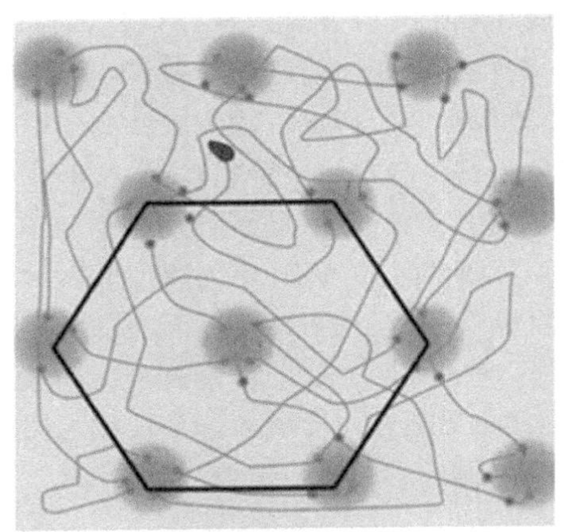

图 10-4　老鼠运动轨迹和内嗅皮质网格细胞分布

移动速度的提升成比例地提升放电频率，通过查看这种细胞的放电频率便能够判断一个动物在给定时间点上的移动速度，研究者们将其命名为速度细胞。

研究者们在基于鼠类海马体的移动机器人导航研究的基础上，引入速度细胞能够更精准地实现移动机器人速度和角度的测量，融合边界细胞能够实现突发障碍物等复杂环境的导航[6]。

10.1.2　国内外研究现状及分析

在过去 30 多年内，对 SLAM 问题的探索研究大多是基于数学概率的算法，其中最成功的三种概率算法为卡尔曼滤波（Kalman Filter，KF）算法、最大期望（Expectation Maximisation，EM）[7]算法和粒子滤波（Particle Filter，PF）算法。卡尔曼滤波算法只适用于线性系统，具有很大的局限性；经典的扩展卡尔曼滤波（Extended Kalman Filter，EKF）[8-9]通过对非线性函数泰勒展开式一阶线性化截断，将非线性问题线性化，可以应用于有非线性特点的简单系统中；无迹卡尔曼滤波（Unscented Kalman Filter，UKF）[10-11]通过无迹（Unscented Transformation，UT）变换处理均值和协方差的非线性传递，计算精度较高。Arasaratnam 等提出的容积卡尔曼滤波（Cubature Kalman Filter，CKF）算法结构简单[12]，估计精度高，进一步提升了系统稳定性。粒子滤波也称为蒙特卡罗定位（Monte Carlo Localisation，MCL）[13-14]，这种算法利用带权重粒子的分布来估算要求的位置分布，故无需考虑后验分布所带来的形状或特征约束。与标准 MCL 算法一样，快速同步定位和地图构建系统（FastSLAM）算法通过粒子滤波器估计机器人路径下一时刻的位置[15]，与 EKF 相比，FastSLAM 复杂度得到有效降低。这些概率算法的优势是能够处理传感器与环境的模糊性，有很好的 SLAM 性能；但由于这些方法是对当前采集到的环境进行数学建模并进行优化，因此不能完全解决全局地图构建和导航问题。

相比之下，许多生物虽然不具备高精度传感器，但仍具有较强的导航能力，并且能够解决全局 SLAM 问题，因为生物对其生物地图的构建依赖于鲁棒性处理策略而不是对环境的精确描述。Wehner 等发现蚂蚁返回蚁穴邻近区域后，再利用一整套搜索策略找到蚁穴[16]，这种小尺寸和有限复杂度的环境有效降低了地图构建和导航的难度。但这些成熟的生物学导航算法模型仍具有局限性，例如蚁群算法计算量大、搜索时间长、易陷于局部最优解等问题无法得到有效解决。

拥有海马体的哺乳动物，如鼠类等是人们研究较多的一类动物，人们对其导航、环境探索和真实能力的神经机制也理解得较为深入[17-21]。Skaggs 等人利用两套旋转细胞群，通过 Hebbian 学习规则校正局部场景细胞和头方向细胞的连接[22]，头方向细胞形成的外环是活跃细胞编码方向，内部两环是反映角速度的前庭细胞，如图 10－5 所示。Stringer 等人通过头方向细胞、视觉输入细胞和前向速度细胞互相激励来描述位置细胞的活性，从而描述环境中物体运动的状态[23-25]，如图 10－6 所示。这种包含分离头方向位置表征系统的海马神经人工模型，尽管可以支持位置和多方向假设，但由于不能随时间的推移支持多位姿假设，故会造成不完全重定位或重定向，从而导致无法长期跟踪移动机器人的位置。

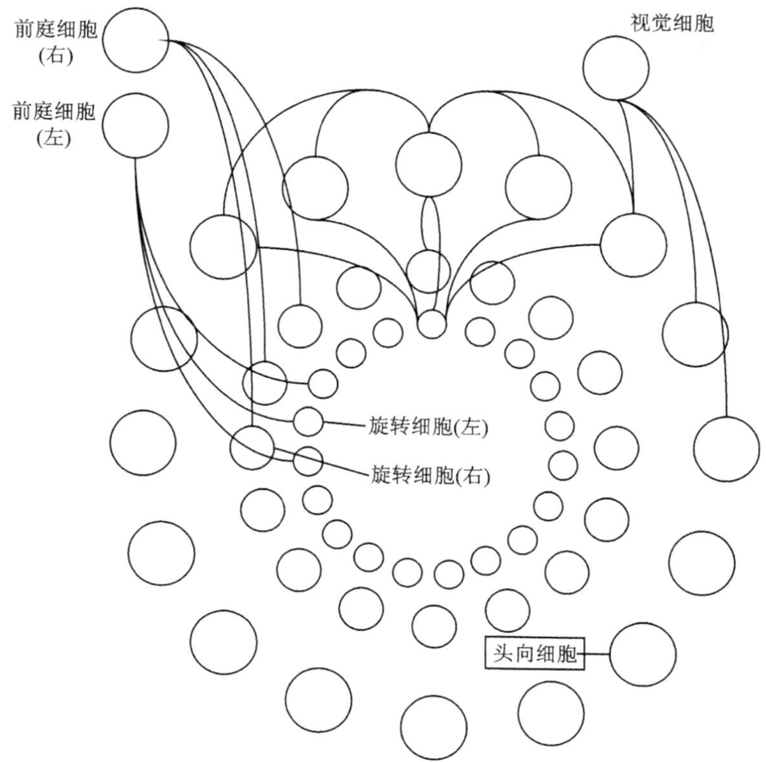

图 10－5　鼠类头方向系统的吸引子网络模型

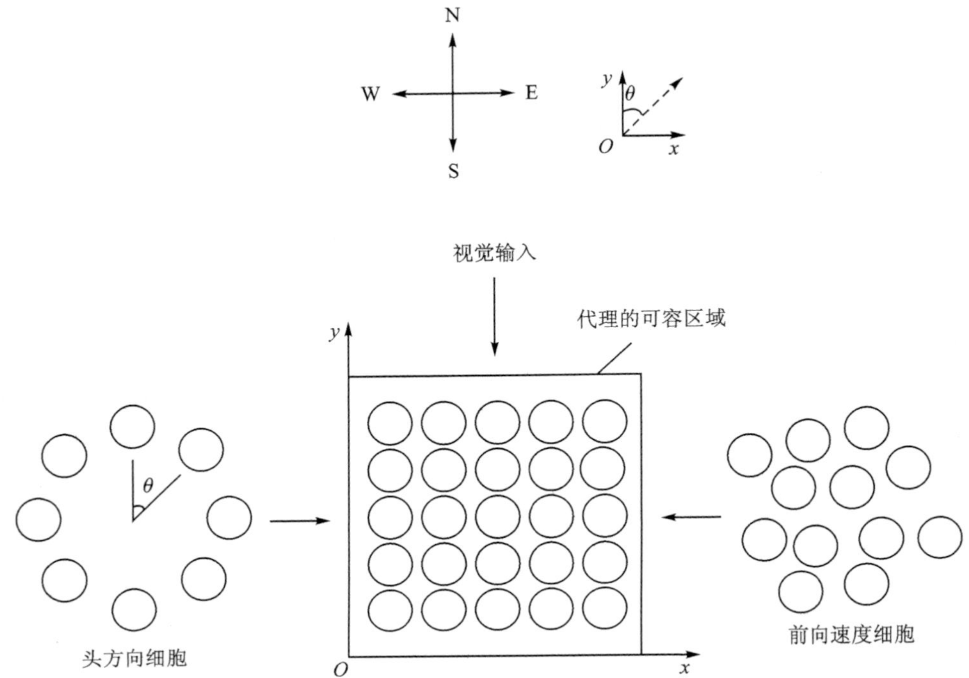

图 10-6　位置细胞的二维连续吸引子模型

针对上述海马模型的缺陷，研究者们提出了一种基于复合位姿表征的啮齿动物海马区扩展模型，将路径积分和视觉关联过程集成到位姿细胞模型中，使移动机器人具有更新预测状态的能力。实验表明，啮齿动物海马区扩展模型对于某一环境产生了稳定的、一致的、具有正确拓扑的地图，但是面对更广、更复杂的环境或路径而积分性能下降时，会出现冲突和多重表征两种附加现象[26-29]。

后人基于此对啮齿动物海马区扩展模型进行了改进，一种借鉴策略是直接根据移动机器人位姿的核心表征和存储在位姿感知细胞及局部场景细胞网络中的环境表征对应关系，建立存储环境空间、视觉、时间、行为和变化等信息的经历地图（经历制图算法）[30-33]。该算法通过同时保留位姿感知细胞地图拓扑连通性和保持细胞之间的空间信息，解决了非连续、冲突和多重表征这三个问题。Milford 等人验证了这种具有环境探索、目标记忆和自适应改变的扩展啮齿动物海马区模型能在不同天气和地形下稳定导航。参考文献[34]通过飞行器进行场景回忆，验证了经历制图算法的可靠性。对于车载导航系统，由于视觉里程计误差较大，即使通过啮齿动物海马区扩展模型仿生机制的修正，也仍无法准确导航。张潇等人在此基础上引入光学双轴传感器和 MIMU 信息，建立了航位推算模型[35]。参考文献[36-37]提出将 FAB-MAP

(Fast Appearance Based - Mapping)引入啮齿动物海马区扩展模型的视觉里程计，这种基于历史模型的闭合检测算法可以过滤视觉里程计的误报信息，进一步提高该模型的稳定性，但通过逐个对比当前场景与历史场景的相似性，实施闭环检测的方法效率较低，不能满足系统实时性要求。研究提出的基于实时关键帧匹配的闭环检测模型，在保证 SLAM 稳定的前提下，能够提高闭环检测的实时性。

仅仅依赖纯视觉的导航算法并不能适应长时间复杂环境下的导航，研究者们将现有的传感器技术应用于已知的几种导航细胞下进行导航。Berkvens 等人将地磁定位的理念引入啮齿动物海马区扩展模型来提高定位的精准度[38]，同时指出由于金属、电气设备的干扰，这种地磁扩展模型并不能精准定位。在参考文献[39]中，他们提出了一种结合视觉图像处理和 Wi - Fi、指纹识别等新型传感器融合技术的改进定位策略，并利用指南针传感器修正方位角偏差。实验数据表明，他们构建的拓扑地图准确性远高于使用单一传感器的准确性。在参考文献[40]中他们又将无源 RFID、有源 RFID、Wi - Fi、地磁传感器分别引入多组实验中，结果表明地磁通量引入的啮齿动物海马区扩展模型算法可以明显减少射频技术构建经历图的平均误差，并在很大程度上可确保无错误路径的产生；但仍有问题有待解决，如由于前一时刻定位产生错误导致预期位置的错误判断、经历图的平均误差较大等问题。这些利用现有传感器来解决移动机器人复杂环境下的导航问题，一方面对传感器的性能要求较高；另一方面，各类传感器也会受到复杂环境的干扰。研究提出的复合鼠类导航细胞模型，融合了速度细胞，更精准地实现了移动机器人速度和旋转角度的测量；融合了边界细胞，以实现突发障碍物的判别。

在生物神经系统中，存在着一种侧抑制现象，一个神经细胞的兴奋会对周围其他神经细胞产生抑制作用，这种抑制作用会使神经细胞之间出现竞争，从而造成神经细胞的兴奋或抑制。1982 年芬兰 Helsink 大学的 T. Kohonen 教授基于这种现象提出了一种自组织特征图(Self - Organizing Feature Map, SOM)并引入赢者通吃(Winner Take All, WTA)理论。该仿生优化方法通过学习能够自主绘制出拓扑地图，但需通过大量的尝试确定其初始网络结构，无法保证系统的实时性能，研究者们对该模型的缺陷进行了改进。1993 年 Martinetz 等人提出了一种神经气模型(Neural Gas, NG)，提高了网络自组织学习过程的效率；2004 年尹峻松等人为克服 SOM 孤立学习与噪声敏感等缺陷，结合一氧化氮扩散机理，在 SOM 网中引入时间增强机制，提出了一种新型扩散的自组织模型(Diffusing Self - Organizing Maps, DSOM)。本项目以可增长特征映射图(Growing Self - Organizing Map, GSOM)神经网络模型为基础引入了方向参数和特征参数构成的动态增长自组织特征图(Dynamic Growing Self - Organizing Map, DGSOM)，并应用于他们提出的实时关键帧匹配的闭环检测模型中。

现有的 SLAM 理论经过三十余年的发展，在数学概率方法和从距离到拓扑的地图表征法基础上已经较好地完成了“定位”和“建图”，但都仍然存在一定的局限性。

由于实际环境十分复杂,例如:光线会变、太阳东升西落、不断地有人进出等,即使让一个机器人以 5 cm/s 的速度在安静的空间里慢慢移动,这种论文中看起来可行的算法在实际环境中往往捉襟见肘,处处碰壁,因此,SLAM 还未走进人们的实际生活。这种局限性是数学模型本身带来的,与改进算法无关。因此,在考虑人类能如此轻松地完成导航的基础上,研究者们又提出构建一种仿动物大脑细胞导航机制下的同步定位与地图构建方法。

该研究受到 2014 年诺贝尔生理学或医学奖启发,拟将发现的局部场景细胞、位姿细胞(位置细胞、头方向细胞)、网格细胞、速度细胞、边界细胞等具有定位导航功能的细胞模型应用于 SLAM 研究中,分别研究五种导航细胞各自的工作机理和数学表达,然后将这五种导航细胞按照动物导航机制下大脑的工作原理建立数学模型,并提出一种 DGSOM 神经网络模型对细胞的方向性和特征性进行优化,最终进行实验验证。

10.1.3 鼠类脑细胞导航机理下的仿生 SLAM

本课题拟将包含局部场景细胞(View cells)、位姿细胞(Pose cells)、网格细胞(Grid cells)、速度细胞(Speed cells)、边界细胞(Border cells)等具有定位导航功能的鼠类脑细胞模型应用于 SLAM 研究中,构建一种衍生 SLAM 算法(Border cells+View cells+Grid cells+Speed cells+Pose cells+SLAM,BVGSP - SLAM)实现复杂场景下的导航。融入局部场景细胞、位姿细胞和网格细胞模型,尽可能减小光线变化对视觉里程计产生的影响;在此基础上引入速度细胞和边界细胞,对突发障碍物和自身速度进行进一步判别。

局部场景细胞获取当前场景,位姿细胞获取当前状态,获得具有一定导航能力的仿生导航系统 VP - SLAM,但这种系统会受到现实场景中人物走动、光线变化等影响,造成导航性能下降。为进一步加强系统鲁棒性,融入网格细胞,构建了实时关键帧匹配的闭环检测模型 GVP - SLAM,避免由光线变化导致 SLAM 不稳定,大幅提高复杂环境下导航的精准性,又具有较好的实时性。研究者们在提出带实时闭环检测的鼠类导航细胞模型的基础上,引入边界细胞和速度细胞两种导航细胞的导航原理,提出一种带实时关键帧闭环检测的复合鼠类导航细胞模型 BVGSP - SLAM。该模型通过融合速度细胞更精准地实现移动机器人速度的测量,避免了基于局部场景细胞在突发障碍物影响下的判别失效;通过融合边界细胞,实现移动机器人对移动障碍物的实时避障,进一步提高了 SLAM 稳定性。再融合 DGSOM 神经网络模型,包括创建 DGSOM 网络、计算权值向量与输入的距离、获取最佳匹配单元、调节神经元的权重、构建一个新的神经元、将 DGSOM 模型应用于 GVP - SLAM 中等环节,技术路线图如图 10 - 7 所示。

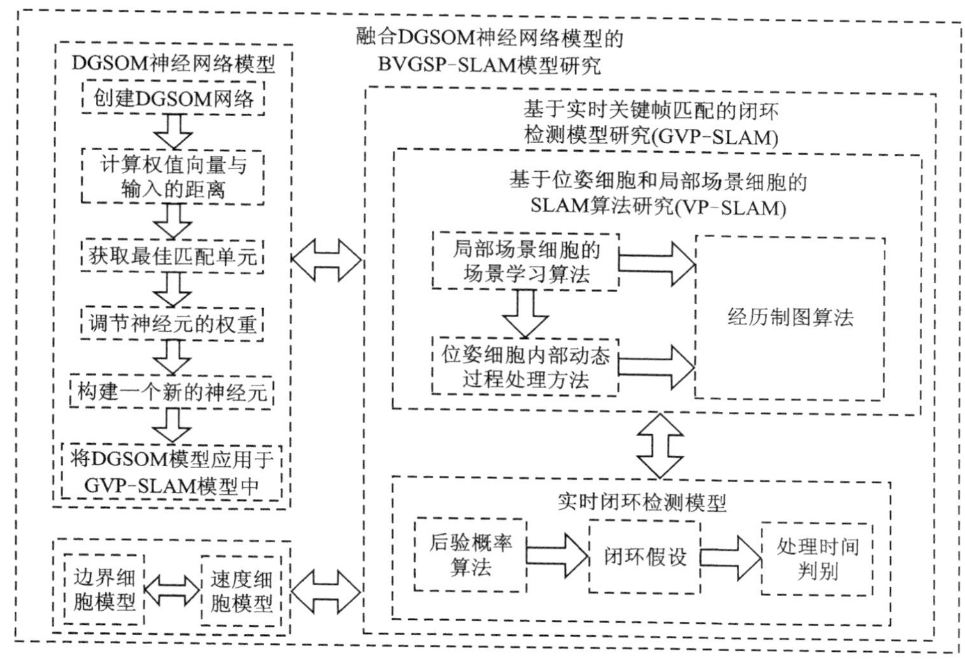

图 10-7　融入鼠类脑细胞导航机制的移动机器人衍生 SLAM 方法技术路线图

10.2　基于位姿细胞和局部场景细胞的 SLAM 算法研究(VP-SLAM)

10.2.1　模型概述

局部场景细胞在环境中学习独特场景,以模型化头方向细胞和位置细胞的竞争性吸引子网络结构所形成的位姿感知细胞表征当前位置,局部场景细胞和位姿细胞协同完成拓扑化经验图的绘制。在此过程中,抽象出融合头方向与位置模型特性的信息需要通过某种关联算法进行姿态表达,在相机图像信息经过处理形成局部场景后,需选择合适的视觉 SLAM 算法进行图像处理。

现有基于鼠类导航策略的扩展海马模型,分别由局部场景细胞在环境中学习独特场景,由头方向细胞和位置细胞合并形成的位姿细胞表征当前位置,以及用节点和链路编码局部场景细胞和位姿细胞构建拓扑化的经验图,如图 10-8 所示。通过 (x,y,q)关联一维头方向细胞模型 q 与二维位置细胞模型(x,y),实现位姿细胞的构建,其中,连续吸引子网络(Continuous Attractive Network,CAN)控制着位姿感知网络内部的活动。其动态过程经历三个阶段:兴奋度更新阶段、对所有细胞的全局抑制阶段以及对位姿感知细胞活动的归一化阶段。

对于局部场景信息的处理，通过 Hessian 矩阵行列式对图像中的像素点进行分析，构造快速鲁棒特征（Speeded up Robust Feature，SURF）的特征点描述算子。其中，每个特征点采用 64 维向量的描述子进行匹配。

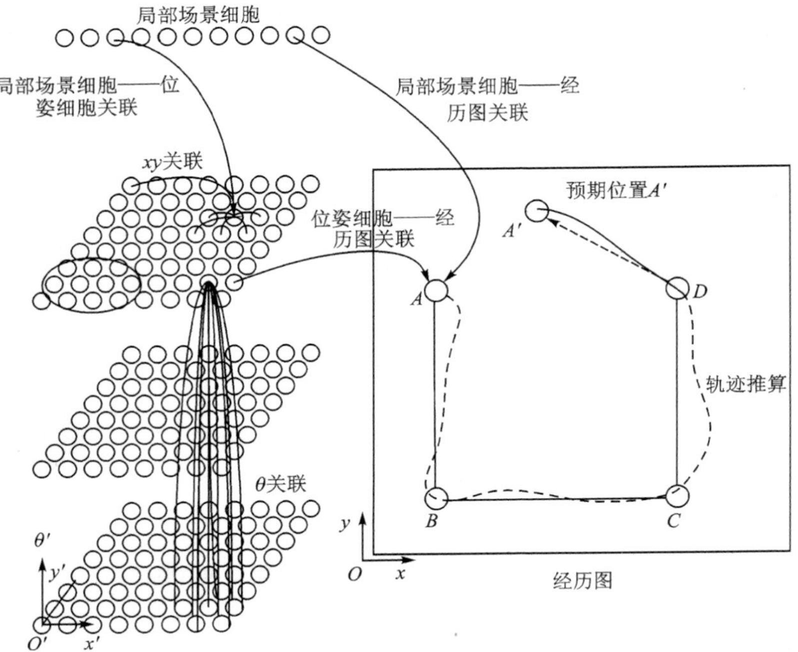

图 10-8　基于鼠类导航细胞的 VP-SLAM 模型

10.2.2　实验场景介绍

本实验基于 Windows 7 操作系统，i3-3240 处理器，4 GB 内存，实验场景选取 9 m×6 m 的室内环境。图 10-9 为实验室的轮式机器人，通过摄像头采集图像并将采集信息无线传输至上位机进行 MATLAB 仿真实验。图 10-10 为实验的真实环境。

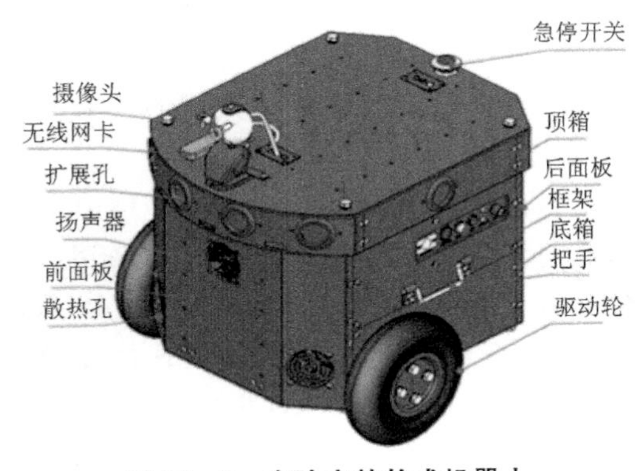

图 10-9　实验室的轮式机器人

图 10-10　实验场景

10.3　基于实时关键帧匹配的闭环检测模型研究(GVP - SLAM)

10.3.1　模型概述

视觉 SLAM 由于视觉里程计漂移会形成累积误差,通过闭环检测可以修正复杂环境下定位导航里程计产生的累积误差。现有 IAB - MAP(Incremental Appearance Based - Mapping)和 FAB - MAP(Fast Appearance Based - Mapping)闭环检测算法,虽能胜任复杂环境下的闭环检测问题,但由于它们通过逐个比较当前帧数据与各历史帧数据的相似性,无法满足实时性的要求。本项目基于的导航细胞模型在借鉴网格细胞场景重定位的基础上设计相关算法以提高实时性能,构建的实时关键帧匹配的闭环检测模型能够明显提高系统的实时性能。

在闭环检测过程中,要对采集到的足够多的陌生场景进行信息匹配。一方面,必须通过某种手段对采集到的连续图像和情境重现加以区分以避免误判;另一方面,由于复杂环境的影响,采集的某一场景图像信息可能会发生错误辨识。对于闭环检测方法本身,需通过一种策略收集频次较高和最临近时刻出现的信息作为被匹配对象,在节约时间成本的条件下尽可能地准确匹配当前图像信息。与一般的机器视觉算法不同,上述工作均需基于鼠类导航细胞。

借鉴网格细胞场景重定位并在此基础上设计相关算法提高实时性能,构成一种基于实时关键帧匹配的闭环检测模型,通过局部场景细胞进行实时关键帧匹配,实现闭环检测,通过位姿细胞和局部场景细胞绘制出经历制图。如图 10 - 11 所示,实时关键帧匹配的闭环检测模型通过局部场景细胞进行新场景匹配的判断,并通过局部场景细胞与位姿细胞关联影响经历图。

实时关键帧匹配的闭环检测模型具体流程包括定位点的建立、权重更新、贝叶斯估计更新、闭环假设选择、恢复和转换六部分,并引入了三种记忆模式:工作记忆(Working Memory,WM)、长期记忆(Long - Term Memory,LTM)和短时记忆(Short - Term Memory,STM)。具体策略如下:首先采集陌生场景信息,为避免实际环境的干扰,场景采集时需预先对同一场景多次采集并过滤其中的错误信息,确保场景采集的准确性。再通过设定阈值避免将当前采集到的连续图像误判为闭环。将当前位置时刻至过去某时刻内的信息储存在短时记忆中,并选取所有过去时刻出现频次最高的信息储存在工作记忆中。最后通过当前位置与短时记忆存储位置比较进行新位置的判别和权重更新,将当前位置与工作记忆存储位置比较进行闭环检测;同时,实时更新各记忆本身。此闭环检测模型的流程图如图 10 - 12 所示,各记忆关系图如图 10 - 13 所示。

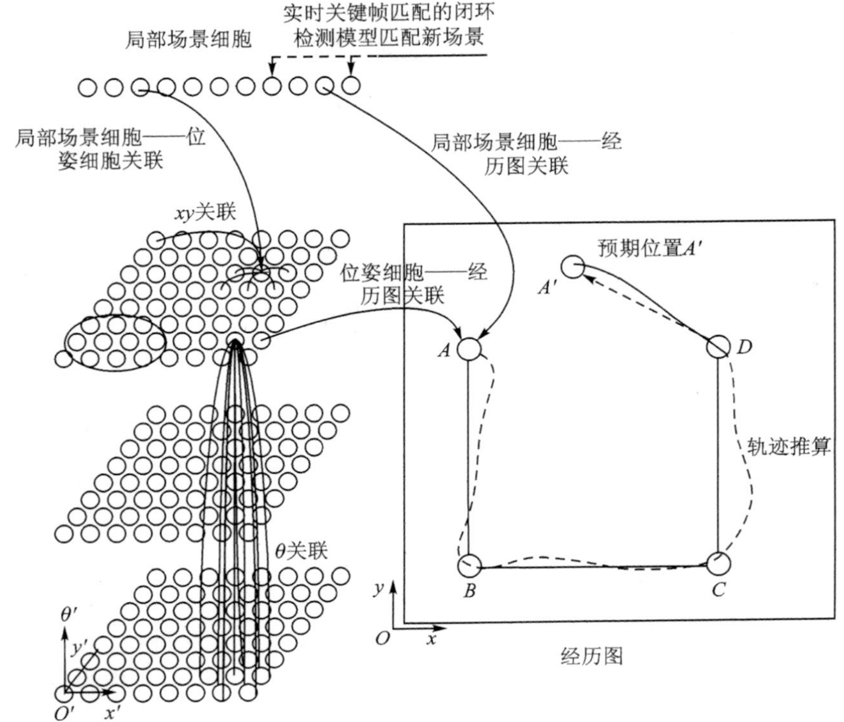

图 10 - 11　基于鼠类导航细胞的实时关键帧匹配的 GVP - SLAM 模型

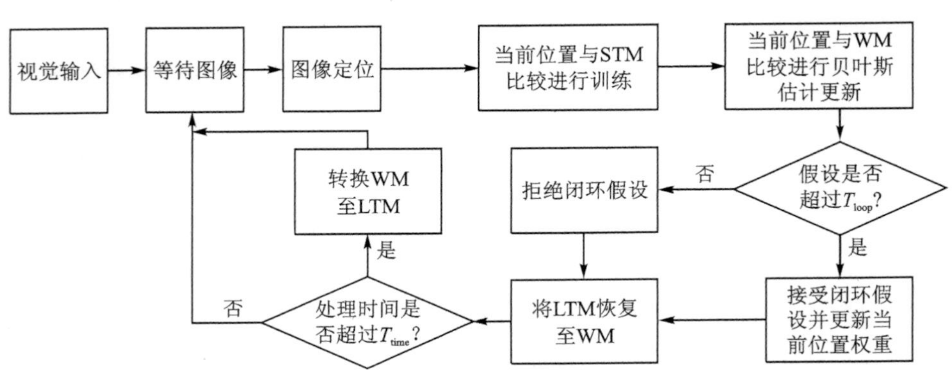

图 10 - 12　实时关键帧匹配的闭环检测模型流程图

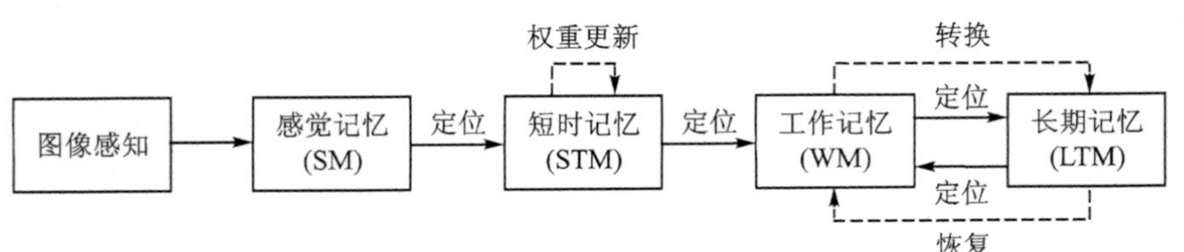

图 10 - 13　实时关键帧匹配的闭环检测中各记忆模式关系图

10.3.2　仿真实验及分析

(1) VP－SLAM 与 GVP－SLAM 的局部场景细胞学习下的经验节点效果匹配对比

如图 10－14 所示，局部场景细胞构成的视觉模板可以进行场景学习，并检测到大约第 500 帧、第 900 帧、第 1 300 帧、第 1 700 帧、第 2 000 帧移动机器人分别走完场景一圈，将其定位到初始时刻点的位置，重新跟随先前看到的场景并进行图像信息匹配。如图 10－15 所示，VP－SLAM 下的经验节点能够一定程度地匹配视觉模板学习得到的信息，粗略检测到 5 次闭环。如图 10－16 所示，当出现场景重定位时，GVP－SLAM 下经验节点闭环检测性能更佳。

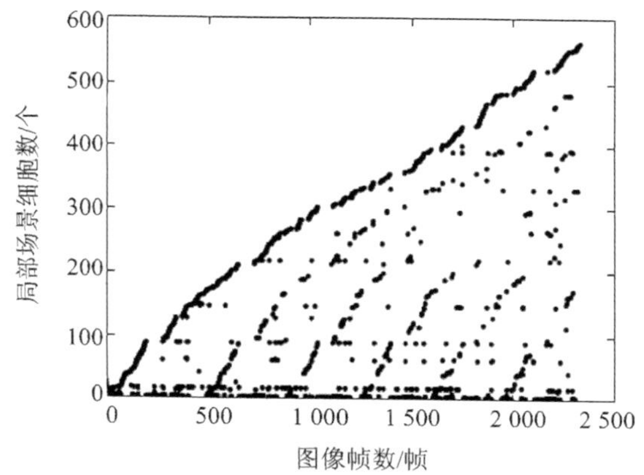

图 10－14　局部场景细胞学习

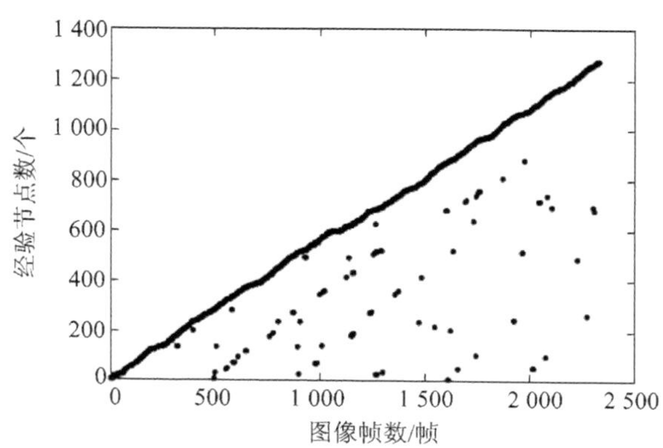

图 10－15　VP－SLAM 下经验节点匹配效果

(2) 实时关键帧匹配的闭环检测算法下位姿感知细胞活动包的转移过程

图 10－17 为位姿细胞的活性转移过程。其中空间中黑色区域为某一时刻活动包的活性，灰色区域为细胞当前所处位置，散点区域为位姿遍历路径。如图 10－17(a)至图 10－17(c)所示，在移动机器人从 40～44 s 的运动过程中位姿感知细胞左侧的空

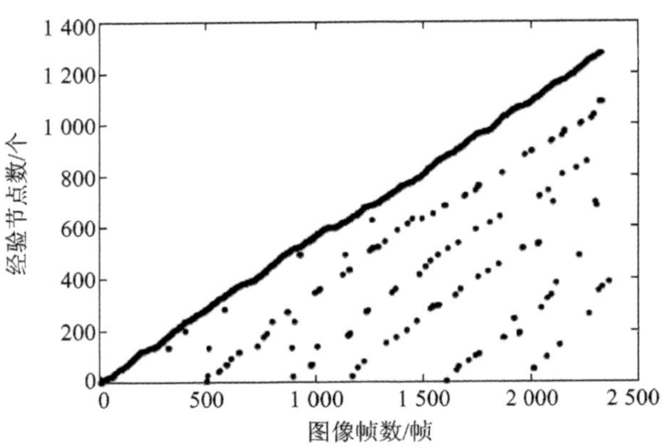

图 10－16　GVP－SLAM 下经验节点匹配效果

间位置活动包逐渐消失，右侧的空间位置活动包逐渐显现。如图 10－17(d)所示，移动机器人运动至 106 s 时，在 t＝40 s 时刻处位姿细胞活动包的活性位置相同，检测到一次闭环发生。

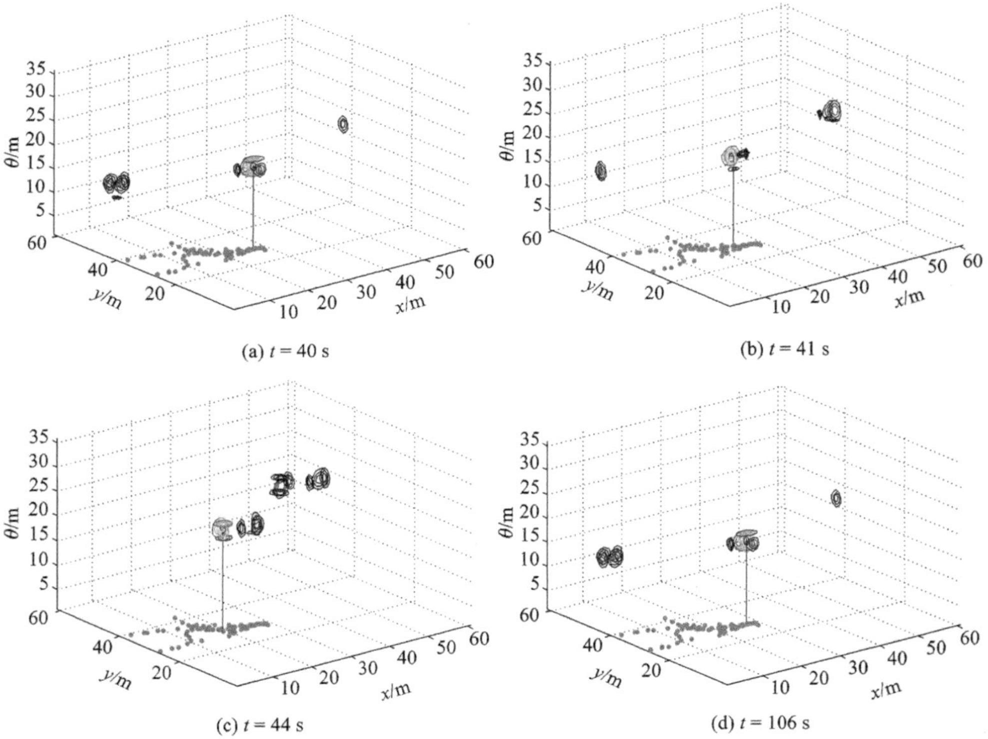

(a) $t = 40$ s

(b) $t = 41$ s

(c) $t = 44$ s

(d) $t = 106$ s

图 10－17　实时关键帧匹配的闭环检测算法下位姿细胞的活性转移过程

(3) GVP－SLAM 中的实时关键帧匹配的闭环检测与 FAB－MAP 闭环检测实时性对比

实时关键帧匹配的闭环检测算法与参考文献[14]提出的 FAB－MAP 闭环检测算法性能对比如图 10－18 所示，长时间导航过程中实时关键帧匹配的闭环检测算法每帧图像处理时间会趋于稳定，而 FAB－MAP 算法明显会影响系统的实时性能。

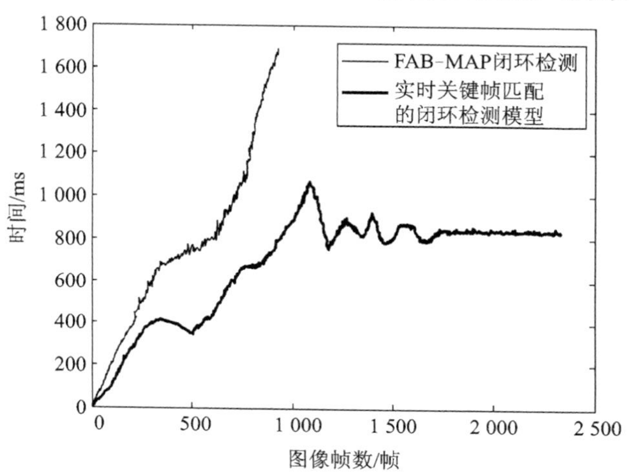

图 10－18　实时关键帧匹配的闭环检测与 FAB－MAP 闭环检测算法性能对比

(4) VP－SLAM 与 GVP－SLAM 实验场景匹配效果对比图

分别对 VP－SLAM 与 GVP－SLAM 算法在图 10－10 的实验场景环绕多圈进行实验验证，如图 10－19 所示。VP－SLAM 能够一定程度地匹配视觉模板学习得到的信息，但在第二圈便偏离了实验区域，如图 10－20 所示。GVP－SLAM 模型通过实时关键帧匹配的闭环检测算法的引入，有更多的经验节点匹配到视觉细胞已学习过的场景，基本实现了在光线变化下的导航。

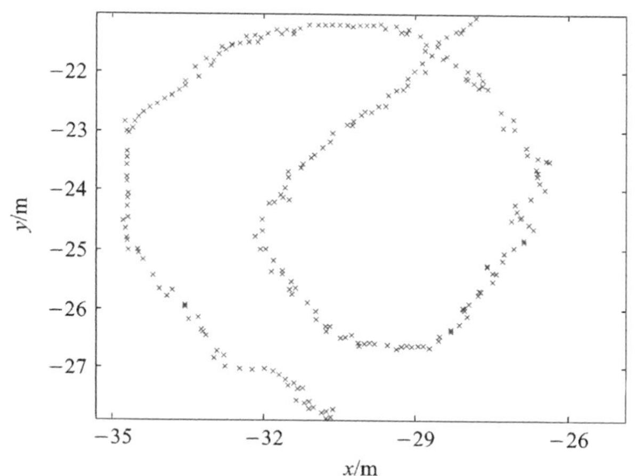

图 10－19　VP－SLAM 实验场景匹配效果

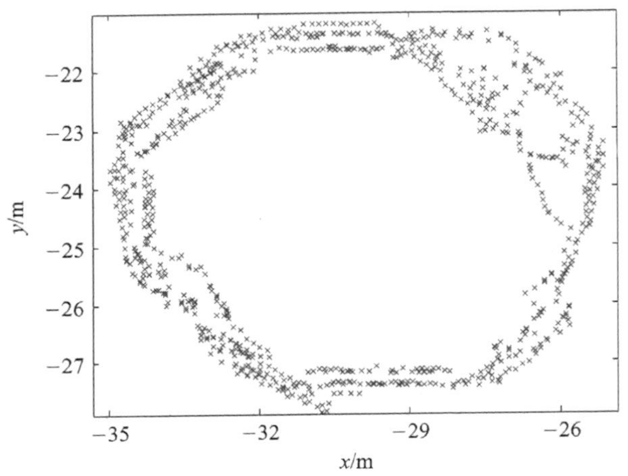

图 10－20　GVP－SLAM 实验场景匹配效果

10.4　融合速度细胞和边界细胞的鼠类导航模型研究(BVGSP－SLAM)

10.4.1　模型概述

现有的位姿细胞无法适应外界多变的复杂环境，如移动障碍物的出现会导致视觉里程计速度的错误判别。发现的内嗅皮区中存在速度细胞和边界细胞，针对室内复杂环境的特点，利用速度细胞和边界细胞的导航功能对移动机器人角度和速度等信息进行采集分析，输出到终端设备并与鼠类导航细胞构建的经历图进行对比。在 GVP－SLAM 算法基础上，引入速度细胞和边界细胞实现移动机器人在突发障碍物等复杂环境下的精确导航，构成复合鼠类导航模型(BVGSP－SLAM)。

在 GVP－SLAM 算法基础上引入内嗅皮层中的边界细胞和速度细胞进行辅助导航。为探究其效果，将速度细胞和边界细胞对鼠类导航模型的影响分别进行研究。利用手术在老鼠脑部植入电极，通过上位机可观测速度细胞和边界细胞的活性并建立数学模型。

(1) 速度细胞活性及数学模型的建立

在分析速度细胞活性的实验中，将老鼠置于 100 cm×100 cm×50 cm 的盒子中，通过在随机位置播撒食物屑促使老鼠进行任意运动，如图 10－21 所示。为避免局部场景细胞等导航细胞对实验的影响，该实验在黑暗环境中进行；为避免老鼠自身行为对速度细胞产生影响，本实验忽略所有运动速度小于 2 cm/s 时老鼠速度细胞活性的变化。首先归一化速度细胞活性，通过线性变换计算出速度细胞的发放率并表示其活性，然后对细胞进行无偏分析，通过无偏估计在实验中调整速度细胞参数，再利用尖峰电压的大小判断速度细胞的活性强弱，通过一个由发放场和线性滤波器两部分组成的简单线性解码器，使速度细胞的活跃度具体化，再将该活性状态信息传递给由头方向细胞和位置细胞融合而成的位姿细胞，进而影响经历图的构建。

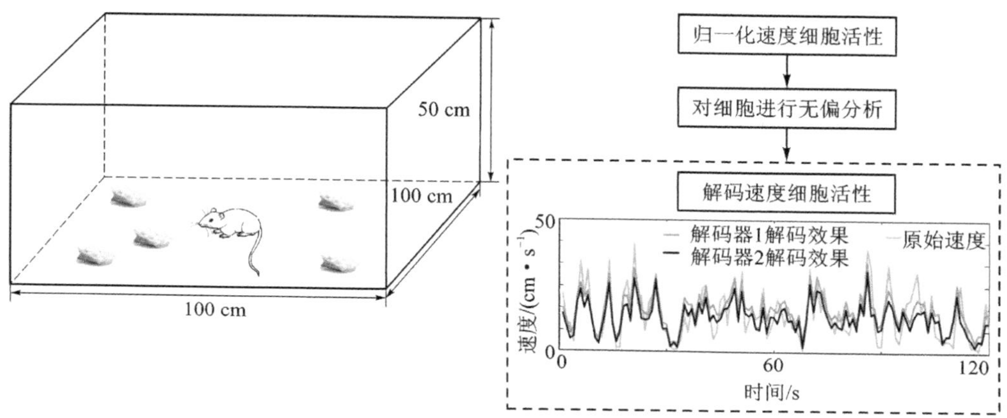

图 10-21　黑暗环境下的速度细胞实验及速度细胞分析过程

(2) 边界细胞活性及数学模型的建立

边界细胞对于障碍物的判别如图 10-22 所示，无论老鼠的头部朝向什么方向，边界细胞的发放率都会随老鼠离障碍物距离的减小而增加。每个边界细胞的感受野由两个高斯函数的乘积构成，一个函数表示特定的距离，另一个函数表示非自我中心的方向。利用边界细胞的发放率、边界细胞的感受野及其与障碍物的距离信息，构成边界细胞发放率变化的表达式，这种细胞的发放率变化状态即表现为细胞的活性状态，再将该活性状态信息通过神经元的感知机模型进行分析，并把所有速度细胞活性信息传递给由头方向细胞和位置细胞融合而成的位姿细胞，进而影响经历图的

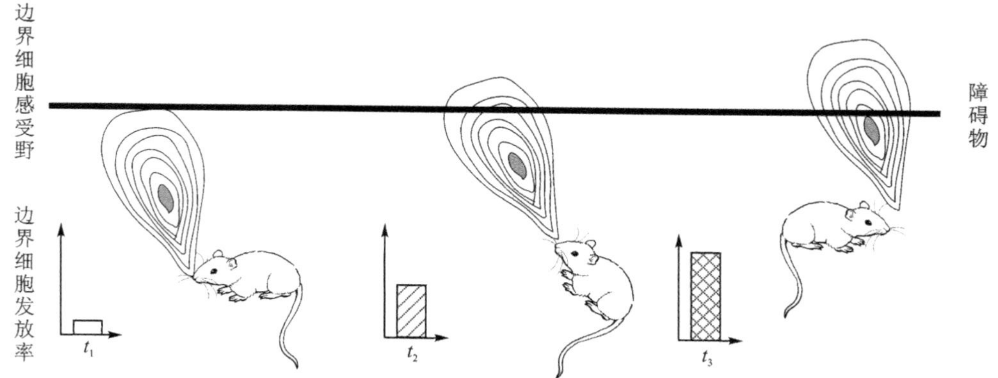

图 10-22　老鼠边界细胞的感受野和距离障碍物不同距离时发放率强度

构建。

(3) 边界细胞与速度细胞模型的关联函数构造

构造由边界细胞和速度细胞发放率、感受野以及距离信息的关联函数组成，采用统计学的方法剔除异常细胞，通过构建权值、中心和幅度三个参数可调的自适应模糊逻辑系统证明该关联函数的稳定性，进而提高 BVGSP - SLAM 模型的鲁棒性。

10.4.2 仿真实验及分析

(1) 突发障碍物下视觉里程计速度与加速度计测得数据对照

视觉里程计提取的速度信息与加速度计测得的速度信息如图 10 - 23 所示，在 43～51 s 间由于人运动的干扰，视觉里程计无法对移动机器人实时速度进行准确判别，此时必须通过加速度计获取的数据进行替代。

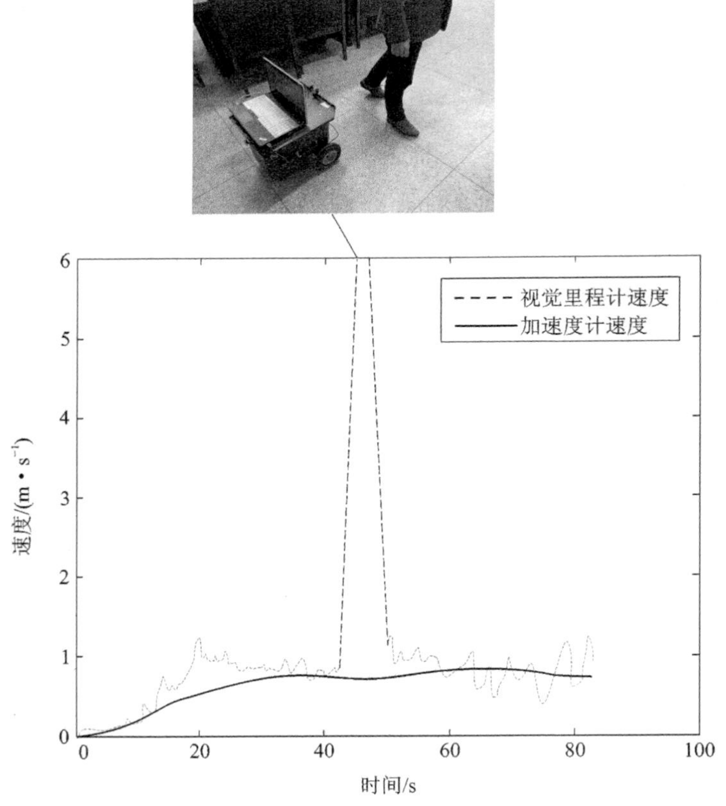

图 10 - 23 视觉里程计速度与加速度计测得数据对照

(2) 突发障碍物下视觉里程计速度与加速度计测得数据对照

经历图如图 10 - 24 所示，现有的 VP - SLAM 算法会由于里程计漂移等因素的影响而无法胜任复杂环境下的导航；带 GVP - SLAM 系统通过经验节点的匹配能够在一定程度上降低误差，但由于一些关键帧未检测到闭环，如图中 GVP - SLAM 算法所示的虚线，当移动机器人第三次经过初始位置时，闭环检测未能及时匹配到而造成经历图偏离轨迹；采用 BVGSP - SLAM 模型能够直接从移动机器人本身获取数据，避免了由于移动障碍物的突然出现导致视觉里程计在一段时间中提取出错误的姿态信息而降低经历制图的准确性。

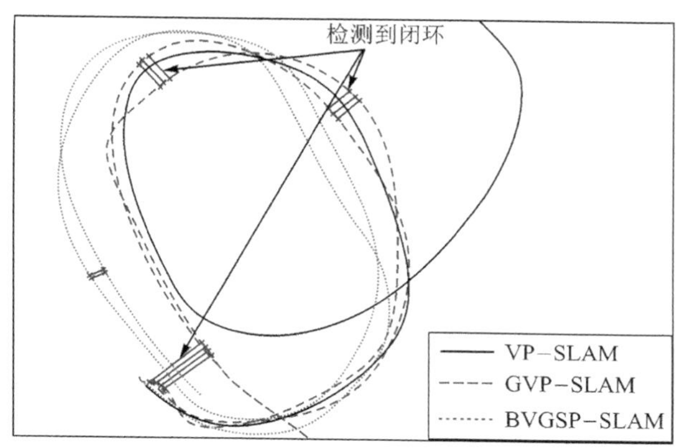

图 10 - 24　三种算法的经历图

10.5　融合 DGSOM 神经网络的 BVGSP - SLAM 模型

10.5.1　模型概述

DGSOM 模型神经元的创建过程如图 10 - 25 所示，引入输入神经元 $C=\langle D, F\rangle$，其中第 3 个神经元是竞争出的胜者，第 $m+1$ 个神经元是新产生的神经元，方向参数 D 决定了 BVGSP - SLAM 模型中局部场景细胞、位姿细胞和网格细胞的激活特性，激活值 m_i^k、$m_{x'y'}^k$、m_g^k 可取 +1、0、−1。特征参数 F 决定了 BVGSP - SLAM 模型中局部场景细胞、位姿细胞和网格细胞的环境特征，其特征可分别表示为 n_i^k、$n_{x'y'}^k$、n_g^k，输入参数 C 可表示为 $C^k=m^k n^k$，其中上标 k 表示第 k 个平面。

在提出带实时闭环检测的鼠类导航细胞模型的基础上，引入方向参数减少网络的训练次数，降低了系统的复杂度；引入特征参数避免了感知混淆，提高了系统的准确性。融合 DGSOM 神经网络后，模型能够更早地匹配到闭环，使系统具有更好的快速性能，优化了匹配效果。其准确率、召回率及 F 值有了进一步的提高，其模型如图 10 - 26 所示。通过局部场景细胞获取当前场景，将视觉信息整合至位姿细胞，再由位姿细胞进行链路编码影响经历图的构建，其中 DGSOM 神经网络模型关联局部场景细胞、位姿细胞以及网格细胞。

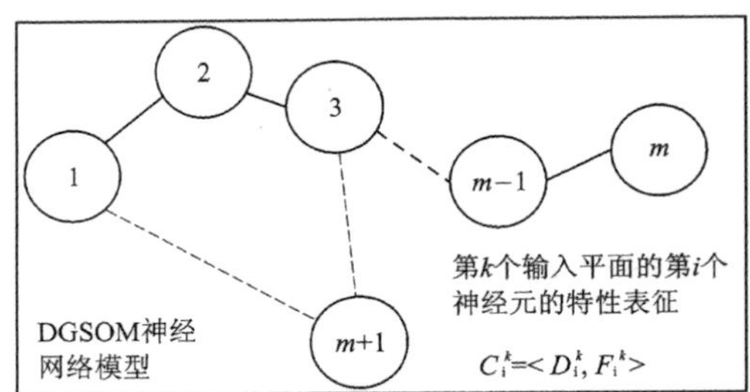

局部场景细胞特征表达 $C_i^k=\begin{cases} n_i^k, & m_i^k=1 \\ 0, & m_i^k=0 \\ -n_i^k, & m_i^k=-1 \end{cases}$　位姿细胞特征表达 $C_{x'y'}^k=\begin{cases} n_{x'y'}^k, & m_{x'y'}^k=1 \\ 0, & m_{x'y'}^k=0 \\ -n_{x'y'}^k, & m_{x'y'}^k=-1 \end{cases}$

网格细胞特征表达 $C_g^k=\begin{cases} n_g^k, & m_g^k=1 \\ 0, & m_g^k=0 \\ -n_g^k, & m_g^k=-1 \end{cases}$

图 10-25　DGSOM 模型神经元的创建过程

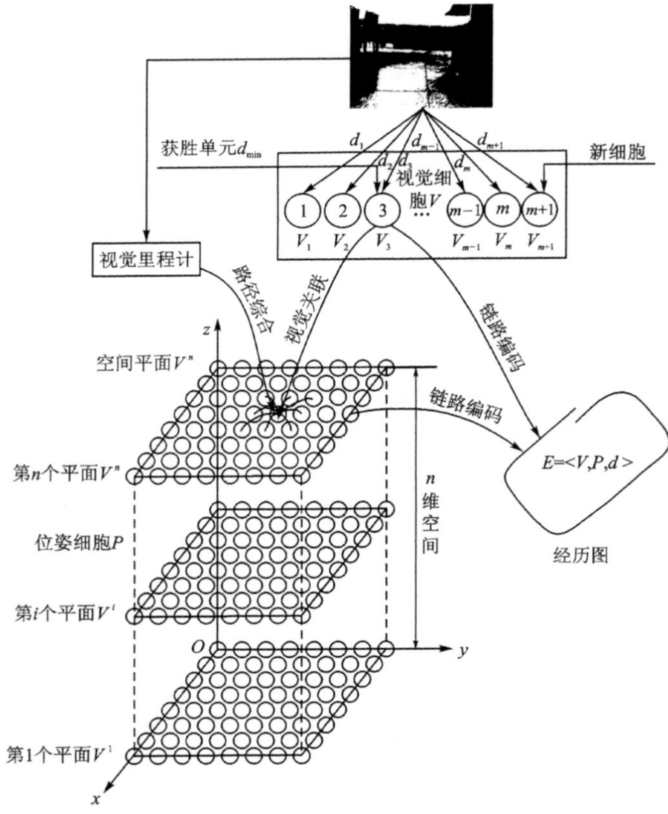

图 10-26　融合 DGSOM 神经网络的 BVGSP-SLAM 模型

融合 DGSOM 神经网络的 BVGSP－SLAM 算法流程图如图 10－27 所示，这种模型算法包括位姿细胞内部动态过程的处理、局部场景细胞的场景学习以及经历制图算法。其中，位姿细胞的内部动态过程包括兴奋度更新、对所有细胞的全局抑制和对位姿感知细胞活动的归一化过程，位姿细胞和视觉场景细胞共同进行经历图的绘制。在局部场景细胞中引入闭环检测模型，闭环检测模型包括定位点创建、权重更新、贝叶斯估计更新、闭环假设选择、恢复、转换等过程，各过程还涉及三种记忆模式之间的转化。DGSOM 神经网络模型关联局部场景细胞、位姿细胞以及网格细胞，包括计算权值向量与输入的距离、获取最佳匹配单元、调节神经元的权重等主要部分。

10.5.2 仿真实验及分析

(1) DGSOM－BVGSP－SLAM 位姿细胞的位姿转移过程

位姿细胞的位姿转移过程如图 10－28 所示，每组三幅图分别表示摄像头实际读取的图像信息、BVGSP－SLAM 模型中位姿感知细胞活性状态信息以及 DGSOM－BVGSP－SLAM 模型位姿感知细胞活性状态信息；图 10－28(a)～图 10－28(c)所示的过程表示移动机器人 18～23 s 时位姿细胞的活性转移过程。从这组图中可以看出，随着时间的推移，BVGSP－SLAM 模型和 DGSOM－BVGSP－SLAM 模型的位姿细胞左侧活性强度逐渐降低，中间及右侧活性强度逐渐增加；实验已证明 BVGSP－SLAM 模型能够实现闭环检测，但如图 10－28(d)所示，该模型无法在场景重现的第一时间(67 s 时刻)进行闭环检测，而改进后的 DGSOM－BVGSP－SLAM 模型能够在这一时刻及时辨识出先前出现的场景，实现闭环检测，其改进模型的实时性得到了验证。

(2) BVGSP－SLAM 模型与 DGSOM－BVGSP－SLAM 模型的定性分析

BVGSP－SLAM 模型与融入 DGSOM 神经网络的 BVGSP－SLAM 模型的性能对比如图 10－29 所示，相比于提出的 BVGSP－SLAM 模型，DGSOM－BVGSP－SLAM 模型采集相同场景时所需视觉细胞的个数更少，能够更快地进行场景重定位且匹配效果更佳。

(3) 高斯噪声干扰下的 BVGSP－SLAM 模型与 DGSOM－BVGSP－SLAM 模型的定性分析

为进一步验证 DGSOM－SLAM 模型的有效性，给所需处理的图像添加随机高斯噪声，其中正态分布的均值 μ 取 0，标准差 σ 取随机值[0.02，0.08]。高斯噪声干扰下的 BVGSP－SLAM 模型与 DGSOM－BVGSP－SLAM 模型性能对比如图 10－30 所示，相比于 BVGSP－SLAM 模型，DGSOM－BVGSP－SLAM 模型采集相同场景时所需视觉细胞的个数更少，能够更快地实现闭环且匹配效果更佳。

(4) 准确率与召回率对闭环检测的定量分析

引入准确率 P、召回率 R 及准确率和召回率的加权调和平均值 F_a 对两种系统进行评估，当 F_a 较高时则说明实验方法比较理想，数学模型如下：

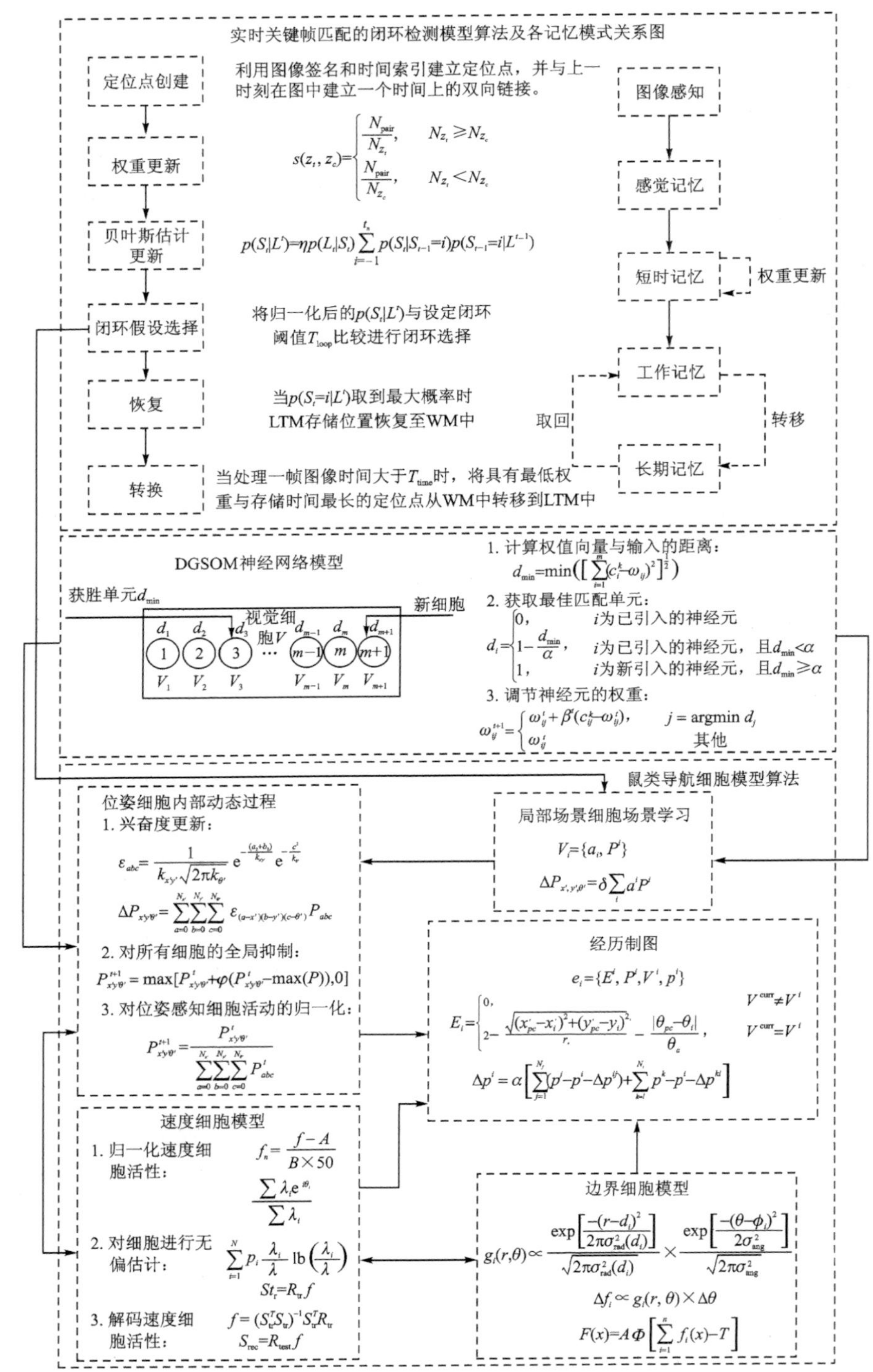

图 10-27　融合 DGSOM 神经网络的 BVGSP-SLAM 算法流程图

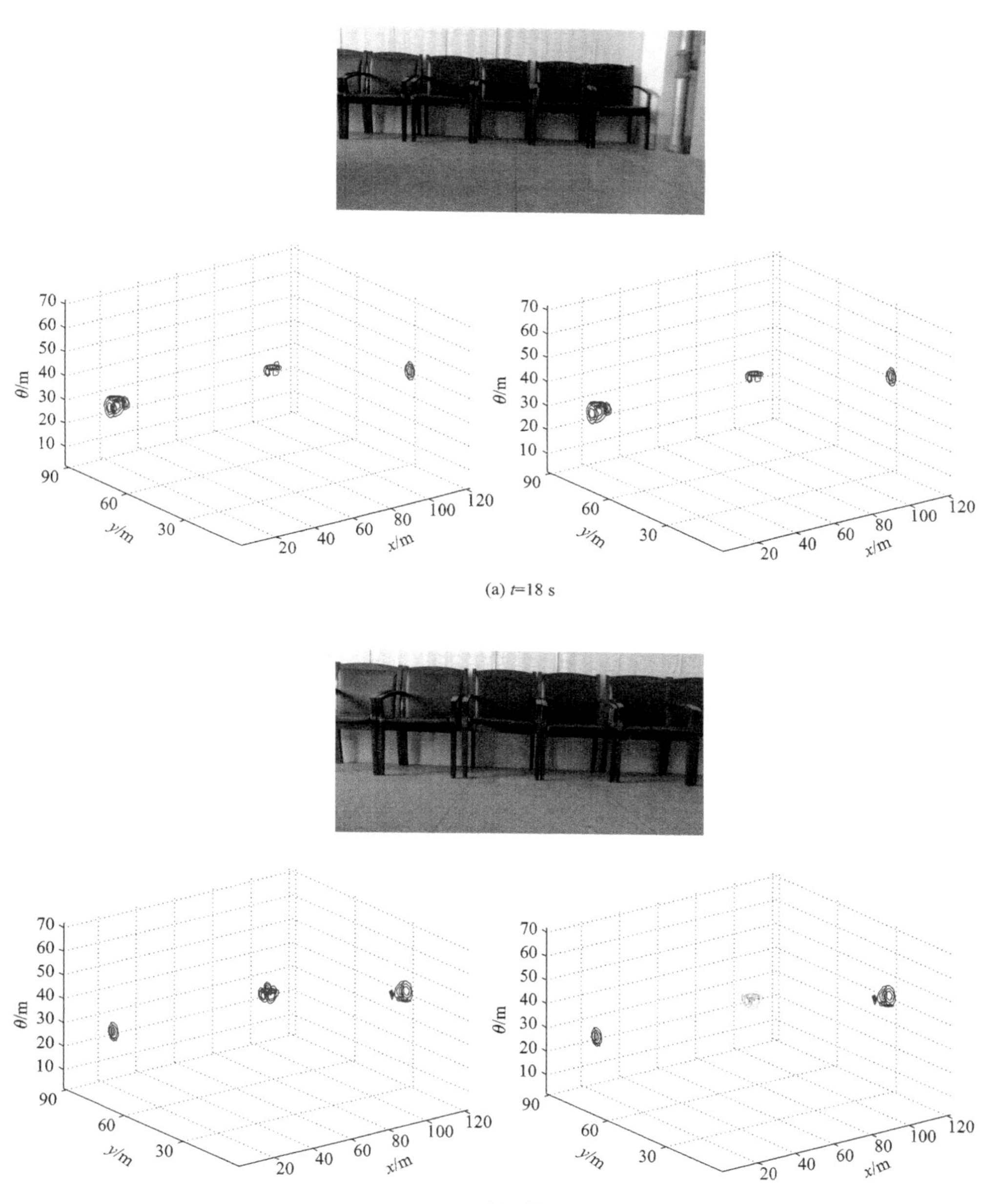

图 10 - 28　两种模型的位姿细胞活性转移过程

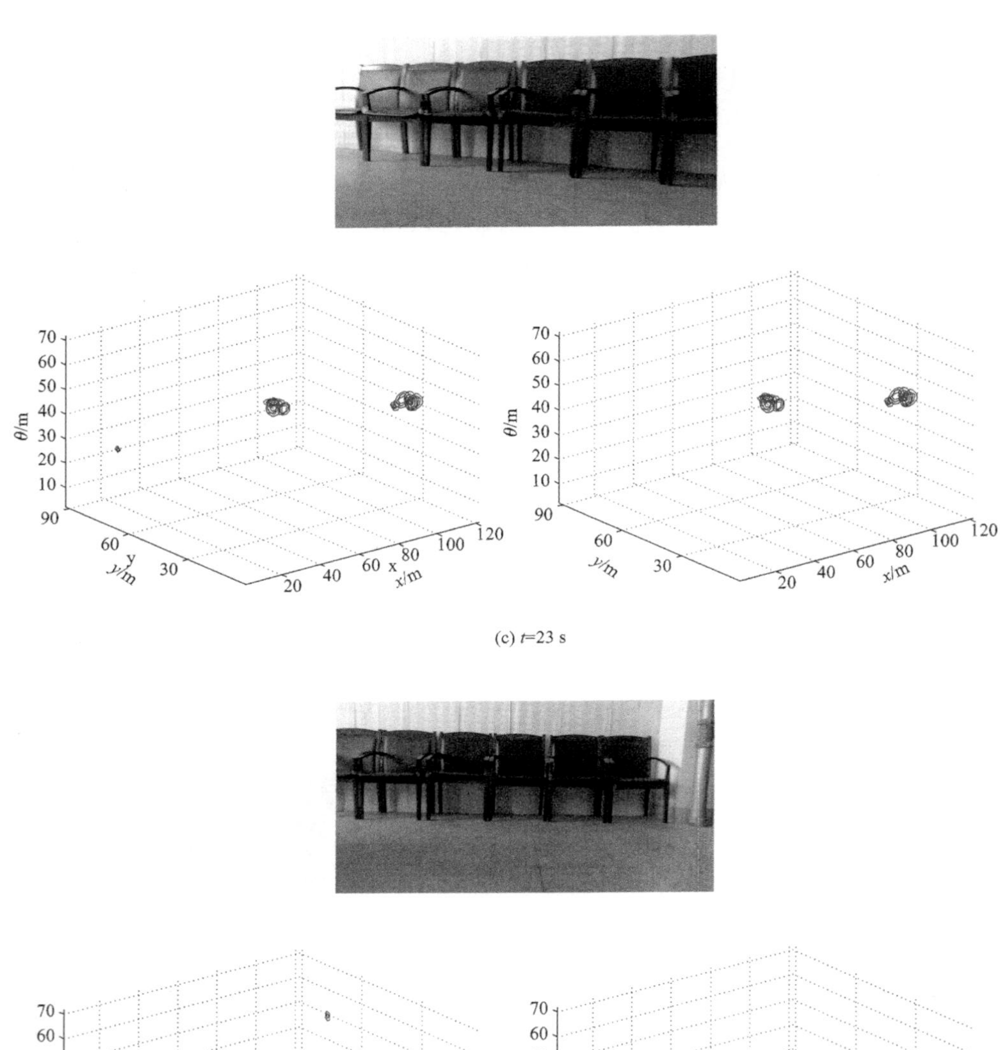

(c) t=23 s

(d) t=67 s

图 10－28　两种模型的位姿细胞活性转移过程(续)

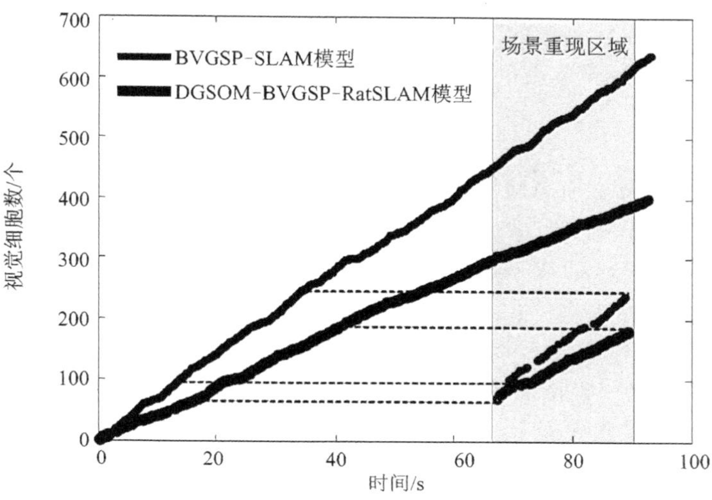

图 10-29 BVGSP-SLAM 模型与 DGSOM-BVGSP-SLAM 模型性能对比

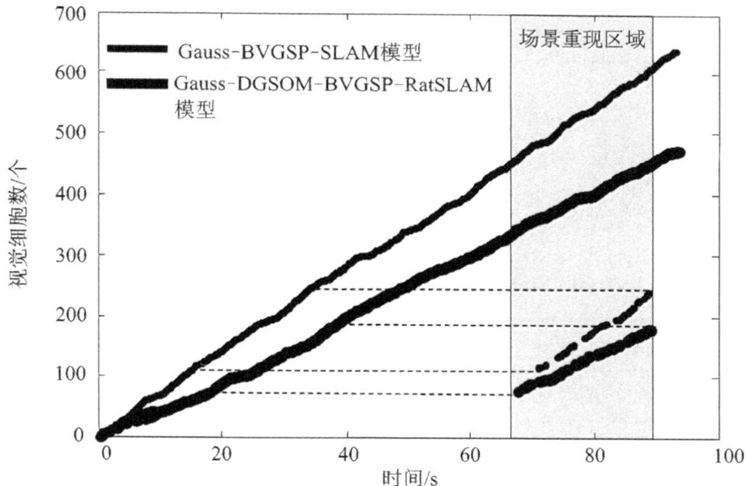

图 10-30 Gauss-BVGSP-SLAM 模型与 Gauss-DGSOM-BVGSP-SLAM 模型性能对比

$$P = \frac{\text{TP}}{\text{TP} + \text{FP}} \tag{10-1}$$

$$R = \frac{\text{TP}}{\text{TP} + \text{FN}} \tag{10-2}$$

$$F_a = \frac{a^2 + 1}{a^2} \frac{PR}{P + R} \tag{10-3}$$

式中，正阳性（True Positive，TP）指正确识别的闭环经验节点单元，假阳性（False Positive，FP）指错误检测出的闭环经验节点单元，假阴性（False Negative，FN）指未检测到的真实闭环经验节点单元，这里取 $a=1$，有

$$F_1=\frac{2PR}{P+R} \tag{10-4}$$

经计算，BVGSP－SLAM 算法和 DGSOM－BVGSP－SLAM 算法的准确率 P 分别为 93.26 %和 94.74 %，差异性不显著；但相比于 BVGSP－SLAM 模型，DGSOM－BVGSP－SLAM 模型的召回率 R 有显著的提升，其中，BVGSP－SLAM 算法的召回率 R 仅为 75.28 %，即该算法在场景重定位中会导致较多的假阴性判断，DGSOM－BVGSP－SLAM 算法的召回率 R 改进至 86.88 %，两种模型的 F_1 值分别为 83.31 %与 90.64 %。可以看出，DGSOM－BVGSP－SLAM 算法性能得到了一定的改进，数据对比如表 10－1 所列。

表 10－1　BVGSP－SLAM 模型与 DGSOM－BVGSP－SLAM 模型性能对比

模　型	准确率 P/%	召回率 R/%	F_1 值/%
BVGSP－SLAM	93.26	75.28	83.31
DGSOM－BVGSP－SLAM	94.74	86.88	90.64

在每一帧图像中加入高斯噪声，得出其改进前后的 Gauss－BVGSP－SLAM 及 Gauss－DGSOM－BVGSP－SLAM，其准确率 P 分别为 91.42 %和 86.70 %，召回率 R 分别为 71.33 %和 80.25 %，计算得 F_1 值分别为 80.14 %和 83.35 %，数据如表 10－2 所列。

表 10－2　Gauss－BVGSP－SLAM 模型与 Gauss－DGSOM－BVGSP－SLAM 模型性能对比

模　型	准确率 P/%	召回率 R/%	F_1 值/%
Gauss－BVGSP－SLAM	91.42	71.33	80.14
Gauss－DGSOM－BVGSP－SLAM	86.70	80.25	83.35

对比两模型的准确率、召回率及 F_1 值，可以看出融入 DGSOM 的鼠类导航细胞模型整体性能得到了一定的改进。

（5）实验场景匹配效果对比

BVGSP－SLAM 模型与 DGSOM－BVGSP－SLAM 模型的实验场景匹配效果对比如图 10－31 所示，实验表明，DGSOM－BVGSP－SLAM 模型在闭环匹配中具有更好的鲁棒性和快速性。

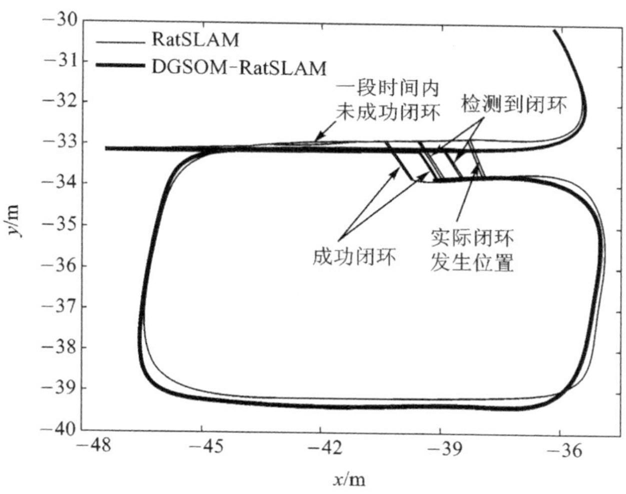

图 10-31　BVGSP-SLAM 模型与 DGSOM-BVGSP-SLAM 模型实验场景匹配效果对比

10.6　本章小结

通过仿真结果可以看出，相比于 VP-SLAM 模型，研究者们提出的一种实时关键帧匹配的闭环检测模型而构成的 GVP-SLAM 模型，改进 VP-SLAM 仿生算法下由于光线变换等状况造成的导航不稳定，相较于一般的闭环检测算法具有良好的实时性能；在 GVP-SLAM 模型基础上引入边界细胞和速度细胞构成 BVGSP-SLAM 模型，避免了突发障碍物的出现对视觉里程计提取速度等姿态信息的干扰，增强了系统的鲁棒性；在提出的 BVGSP-SLAM 模型基础上引入 DGSOM 神经网络算法，使系统具有更好的快速性能，优化了匹配效果，其准确率、召回率及 F_1 值与 BVGSP-SLAM 模型相比有了一定的改进，分别达 94.74 %、86.88 %和 90.64 %；进一步进行鲁棒性测试可知，融入高斯噪声干扰下的改进模型的准确率、召回率及 F_1 值分别达 86.70 %、80.25 %、83.35 %。

参考文献

[1] Tolman E C. Cognitive Maps in Rats and Men[J]. Psychological Review, 1948, 55(4): 189-208.

[2] O'Keefe J, Dostrovsky J. The hippocampus as a spatial map. Preliminary evidence from unit activity in the freely-moving rat[J]. Brain Research, 1971, 34(1):171-175.

[3] Ranck J L, Letellier L, Shechter E, et al. X-ray analysis of the kinetics of Escherichia coli lipid and membrane structural transitions[J]. Biochemistry, 1984, 23(21):4955-4961.

[4] 于乃功，王琳，李倜，等. 网格细胞到位置细胞的竞争型神经网络模型[J]. 控制与决策，2015，30(8):1372-1378.

[5] 于平，徐晖，尹文娟，等. 网格细胞在空间记忆中的作用[J]. 心理科学进展，2009，17(6): 1228-1233.

[6] Kropff E, Carmichael J E, Moser M B, et al. Speed cells in the medial entorhinal cortex[J]. Nature,2015, 523(7561):419-424.

[7] Dempster A P. Maximum likelihood estimation from incomplete data via the EM algorithm with discussion[J]. Journal of the Royal Statistical Society, 1977, 39(1):1-38.

[8] Smith R C, Cheeseman P. On the representation and estimation of spatial uncertainly[J]. International Journal of Robotics Research, 1987, 5(4):56-68.

[9] Smith R, Self M, Cheeseman P. Estimating Uncertain Spatial Relationships in Robotics[J]. Machine Intelligence & Pattern Recognition, 1986, 1(5):435-461.

[10] Julier S J, Uhlmann J K. Unscented filtering and nonlinear estimation[J]. Proceedings of the IEEE,2004, 92(3):401-422.

[11] Julier S, Uhlmann J, Durrant-Whyte H F. A new method for the nonlinear transformation of means and covariances in filters and estimators[J]. IEEE Transactions on Automatic Control, 2000, 45(3):477-482.

[12] Arasaratnam I, Haykin S. Cubature Kalman Filters[J]. IEEE Transactions on Automatic Control,2009, 54(6):1254-1269.

[13] Niederreiter H. Random number generation and quasi-monte carlo methods[J]. Journal of the American Statistical Association, 2015, 88(89):147 - 153.

[14] Thrun S, Fox D, Burgard W, et al. Robust Monte Carlo localization for mobile robots[J]. Artificial Intelligence, 2001, 128(1):99-141.

[15] Montemerlo M, Thrun S, Whittaker W. Conditional particle filters for simultaneous mobile robot localization and people-tracking[C]// IEEE International Conference on Robotics and Automation, 2002. Proceedings. ICRA. IEEE, 2002:695-701.

[16] Wehner R, Gallizzi K, Frei C, et al. Calibration processes in desert ant navigation: vector courses and systematic search[J]. Journal of Comparative Physiology, 2002, 188(9): 683-693.

[17] 刘新玉，海鑫，尚志刚，等. 利用粒子滤波重建位置细胞编码的运动轨迹[J]. 生物化学与生物物理进展，2016，43(8):817-826.

[18] 胡波，隋建峰．海马位置细胞空间信息处理机制的研究进展[J]．中华神经医学杂志，2005，4(4):416-418.

[19] 王可，张婷，王晓民，等．大脑中的“定位系统”——2014 年诺贝尔生理学或医学奖简介[J]．首都医科大学学报，2014，35(5):671-675.

[20] 田莉雯．基于顶部摄像头和鼠载摄像头的大鼠自动导航系统[D]．杭州：浙江大学，2015.

[21] 查峰，肖世德，冯刘中，等．移动机器鼠沿墙导航策略与算法研究[J]．计算机工程，2012，38(6):172-174.

[22] Skaggs W E, Knierim J J, Kudrimoti H S, et al. A model of the neural basis of the rat's sense of direction[J]. Advances in Neural Information Processing Systems, 1994, 7(7):173-180.

[23] Redish A D, Elga A N, Touretzky D S. A coupled attractor model of the rodent head direction system[J]. Network Computation in Neural Systems, 1997, 7(4):671-685.

[24] Samsonovich A, Mcnaughton B L. Path integration and cognitive mapping in a continuous attractor neural network model[J]. Journal of Neuroscience the Official Journal of the Society for Neuroscience, 1997, 17(15):5900-5920.

[25] Stringer S M, Trappenberg T P, Rolls E T, et al. Self-organizing continuous attractor networks and pathintegration: one-dimensional models of head direction cells[J]. Network Computation in Neural Systems, 2002, 13(4):429-446.

[26] Milford M J, Wyeth G F, Prasser D. RatSLAM: a hippocampal model for simultaneous localization and mapping[C]// IEEE International Conference on Robotics and Automation. IEEE, 2004:403 - 408.

[27] Milford M, Wyeth G. Persistent Navigation and Mapping Using a Biologically Inspired SLAM System[J]. International Journal of Robotics Research, 2010, 29(9):1131-1153.

[28] Prasser D P, Wyeth G F, Milford M J. Experiments in outdoor operation of RatSLAM[C]// The 2004 Australasian Conference on Robotics and Automation (ACRA2004). Australian Robotics and Automation Association, 2004:1-6.

[29] Prasser D, Milford M, Wyeth G. Outdoor Simultaneous Localisation and Mapping Using RatSLAM[J]. Springer Tracts in Advanced Robotics, 2006, 25(1):143-154.

[30] Milford M J, Prasser D P, Wyeth G F. Effect of representation size and visual ambiguity on RatSLAM system performance[C]// Australasian Conference on Robotics and Automation. Australian Robotics and Automation Society (ARAA), 2006:1-8.

[31] Milford M, Schulz R, Prasser D, et al. Learning spatial concepts from RatSLAM representations[J]. Robotics and Autonomous Systems, 2007, 55(5):403-410.

[32] Milford M, Wyeth G, Prasser D. RatSLAM on the Edge: Revealing a Coherent Representation from an Overloaded Rat Brain[C]// Ieee/rsj International Conference on Intelligent Robots and Systems. IEEE, 2006:4060-4065.

[33] Dhande O S, Huberman A D. Retinal ganglion cell maps in the brain: implications for visual processing[J]. Current Opinion in Neurobiology, 2014, 24(1):133.

[34] Milford M J, Schill F, Corke P, et al. Aerial SLAM with a single camera using visual expectation[C]// IEEE International Conference on Robotics & Automation. IEEE, 2011:

2506-2512.

[35] 张潇,胡小平,张礼廉,等.一种改进的 RatSLAM 仿生导航算法[J].导航与控制,2015,14(5):73-80.

[36] Maddern W, Glover A, Gordon W, et al. Augmenting RatSLAM using FAB-MAP-based visual data association[C]// Curran Associates, 2009:2-4.

[37] Glover A J, Maddern W P, Milford M J, et al. FAB-MAP + RatSLAM: Appearance-based SLAM for multiple times of day[J]. Robotics and Automation(ICRA),2010:3507-3512.

[38] Berkvens R, Vercauteren C, Peremans H, et al. Feasibility of Geomagnetic Localization and Geomagnetic RatSLAM[J]. International Journal on Advances in Systems and Measurements, 2014, 7(1):44-56.

[39] Berkvens R, Jacobson A, Milford M, et al. Biologically inspired SLAM using Wi-Fi[C]// Ieee/rsj International Conference on Intelligent Robots and Systems. IEEE, 2014:1804-1811.

[40] Berkvens R, Weyn M, Peremans H. Asynchronous, electromagnetic sensor fusion in RatSLAM[C]// Sensors. IEEE, 2015:1-4.